オアシス社会50年の軌跡

イランの農村、遊牧 そして都市

後藤 晃 編

御茶の水書房

■マルヴダシュト地方の谷平原の景観

マルヴダシュト地方は降水量が300mmの乾燥地帯にある。山や山脈の浸食で谷平原が形成され、川や地下水の利用によりオアシス農業地帯が形成された。(1974年)

谷平原を囲む山の一角に古代ペルシア帝国の壮大な神殿 ペルセポリスがある。この山を少し上ると、この神殿の前方にマルヴダシュト市を望むことができる。(2000年)

谷平原に開けた農業地帯を流れる灌漑用水路。この土地はかつてカナートによって灌漑されていたが、1975年には井戸からポンプアップされた水が流れていた。(1974年)

■ 集落

ヘイラーバード村の街路。左手前はガルエと呼ばれる城塞のような集落。20世紀初頭に地主が作り半ば強制的に農民を住まわせた。1960年代の農地改革以後、農民はここから出て、その周りに新たなより住みよい集落を作った。(1974年)

ポレノウ村の集落。土とワラを練って作る日干しレンガを積み上げ、壁や屋根は泥で塗り固めてある。比較的広い中庭があり、ここにベッドが置かれているが、農作業、家畜飼育、その他、多様な目的に利用される。(1972年)

■耕作地と農業

マルヴダシュトの谷平野に広がる農地。1970年代まで、村の農地は農民によって共同で所有され、小麦を主穀物に2年1作または3年2作の粗放な農業が営まれていた。手前の穴はかつてのカナートの跡。(1972年)

左：風選作業。脱穀作業の後、穀物をワラくずなどと分けるため、風の吹く時間帯に熊手でかき揚げ、ワラなどを飛ばす。(1972年)
右：小麦は脱穀場に積まれ、上に土塊をのせる。小麦の山に触れると土塊が崩れ、盗難よけの役目を果たした。(1972年)

小麦の分配作業。1970年代、農民は4人がグループを作り、すべての農作業を共同で行っていた。そして収穫物は秤によって平等に分けられた。しかし1980年代に入ると農民間で土地を分割し、強い共同関係は崩れた。(1972年)

綿摘みは家族総出で行った。とくに女性や子供が主たる担い手であった。(1972年)

村の農業は農牧複合の形をとり、羊とヤギ、牛とロバに分けて共同で放牧した。牧童に子供が使われることが多く、放牧を終えて集落に戻った家畜は自分で飼主の家に戻っていく。(1972年)

ヘイラーバード村の農地。かつて共有されていた村の農地が個人に分けられたことで生産意欲が高まり集約化が進んだ。点在する建物は個人がビジネスとして始めた養鶏場の鶏舎である。(2000年)

■絨毯

マルヴダシト地方の多くの村で伝統的に絨毯が織られてきた。織機は水平型で、水平に張った経糸にパイル糸を結んでいく。織り手は女性で、一枚織るのに数か月かかる。(1972年)

絨毯の文様は家によって異なり母系で引き継がれた。彼女は子供のいない未亡人で、絨毯で生計を立て、産婆や結婚儀礼の介添え役もした。(1972年)

■パン焼き

左：水車による製粉。(1972年)
右：パンを焼く遊牧民の女性。移動するため簡便なパン焼き道具を使っている。(1972年)

マルヴダシュト地方では農村でもパン焼きに遊牧民と同じ道具が使われた。小麦粉を練り団子状にした生地を伸ばし、湾曲した鉄板に乗せ、裏返しながら重ねて焼く。燃料は木片や家畜のフン。発酵菌は使わず2mmほどの薄さだ。(1975年)

■巡回商人

村にはドックンと呼ぶ小さな商店があったが、市へのアクセスが悪かった時代には商人もまた村を訪れた。彼らは衣類や装身具、また村で作らない野菜や果物を持ち込み、羊や絨毯を買い付けた。(1972年)

村では、商人へは小麦で支払われることが多く、商人は稼いだ小麦を入れる袋をロバに積んでいた。(1972年)

■結婚式

結婚式は小麦の収穫後の秋に行われ、村はもっとも華やいだ。主役は女性で民族衣装の晴れ着で踊り続けた。背後に並んだ5つの大きな鍋は接待客に供される料理用。(1974年)

町から呼んだサーズオノガレという楽師の笛や太鼓に合わせて、両手にもったスカーフを振りリズミカルに踊る。

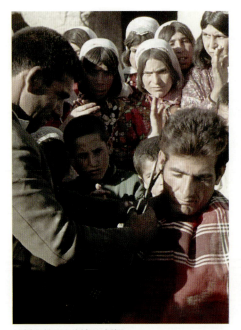 

結婚を控えた新郎と新婦
左：床屋が重要な役割を果たし、村人の前で新郎の髪を整えひげを剃る儀式を行う。
右：レバースポリーダンと呼ばれる儀式。花嫁が嫁ぎ先にもっていく布地を裁つ。(1972年)

結婚式には芸人集団が呼ばれ村の人たちに芝居や芸を披露した。踊っているのは女装した男のダンサー。(1974年)

■遊牧民

マルヴダシュトの谷平原を移動する遊牧民の隊列。この地方の遊牧民は夏の宿営地と冬の宿営地をもち、春と秋に最大400kmを超える距離を移動する。マルヴダシュト地方はその移動経路に当たり、3月と9月頃に多くの集団が隊列を組んで村の近くを通過する。その長さは500mを超えるものもあった。今はこうした隊列をみることはない。(1972年)

比較的豊かな遊牧民はラクダや馬で移動、貧しい遊牧民はロバで移動した。(1972年)

隊列に続いて、牧夫に追われた羊やヤギの群れが移動する。(1972年)

遊牧民は一日に十数キロ移動して宿営する。農業地帯であるマルヴダシュトを通過する時には村の未耕地や麦の刈跡地にテントを張る。かつて遊牧民が小麦畑に家畜を侵入させることもあったが1970年代には村との関係は悪くなかった。(1972年)

その日の宿営場所が決まると、荷物をおろしてテントを張る。テントを張り畳むのは女の仕事である。
(1972年)

早朝、隊列を組んで移動を開始する。比較的豊かな家の娘は美しく着飾る。(1972年)

■町から都市へ

マルヴダシュト町の中心街。村と町を結ぶ定期便が買物や医者に通う村人を乗せ、決まった街区で停車し客を降ろす。そして2、3時間後に彼らを乗せて村に戻る。この町は農村町としての性格が強かった。(1974年)

左：マルヴダシュト市の新市街。(2013年)
右：マルヴダシュト市の旧市街の民族衣装店。民族衣装は結婚式などハレの時にしか着なくなった。(2000年)

■行事

一般的な農家の正月。イランの正月は春分の日に当たる。リンゴ（sīb）、ニンニク (sīr)、コイン (sekke)など頭文字がSで始まる7つのものを集めて祝われる。(2004年)

アシューラーの行進。イスラム教シーア派のイマームであったホセインが680年に殺害されたアシューラーの日、村の男たちは鎖で体を鞭打って嘆き、熱狂的な儀礼が繰り広げられる。(2004年)

■昔と今

ポレノウ村の子供たち。子沢山の貧しい村であった。(1972年)

貧しかったが教育には熱心な村で、学校の先生や医者を数多く輩出している。写真の左の2人は医者になった(上の写真の左端と左から3人目の男の子)。またマルヴダシュト地方の保険衛生の責任者として活躍している女性もいる(上の写真の右端の女の子)。中央は編者。(2006年)

序

　本書は、イランの一つの地方を対象に村社会と地域経済を40年余りにわたり観察し調査を行った研究報告であり記録である。イランの首都テヘランから南へおよそ800キロのマルヴダシュト地方には、約100キロにわたって農業地帯が続き200余りの村を抱えたイラン有数のオアシスがある。経済学、社会学、文化人類学とそれぞれ専門を異にする我々のグループは、このオアシスの村に住み込み、近隣の都市から通い、ある時は共同でまたそれぞれが独自に調査を続けてきた。そして、これをつなげてみたら40年という歳月になっていた。「十年一昔」というが、これを4回も繰り返した年月になる。

　村ではじめて調査を行った1972年は農地改革が実施されて間もない時で、農民は地主が退去した村で経験の乏しい農業経営を共同で行いながら自立の道をさぐっていた。彼らは地主が作った飯場のような集落から飛び出しより開放的な集落を作っていた。農民解放ともいうべき変化の時代であった。

　ほどなくオイルショックが起こり、サウジアラビアに次ぐ石油輸出量を誇る産油国イランは、石油価格の高騰で莫大な石油収入を得た。これをもとに国王の開発独裁は強められ、政府の開発投資によってマルヴダシュト地方も開発の波を受けた。農民の村は効率のよい農業を目指す政府の政策により崩壊の危機にあったが、この開発独裁の時代も1979年のイラン革命で終止符が打たれた。この時、村の農民は近隣の大土地所有者の土地を占拠し、あたかも土地革命の様相を呈していた。

　権力闘争を経てイスラム体制の国家が誕生すると、経済政策にイスラム主義的修正が加えられた。農業政策は、ホメイニが革命を「抑圧されたものの革命」と呼んだことでポピュリズム的に進められた。続く農業政策の変更が地域社会や農村に様々な影響を及ぼしたのである。

　この各時代に現場で立会い、地域社会や村の変化をつぶさに観察した。ここで記されていることは、観察者として時に生活者として現地に暮らし調べたことが土台になっている。研究報告はすでに数多く公にしてきたが、ここに記し

たのはマルヴダシュト地方の「村」の場から等身大の人々と社会を描き、さらに文献と史料によってこの地方の歴史を遡る形で再構成したものである。

マルヴダシュト地方との関わりは、江上波男氏を団長とする1958年の遺跡調査にはじまる。調査隊は5年をかけて発掘調査を行い、この縁で1966年には東京大学東洋文化研究所の大野盛雄氏が遺跡の近くの村で農村調査を実施した。彼はこの年にイランの4地方の村で調査を行い、その一つにマルヴダシュト地方を選んだのである。

その後、1972年から75年にかけて、大野を研究代表者に文部省の科学研究費による「地理学的な総合調査」が組まれ、マルヴダシュト地方の2つの村で調査が行われた。地理学調査と銘を打っていたが、地理学の他に文化人類学、歴史学、獣医学、農業経済学の各分野の研究者が参加し、延べ10ヶ月にわたって村で住み込み調査が行われた。

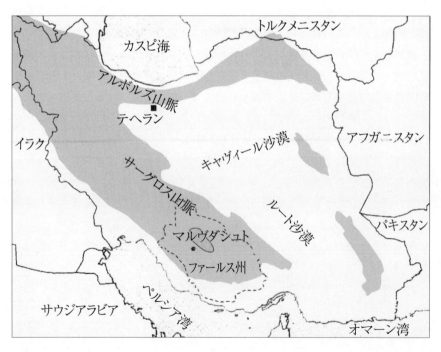

序

　1970年代後半からは、この研究を引き継ぐ形で大野盛雄、原隆一、南里浩子、ケイワン・アブドリ、後藤晃の専門領域の異なる個人やグループによって断続的に調査が続けられた。2004年から07年までは文部科学省の科学研究費による原を研究代表者とする調査が実施され、また2013年には神奈川大学アジア研究センターの共同研究費を得てアブドリと後藤によって資料調査が行われた。
　本論に入る前にマルヴダシュト地方の概要を記す。
　マルヴダシュト地方は、トルコの東部からイラクとの国境に沿ってペルシア湾の東に伸びるザーグロス山地にある。この山地は幅が500キロ以上、長さが2000キロに及ぶ褶曲山地で多くの山や山脈が連なる。山地の地形は一様でないが、イラン中央部の砂漠を囲む乾燥地帯では、浸食が激しいために山や山脈の間に半砂漠の広大な平原を作っている。この平原のうち川や地下水が利用できるところだけに農業地帯が開けオアシスが形成されているが、マルヴダシュト地方もこうしたオアシスの一つである。
　マルヴダシュト地方は三方を山に囲まれ盆地地形をなしている。標高1,600メートルにあり、降水量が年平均300ミリほどの乾燥地帯である。乾季である夏は気温が40度近くまで上がり湿度は7％以下に下がるが、晩秋から春にかけて雨が降る。

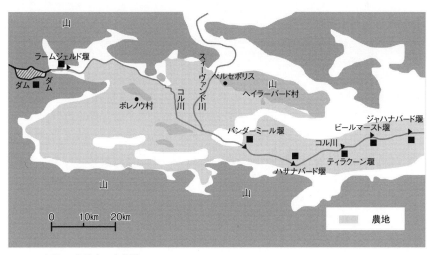

マルヴダシュト地方の全体図

ここに川幅30メートルほどの河川（コル川）が縦貫し、盆地のほぼ中央でもう一つの川、スィーヴァンド川が合流している[1]。コル川には歴史を刻んだ6つの堰がある。いずれも1000年以上前に建設されたもので、堰からは沢山の水路が分岐し村々の農地を潤してきた。また山際を流下する地下水は、かつては100を超える地下水路〈カナート〉によって地表に導かれた。近年、水利システムに変化がみられるが、川と地下水の利用によって、幅15キロないし30キロ、長さ100キロにわたって農業地帯が形成されている。

盆地の一角、オアシスを一望できるところにアケメネス朝ペルシアの神殿ペルセポリスの壮大な遺跡がある。この遺跡は紀元前330年にアレキサンダー大王によって破壊されたことで知られるが、コル川の堰ももとは古代ペルシアに遡る。オアシスが人の営為で創造されたものであることから、河川の水路が破壊されカナートが修理されず放置されればオアシスも砂漠や半砂漠に戻る。水路の維持と管理がオアシス存続の条件であり、マルヴダシュト地方のオアシスも拡大と縮小を繰り返した歴史がある。

マルヴダシュト地方の平原

序

　遊牧民が勢力を誇っていた19世紀にはマルヴダシュト地方に遊牧民の宿営地があり、放牧地が広がっていたことでオアシスは縮小していた。20世紀に入って中央集権化が進むと、軍事的圧力と定住化政策によって遊牧民は追われ、また水利事業によって農地が開発されてオアシスは拡大した。ただ20世紀半ばまでは遊牧民の勢力がまだ残り、村を襲って羊を奪ったり収穫前の麦畑に家畜の群れを入れるといったトラブルも多かった。

　これによってマルヴダシュト地方から遊牧民の姿が消えたわけではない。1970年代はじめにはまだ多くの遊牧民がこのオアシスを通過していた。トルコ系、イラン系、アラブ系の遊牧民は集団で400キロ以上離れた夏宿営（夏の放牧地）と冬営地（冬の放牧地）の間を移動した。マルヴダシュト地方はその通過点に当たり、数百メートル続く遊牧民の壮大な隊列と羊やヤギの群れが村の休耕地を通りまたテントを張った。しかしその後はその数を減らし、21世紀に入るとこうした光景はほとんどみられなくなった。

　1962年に農地改革がはじまるまで、この地方の村はほとんどが大地主によっ

バンダーミール堰

て所有され、領主経営を髣髴させる農場が地主によって経営されていた。この地主経営は伝統的な農業制度を残していたが、商品作物生産を目的とする商業的農業を進め、カナートなどの水利に投資して農耕地を拡大した。この拡大した農地を農民としてリクルートされたのが遊牧民であった。マルヴダシュト地方にはこうした定住村が数多くあり、20世紀前半期は地主主導の農業開発でオアシスが拡大した時代である。1935年、オアシスのほぼ中央に国営の製糖工場が建設された。製糖業は当時の工業化政策の柱の一つであり、地主経営者は農場で栽培された砂糖ダイコンをこの工場に供給した。

　製糖工場に隣接して従業員の住宅が作られ、商人や建設業者などが次第に集まって小さな町が生まれた。この町を大きく成長させる契機となったのが農地改革である。土地を譲渡された農民は自ら農業経営の主体になり、また地主は譲渡を免れた土地で近代的な機械化農業を展開させたことで地域市場は大きく拡大し、これにモータリゼーションが加わって町は急成長した。1950年代までこの町は工場を意味する「カールハーネ」と呼ばれていたが、地方の名を冠してマルヴダシュトと呼ばれるようになり、1966年には人口2.5万を数える地方都市に成長した。

　1970年代から90年代にかけてオアシスはさらに大きく拡大した。1972年にコル川がマルヴダシュトの盆地に入る位置にダムが建設され、ここから3本の幹線水路がオアシスの中央に向かって引かれ支水路が張りめぐらされた。また地下水を動力ポンプでくみ上げる井戸が普及したことで、それまで水が及ばなかった土地も灌漑農地に変わった。この結果、灌漑農地が増え水集約度も高まったことで生産量は大幅に増加した。しかし過剰な水利開発の弊害も現れている。とくに乾燥地における地下水のくみ上げで地下水量が減少し、これが地表水の減少をも招いて干ばつが頻発している。今後オアシスは再び縮小をはじめるのではないかと危惧されている。

　40年間にオアシスの風景は一変した。農業は集約化が進み、小麦の収量は品種改良や化学肥料の投入、そして灌漑水量の増加で4、5倍に増えた。作物の種類も多様化し、農民の暮らしも豊かになった。かつての日干しレンガの家は石造りになり、ロバは自転車やバイクに替わり、自動車をもつ農家も増えた。

豊かな農家は都市に発展したマルヴダシュトに移住し自動車で村の農地に通っている。1930年代に産声をあげたマルヴダシュトの町は人口15人の地方の中核都市に発展し、農産物加工などの多くの工場が立地し、人口も大幅に増えている。

　本論ではマルヴダシュト地方の激しい変化をすべて追うことはできないが、ダイナミックな時代の変化を正しく分析することはできていると考えている。

【注】
1）　正式には合流後の下流をコル川といい、上流はカンフィルーズ川というが、ここでは合わせてコル川と呼ぶ。

〔凡例〕
　ペルシア語の片仮名表記は、本書では原則として原音に基づいているが、慣用に従ったものもある。

オアシス社会50年の軌跡
——イランの農村、遊牧 そして都市——

目　次

目　次

序 …………………………………………………………………………… i

第一部

第1章　地主制と村の農民 ………………………………… 後藤　晃 … 3
　　1　国家体制の変容と大土地所有制（19世紀後半～1960年）　4
　　2　アルバーブ・ライーヤト制（地主・農民関係）　14
　　3　農場の経営と村落社会　20

第2章　農政の展開と農業社会 ‥ 後藤　晃・原隆一・ケイワン　アブドリ … 37
　　1　農地改革と改革後の農業政策（1960年代）　37
　　2　改革後の村落における農業生産の諸制度（1970年代前半）　50
　　3　開発独裁期（1970年代）の農政　64
　　　　── 農業公社を中心に ──
　　4　革命期（1979～86年）の土地をめぐる農民闘争　82
　　　　── 大規模農場の占拠と再分配 ──

第3章　大土地所有制の変遷 ……………………… ケイワン　アブドリ … 105
　　── 地主層の興亡からみたマルヴダシュトの100年 ──
　　1　19世紀後半以降における土地所有形態の歴史的背景　106
　　2　マルヴダシュト地方における地主構成の変遷の概要　109
　　3　マルヴダシュト地方の地主たちの事例　124

目 次

第二部

第4章 遊牧民定住村40年のあゆみ ……………… 南里浩子 … 153
1 農民が生きてきた激動の20世紀 153
2 農村は変わる――豊かになったけれど 173
3 「可能性」を求めて――都市へ都市へ 203

第5章 農民経済の発展と地域市場 ……………… 後藤　晃 … 233
　　── マルヴダシュト地方の事例 ──
1 1950年代の村落とマルヴダシュトの地域市場 235
2 1960、70年代における地域市場とマルヴダシュト町の発展 257

第6章 イラン革命とイスラム農地改革 ……………… 原　隆一 … 283
　　── 1978〜1988年 ──
1 マルヴダシュト地方の農村現場から 283
　　── 1982年3月 ──
2 イスラム農地改革法案をめぐる論争 306
　　── 1985年3月〜1987年3月、テヘラン ──

第7章 マルヴダシュト地方の水利と社会 …… 原　隆一・後藤　晃 … 325
1 マルヴダシュト地方の水利システム 328
2 水利体系の変化と村社会（ヘイラーバード村の事例） 345

あとがき 353

参考文献 357

執筆者紹介 366

第一部

第1章
地主制と村の農民

後藤　晃

はじめに

　イランでは1962年に農地改革法が成立し60年代をかけて改革が実施された。これによりそれまで村落域を覆っていた地主制（アルバーブ・ライーヤト制）は廃止され、かなりの土地が地主に残されたものの地主は村から退場し、土地制度において近代化が一応果たされた。

　地主制（アルバーブ・ライーヤト制）では、地主は大土地所有者であり、村を単位に土地を所有した。また「村の所有者」として村社会を管理・支配し、農民のコミュニティーを労働組織に編成して農場を経営する地主経営者でもあった。経済外的な強制関係を多分に残した「村」の経営であり、その形態は19世紀はじめまで続いた東ドイツのグーツヘルシャフトに類似し、イランが商業的農業を展開させる19世紀後半以降に発達したものと考えられる。

　本稿はアルバーブ・ライーヤト制について、マルヴダシュト地方の事例を中心に、農場経営における地主と農民の関係、農民の労働組織の編成、分益の形態に焦点を当て、この制度の形態と歴史的性格を明らかにする。

　筆者は1972年と74年に延べ10ヵ月、マルヴダシュト地方の2つの村で農業制度と地域経済について調査を行った。当時は農地改革が実施されてからまだ数年しか経過しておらず、地主から村の農民への農地の売買契約書などの資料が残されており、農民からの聞き取りによって農地改革前の農業制度や地主・

農民関係について多くを知ることができた。イランの地主制については、ラムトン、ケディ、大野盛雄、岡崎正孝などによる研究の蓄積がある。ここではこれらの研究を踏まえながら、実態調査で得た知見をもとにアルバーブ・ライーヤト制をよりリアルに復元することを試みた。

本論に先立ちイランにおけるアルバーブ・ライーヤト制の形成過程を紹介した。前近代のガージャール朝が1906年にはじまる立憲革命による制度改革をへて、近代国家へ移行する過程で、大土地所有制の歴史的性格が変容していくが、これを概観し20世紀半ばにつなぐ試みも行った。

1　国家体制の変容と大土地所有制（19世紀後半〜1960年）

1）ガージャール朝時代における土地所有と国家

19世紀のガージャール朝の国家体制について、イラン史研究者の間で意見の相違があった。その一人であるケディは、封建制社会であるが領主層が農村域ではなく都市に居住している点で西欧の封建制とは異なる特徴をもつと考えた[1]。これに対してラムトンは国有地を国が官僚に土地の割り当て下賜するものであり封建的なものではないとした[2]。都市の権力層が農村域の村を支配するという点では共通していたが、土地をめぐる支配の構造については認識を異にしていた。ケディは中央に対する地方の権力層の自立性を強調し、ラムトンは中央の専制的な支配のシステムが機能していたと主張したのである。

国家権力にとって土地をどのように支配（所有）し収入を確保するかは重要な問題である。王朝が交代しまたガージャール朝のように有力部族が権力を握ると、まず権力の安定・強化をはかるために土地の再配分がなされる。この再配分のプロセスは、部族地や領有地を没収して一部を地方の部族や名士層に封土として再分配し、またハーレセ地（国有地）に組み入れ軍人や官僚に俸給を与える目的で土地への権利を与えた。このうち前者については中央権力への忠誠と有事の際には軍事的な支援を求めるということで封建制的といえるが、後者については官僚制を基礎としたいわゆる家産制国家としての性格を有し、軍人や官僚がハーレセ地（国有地）にトユールを下賜された。このトユールは土

地への権利というよりも土地から得られる収入に対する権利という性質のものといわれている[3]。

　国家の財政収入は国有地からの税（地代）が基礎になっており、ハーレセ地における徴税システムは基本的には徴税官が農民や土地の所有者から徴収する。ただ徴税の技術的制約から徴税権を地方の有力者に与え、この第三者を通して土地への支配を実行する徴税請負制もとられた。

　領有地や私有地は中央権力によってしばしば没収され、土地に対する権利は保証されていなかった。また税制にはまったく原則はなく重税が一般的であり、ファールス地方の例でみると、「5万ケランの価値がある豊かな村が年に300～500ケランの税しか払わなかった一方で、これより貧しい村で1万ないし1万2,000ケラン払わされていた」というように、力をもたない地主は没落せざるを得ないという状況があったとされる[4]。

　ハーレセ（国有地）はガージャール朝の初期（18世紀末）から拡大し19世紀半ばにはイランの土地の3分の1ないし2分の1がハーレセであったとされる[5]。この間に税の滞納や反乱また農地の荒廃などを名目に土地の没収が繰り返された。たとえばモハマド・シャーの時代（1834～48年）、イスファハン近郊の多く村は凶作によって荒廃したが、国家はこれらの土地（村）をハーレセ地とし官僚の監視下においている[6]。

　ハーレセの拡大でトユール（下賜地）も拡大した。この権利は役職に伴う一代限りのものだったが次第に相続され私有権化するようになった。また19世紀半ば以降になると国による国有地の払い下げが進み、19世紀末になると土地の私有が支配的な所有形態になっていった。ただ土地所有の権利は非常に不安定であったことからしばしばワクフとして寄進された。ワクフとはイスラムの諸施設に寄進された財産であり、国家権力は宗教界との同盟関係を重視するゆえにワクフの土地の没収を避けた。つまり土地の所有者にとってはワクフとすることで財産の没収を避けることができた。ワクフには、社会的目的（慈善）のために寄進される公的ワクフ（vaqf-e a'am）と用益権が寄進者に認められる私的ワクフ（vaqf-e khas）とがあるが、私的ワクフでは家族の将来のために土地を護り、その土地の管財人となって村を管理した。

　こうした土地関係の変化はガージャール朝の体制の脆弱化に関係していた。

19世紀後半になると列強の干渉は強まり、危機を乗り切るために近代化の改革（法治国家）を進めるが、これも土地関係の修正を求めるものであった。

　国家財政の悪化から公共的な支出も抑制され、灌漑システムの維持・修理のための必要な投資もできなくなり農地の荒廃が進んだ。ナーセロッディーン・シャー（1848～96年）の後期、宰相のアミンオッスルタンはハーレセ地の荒廃ぶりをみて、土地を払い下げて私有地化する方が農業の復興への近道だと判断し、高額な租税を課してハーレセ地を払い下げた。財政の大幅な赤字を補填するため外には西欧諸国に借款を求め、国内的には国の資産であるハーレセ地の払下げを進めた。1890年以降、国家の財政が危機に瀕すると、土地の払下げは加速し、ラムトンによれば彼が死去したときにはすでにエスファハーンあたりではハーレセはほとんど残ってなかった[7]。

　土地の払下げの背景には、財政危機に加えて商業的農業の展開による土地需要があった。綿製品についてはイギリスの機械制工業による安価な製品が大量に流入し地場の手工業は衰退過程をたどるが、他方で国外市場に向けた生糸、綿花、アヘン、米などの農産物の輸出が拡大した[8]。また商品経済化の進展にともない国内市場も発展し穀物需要も拡大した。農産物価格は19世紀後半に通貨価値の下落や商人の投機的な行動で上昇し、食糧の価格も大幅に上昇した[9]。農業（土地）は魅力的な投資先となり、収益性の高い作物への転作や農地の開発が地主層によって進められ、商人など都市の上層による土地投機も活発化した。19世紀末に著されたファールスナーメには、シーラーズの商人がアヘンなど輸出農産物を求めて大きな土地を購入したという記述が何ヶ所も出てくる[10]。財政危機による国有地の払下げと私有地の拡大は、他方で商業的農業の展開を契機としていたといってよい。

　以上からわかるように、19世紀イランの土地関係は、前半期にはハーレセ（国有地）とこの下賜によるトユールの拡大を特徴としたが、後半期にはトユール地の実質私有地化とハーレセ地の払下げにより私有地化が大きく進展した。そしてこの社会的背景としては商業的農業の展開があり、土地が投資の主要な対象となったことがある。この過程は村落社会をめぐる環境をも大きく変えた。土地に権利をもつ私的土地所有者は単なる農業余剰の収奪者から、農産物の商品化による利益を求め投資を行い、農業経営にも関わるようになっていった。

2）19世紀における地主経営の展開と村落社会の変容

　19世紀以前の村落については資料が限られ詳しくは知りえない。紀行文などに断片的な記述があるものの村落の全体像を描くことは難しい。このため村落についての記述は推測の域を出ないが、自治的な共同体として描かれることが多い。たとえばケンブリッジ大学のペルシア史が18世紀までの村落の構造として描いた内容は要約すると次のようである[11]。
　①国家なり領主による上級所有権のもとで村落は自治的な共同体としての性格をもっていた。村民の合意で選ばれたキャドホダー（村長）とこれを補佐する村役としてのリーシュセフィード（長老）を中心に秩序が維持されてきた。
　②村落の農地は共同で保有され、農民は平等で均等な持分をもっていた。農民はそれぞれ1頭の牡牛をもち2人の農民の2頭の牡牛にくびきで犂を結び耕作する実質的に平等な農民による共同体的社会であった。
　平等原理にもとづき農地を共有する農民が強い耕作規制のもとで農耕を行う村落として描かれている。
　またアブラハミアンは19世紀の村について次のように述べている。「（19世紀の村は）キャドホダー（村長）を中心に自治的な組織形態を持つ農業社会であった。キャドホダーは村のコミュニティーによって選ばれ、遊牧民のキャドホダーと類似の機能をもっている。大きな村では彼はしばしばリーシュセフィード（長老）や村役——キャドホダーの決定を指示するペイマンカール、ムッラー（聖職者）、村の畑や作物また家畜に責任をもつダシトバーン、カナートの地下水路を維持するミルアーブ——によって補佐された」[12]。土地はトユール（ハーレセの下賜された土地）や私有地であったが、村落は自治が維持されていたと考えられている。
　トユールの保持者であるトユールダールは単なる余剰の収奪者であり村落の自律は保持されていた。たとえばモリエールの記述によると、エスファハーンの近郊で土地を国家から借りていたアミンオッドーレはその土地を直接生産者（村落の農民）に貸して地代を受取っていただけであり、経営や農村社会の運営に関わってはいなかった[13]。また役人が管理する国有地の村についても、

村社会が共同体的関係で農業を行う自治的な村として記録されている[14]。

これらに描かれた村は、少なくとも20世紀前半期におけるマルヴダシュト地方の地主制下の村とは村の自治的機能という点で違っていた。マルヴダシュトでは、村は自治的性格をもたず農民も地主経営農場の雇農化的存在であった。

では、地主による経営はどのようなプロセスで展開したのか。まずその背景をみると、一つには、すでに述べたように、商業的農業の展開で農産物が投機の対象となったことがあげられる。たとえば1880年代のアゼルバイジャン地方のイギリスの領事報告は、価格の上昇を期待した商人による穀物の退蔵が社会的に問題になっていると指摘している[15]。19世紀後半から20世紀初頭にかけての商人の経済的諸活動についてはアブドラエブによって仔細に紹介されており、これによるとテヘランをはじめとする多くの地方で多様な産品の貿易、両替や銀行業、農産物の取引に関する商人の成長が顕著にみられた。

農業との関係でみると、商人は農産物の流通過程で大きな利益を得た。19世紀半ば以降、財政危機の中政府が実施した貨幣の悪鋳などが原因で貨幣価値が下落した。このため物価は上昇し、とくに食糧価格は大幅に上昇した。商人や役人による農産物への投機が日常化し、ケルマン地方の例でも総督たち権力層が商人と結んで富を蓄積し、「小麦、大麦、豆類、綿花、羊毛、バターなど、またケシの種、アヘンの原料などの地方の生産物は彼らによって買われ、倉庫に保存されて冬に3倍の値段で売られた」という[16]。1870年から71年の飢饉のときには、小麦の「退蔵・価格操作が大々的に行われ、これが価格の異常な高騰をもたらした。ここで主役を演じたのは大量の小麦を所有する穀物商・大地主たちである。その中には、総督はじめ政府の高官や有力な聖職者も含まれていたのである」[17]。

商業的農業の広がりは土地投機を促し、土地所有が不安定な時代ではあったがハーレセ地の払下げなどによる私的な土地所有が広がった。また農業余剰の商品化による高い収益が期待できたことで地主層は農業経営にも積極的に関わる傾向をみせた。村落社会との関係では単に地代を収奪する寄生的な地主から、村落を地主の直営地として経営する農場経営者へとその性格を徐々に変えていったのである。

これを具体的に示すものとして1879年のイギリスの領事報告における

ファールス州のダシュティー地方の村の事例がある[18]。この村は地主が土地を所有し、農民数 40 の灌漑農業の村である。農民が個々に分割地を経営するのではなく、村の耕地は 3 つの圃場からなり、この圃場単位で作物を循環する耕地規制の強い開放耕地制がとられていた。作物としては小麦や大麦のほかに商品価値の高い米、綿花、ゴマなどが栽培されていた。灌漑は河川、湧水それにカナート[19]により、河川については水利権が地主に帰属し地主が水代を税として支払った。またカナートは地主の所有であった。つまり、地主は土地の所有者であるとともに水の権利者でもあった。

この村の集落はガルエと呼ばれる村壁（城砦のような高い土塀）[20]で囲まれていたが、この集落は地主によって作られ、地主が農民を管理する上で有効な構造をなしている（図表 1-3）。地主自身は村に居住せず、モタサッディー（監督）と村の長であるキャドホダーを通して農民を管理し、モタサッディーには収穫の 3％、キャドホダーには収穫の 5％を与えた。キャドホダーは村社会の構成員であったが、村落の住民により選ばれたのではなく地主によって任命された。作物の略奪があったときなどはモタサッディーやキャドホダーがしばしば農民を鞭で叩いた。

主要な生産手段である土地と水は地主が所有し、作物の種子も地主が負担した。また役畜としての牛は農民がもったが、農民が牛をもたない場合には地主が購入の資金を出して収穫後に回収した。その他の農業に必要な農具は農民が保有した。

こうした農業生産要素の分担によって、生産物は地主と農民の間で現物で分け、小麦は収穫の 3 分の 2 を地主、残り 3 分の 1 が農民の取分となっていた。また商品的価値の高い夏作については地主が栽培作物を決め、生産された収穫物については地主が販売し、代金の一部を現金で耕作者である農民に支払った。

以上は一つの村の記録に過ぎないが、村落は先にみた共同体的で自治的な村とはかなり性格を異にしている。都市に居住する不在地主は、土地を水とともに所有し、農民の集落を囲い込み、地主が雇い指名した差配が厳しく監督する「村の所有者」のごとき存在であり、経営にも積極的に関わっていた。地主と農民の関係は 20 世紀にマルヴダシュト地方にみられたものと共通する点が多く、この記録から農産物と土地への投機が活発化する 19 世紀の後半期に地主

による経営が村落を基盤に展開していたことがわかる。ただ地主経営の登場が商業的農業の展開にともなうものと述べてきたが、この点はさらなる検証が必要と思われる。

3）レザーシャーの近代化政策と地主制

立憲革命以後の土地関係をめぐるもっとも重要な変化は、一つに私的所有権の確立であり、また一つは専制国家の経済的基盤になっていたハーレセ（国有地）の払下げである。第一回の国民議会においてトユール制は廃止され、トユールの保持者はその土地の私的な所有者になるか権利を剥奪されたが、私有地に対する権利は安定化することになった。土地所有制度の改革は立憲革命によって準備され、1920年代に入りレザーシャーの時代に具体化されることになる。

第一次大戦後にレザーハン（後のレザーシャー）が登場すると、中央政府は地方への統治能力を徐々に回復して改革が本格化する。土地関係の法制化が進み、土地に対する私有権が保証され土地所有が安定化するようになった。まず1921年に登記法が施行されて土地の権利登記が規定され、これにともない翌22年には土地登記局の設置がはじまる。登記法はその後改正を繰り返し、1930年には徹底的な見直しがされ、土地の登記が義務づけられることになった。

しかし、ラムトンも指摘しているように、土地（村）の所有者の確定は難事業であった。同じ土地に複数の所有者が存在することも多く土地の境界の確認も容易ではなかった。このためモシャー（持分による共有）の導入によって複雑な土地関係の解決がはかられた。さらに水源（河川、カナート、泉）の権利も確定する必要があった。

登記は土地所有の国家による保証を意味したため土地所有権の安定化につながった。官僚制と軍の近代化と新たな統治システムによる中央集権化が追求され、体制の安定化にともなう法整備と法の実効性が強められたことで農村の安定化が進んだ。このため都市エリートによる土地への需要も高まった。ハーレセ地の払下げはこうした土地需要の高まりに対応していた。1924年、ハーレセ地売却法が議会を通過してハーレセ地が払下げられ、1933年にハーレセ地売却に関わる規制が撤廃され無制限の売却が認められると払下げが加速された。

この時期に新たに地主として加わったのは、主として都市の商人、新官僚、

第1章　地主制と村の農民

上級軍人などである。マルヴダシュト地方でも土地所有者の交代が進み、都市の新エリート層が多く地主の仲間入りをした。農民など村落域の住民には払下げを受ける権利も資金もなかったから、地主の出自に変化があったものの都市のエリートが村落域を所有する構造は崩れることなく、この時期に拡大再生産されることになった。

　レザーシャー期に地主制が発展したのには、農業が儲かる産業であったことに加えて、中央集権化を進めていく上でまた工業化のための資本の蓄積において地主層を同盟者と位置づけたことも関係している。次にこの点をみてみよう。

　レザーシャーはトルコのケマル・アタチュルクに倣い経済自立化政策をとった。西欧の政治経済的な圧力を排し、また世界恐慌という時代を背景に、近代化と工業化を進めるために保護主義的な閉鎖型の開発を指向した[21]。このため保護主義的な貿易政策をとり、また外資への依存を避けて国家による資本蓄積が選択された。1930年には為替管理法を公布して為替を国家が厳しく管理する体制をとり、1932年には外国貿易独占法により貿易そのものを国家の事業とした。つまり、国家主導で輸入代替工業化を進めインフラ整備と軍事物資の輸入を確保するために貿易を国家が管理したのである。

　資本の蓄積を進める上でとられたもう一つの方法は専売制である。政府の独占事業としては、砂糖、タバコ、穀物、綿製品など多岐に渡ったが、貿易の国家独占と一体化して輸入品の価格を高く設定することで歳入を確保した。

　国有地の払下げもその目的の一つは財政収入の確保にあった。国有地売却の規制が撤廃された1933年に開発の資金を調達する目的で農工銀行が設立され、銀行資金の調達のためにテヘラン近くの最優等のハーレセ地が処分された。イランが農業国であったことで農業部門における蓄積もまた経済自立化政策を進める上で重要とされた。当時の経済の実情を示す統計はないが、ある推計によると農業部門は国内総生産の少なくとも半分以上を占めていた[22]。農業生産力をどのような制度と政策で国家の開発政策に結びつけるかが重要な課題となり、この機能を果たしたのが地主制であったといってよい。

　地主は農民からの余剰の収奪を通して直接間接に資本の蓄積に役割を果たし、また農業開発によって生産力の担い手になった。地主によって収奪された農業余剰は銀行制度を通して投資に向けられまた地主自身によって土地取得や農業

投資に振り向けられた。この規模については不明だが、1925-30年から10年ほどの間に小麦の生産量は1.6倍に増え、綿花については2倍近くに増大していることから積極的な投資があったことが窺える。

地主は国が進める輸入代替工業化の原料生産の担い手でもあった。工業化はその初期的な形態として砂糖工場、紡績、綿織物工業、毛織物工業、タバコ工業などの農産物加工が中心となり、この原料作物の導入を農地の開発と輪作地化によって対応した。砂糖はロシアからの輸入に依存していたが、1930年代に8つの砂糖工場が建設され輸入代替がはかられた。マルヴダシュト地方にも1935年に砂糖工場が建設され、砂糖ダイコンの生産が地主主導で進められた。たとえばヘイラーバード村では地主であったサドル・ラザヴィーが砂糖ダイコンの生産を目的にカナートを建設し、未利用地の大々的な開発を行っている（カナートについては第7章参照）。綿作地の面積も1930年代半ばに国際価格が高騰したことも影響して一気に2倍に増えている。バーリエールの推計によると、村落数は20世紀の前半期に2倍以上に増え、また農地は1920年代から1946年までの間に25％増加している[23]。この開発の担い手になったのが地主であり、大規模な灌漑農業地帯では地主主導で商品作物生産が行われたことは、村を農場化した地主経営を理解する上で重要な点である。

遊牧民部族の土地の没収と払下げ、また遊牧民の定住化政策もこの文脈において評価される。遊牧民部族の土地を没収することで彼らの影響力を抑制した一方で、ハーレセ地を与えて彼らを農民化した。さらに地主の開発による労働力不足に対して遊牧民の半強制的な定住化も頻繁に行われた。

行政面では村落域の管理という役割も地主層に期待した。市民層がまだ十分に育っていなかったため、近代的な官僚と軍それに地主層を軸に安定をはかる必要があった[24]。地方では土地権力層が力をもっていたため、農村部に対しては地主層に依拠して安定をはかる必要があった。地主を通して村が管理され、統治という側面で地主はレザーシャーの中央集権体制を支えていたといってよい。

このことは1935年の「キャドホダーに関する法」でより明確化された。この法では地方の末端の行政組織の責任者が地主の推薦で任命されることが規定された。この意図するところは、もともと村社会の代表であったキャドホダー

(村長)を地方行政の末端に位置づけ、政府が地主に委ねる法律や条令の履行義務を負わせて、村落域での政府の統制を強めることにあった。しかし地主と農民の関係では、キャドホダーを地主の差配とし、村における地主経営の管理者としての役割を強める働きをした。村の農場化に有効に機能したのである。

農村地域や辺境地の治安のために設置されたジャーンダルメリー（都市部以外の治安警察組織）も地主の権利を守る役割に徹した。地主はこの暴力装置を村社会との関係で活用することで、20世紀の半ばにおいても「村落の所有者」としての強い支配力を維持し続けることができた。

一方、農民の貧困化に対する解決を地主に求めることもあった。1937年の「開発法」がその例である。法律の第1条では灌漑施設の建設や修理、未利用地の開発など農地の有効利用が所有者の責任とされ、「カナートの建設・修理、未利用地の開発、水利・灌漑システムの維持、衛生的な農民住宅の建設と修理、農村道路の建設」などが地主に義務づけられた。また第4条ではこれを怠けた者への処罰と、農業開発を進める者への資金の便宜が規定されている。地主の怠惰に対しては罰則が科せられ、一方、農業開発を進める者には農工銀行などを通して金融的に支援がされたのである[25]。実際にこの法律に応じて努力した地主は少なかったが、政府が農民の福祉を無視できなくなっていたことも事実である。1939年には法務省に分益制に関する規定の作成を命ぜられたが、これも同様に、分益制度に秩序を与えて地主の農民搾取を制限する意味合いを含んでいたと想定される。

レザーシャーは1941年に退位するが、それまでに土地関係をめぐるシステムは様変わりした。統計がないために推移をたどれないが、大土地所有制が支配的となっていた。1930年代のもっとも信頼できる研究では大土地所有が農地のほぼ80％を占めたと推定している[26]。ガワームオルモルク家、ファルマンファルマー家、アラム家、それにレザーシャー自身などの大土地所有者はそれぞれ数十ないし200数村を所有した。新興地主も自分の地位を固め、1960年代はじめまで政治権力の中枢に位置し、王室や高級官僚、軍の上層部と支配の連合を形成してきた。

2 アルバーブ・ライーヤト制（地主・農民関係）

1）地主の土地所有

1960年代に農地改革が実施されるまで、マルヴダシュト地方では土地の所有は都市のエリート層に独占され、村落農民による所有はほとんどみられなかった。都市に居住するエリート層が村落域の土地に権利をもち、村落社会に強い権限を行使したことで、都市と農村の関係は、都市が村落域を所有するという構図で説明するのが適切であろう。しかし地主の強い権限を前近代の遺制として説明することはできない。すでに述べたように、地主は単なる地代の取得者ではなく、経営に積極的に関わっていた。村落は地主経営の農場化し、村落は自律性を失って農場における飯場の様相をみせ農民は雇農としての性格を強めていた。ここでは農民の権利がなぜ脆弱で、村落の自治が失われたのかが地主制を理解するため鍵になると思われる。

20世紀半ばにおける地主の所有規模については1958年の農務省の数字があ

図表1-1　地主の規模別村落の割合

村の種類	割合（％）
6ダング[1]	23.4
ダングの村[2]	10.9
小規模保有の村[3]	41.9
王領地の村	2.0
クワフの村	1.8
国有地の村	3.6
複合した村	15.2
不明	0.5

（注）（1）は一人の地主によって所有されている村。（2）は複数の地主に所有され，各地主が村の土地の1/6ないし5/6を所有する村。（3）は複数の地主また農民がそれぞれ1/6以下を所有する村。
（出所）K.Khosrabvi, Bozorg Maleki dar Iran az Dowreh Qajarieh ta-be Emruz,Tehran, 1961.（岡崎正孝「イラン地主の二つの型」　滝川・斉藤編『アジアの土地制度と農村社会構造1』アジア経済研究所，1966年，66ページより引用）

第1章　地主制と村の農民

る。これによると、全村の23.4％までが1人の地主に所有されていた。村の土地すべてを1人の地主が所有する場合、この地主をオムデ・マーレキといい、イランではオムデ・マーレキの村が全村の4分の1近くを占めていたことになる。またオムデ・マーレキの数はイラン全体で4,016人、オムデ・マーレキによって所有された村の数は6,794であった。このうち約1,000人は2つ以上の村を所有し、3つ以上を所有する地主も464家族あった。最大規模の地主はホラーサーン地方のアラム家で215の村を所有していた[27]。こうした大地主はその多くが中央や地方の政治や社会に強い影響力をもつ名士で「千家族」と称されていた。

　ただ、こうした数字も大土地所有者の実態を十分に示しているとはいえない。村が所有の単位となりながら名義が複数の人物に分かれていることも多い。村の土地を複数の地主が所有するとき、この地主はホルデ・マーレキといった。イスラムの相続法は分割相続であるため相続を繰り返すことで所有権が細分化される。このため細分化を防ぐために資産を持分で共有することがある。この持分による共有をモシャーと言い、ホルデ・マーレキが村の土地をモシャーで所有することが多い。マルヴダシュト地方には、村が多くの地主によってモシャーで所有されながら、農場は村を単位に経営された村が多く存在した。所有は分割されても経営は分割されないことが多かった。

　　イランでは、全体を6とし、6に分けたうちの1つを1ダングで表すことがある。とくに土地を共有する場合には、各地主の持分は一般にダング数で表現された。全体の3分の1に持分をもつ場合にはその地主の持分は2ダングとなる。農地改革前のポレノウ村の場合、1つの農場としてモスタージェル（代理人）によって経営されていたが、複数の地主によって以下のような持分によりモシャーで所有されていた。しかし実際には各家でさらに複数の個人に名義が分かれていた。

　　　デヘガーン家　　　　　3ダング
　　　ジョーカール家　　　　1.5ダング
　　　アブドルラーヒー家　　1.5ダング

2）農民の権利

　20世紀の地主制のもとで地主は村落農民に対して強い権限を行使した。支配と従属という前近代的ともみえる地主と農民の関係は一般にアルバーブ・ラ

イーヤト制とかマーレキ・ライーヤト制と呼ばれている。アルバーブ（arbāb）やマーレキ（mālik）は本来土地の所有者を意味する。しかし、マーレキが所有者一般を意味するのに対してアルバーブは「旦那」とか「主人」といった身分的な内容を含んでいる。つまり、農民にとって地主は単なる土地所有者ではなく人格に関わる存在であった。またライーヤト（ra'īyat）は地主制の下での農民一般を指し、ガージャール朝の時代には国王の臣民を指す用語であった[28]。人頭税や賦役の対象となった農民がライーヤトであった[29]。そして地主制下においては地主に対して従属する農民の身分もその概念に含んでいた。つまりアルバーブ・ライーヤト制には単に土地を媒介とした関係ではなく、地主と農民の前近代的な身分や支配と従属の関係も表現されている。

　こうした地主の権限を証明する事例は、村の農民の話を通して数多く示すことができる。たとえばマルヴダシュト地方のヘイラーバード村の古老の話によると、地主は50km離れた州都から時々馬に乗ってやってきてさまざまな指示をしたが、その指示は絶対的なもので農民の意見は一切聞き入れられなかった。村の紛争に対しては地主が裁決を下し、農民の生存権をも奪う領主裁判権ほどの権限はなかったものの、重大な事件を除けば実質的な裁判権を行使した。また別の村の農民の話によると、農民は地主の意思で容易に追放され、農民は「あそこへ行け、こっちへ来いといわれれば、働く場所も住居も移った」。農民は貧困のあまり畑の作物をくすねることもしばしばあったが、村長であり地主の差配でもあったキャドホダーは暴力をもって処罰した。

　同じマルヴダシュト地方のコルバール地区にあるフィルザーバード村の農民の話も地主と農民の関係をよく示している。農民は皆地主を恐れていた。地主は時々村を訪れトラブルが起こると農民を直立不動に並ばせて一人ひとりにビンタを食らわせ、紛争に対しては地主が裁判を行い処罰した。要するに、アルバーブ・ライーヤト制における地主と農民の関係は前近代的な経済外的な強制関係を残し、村は領主直営地を想起させるものであった。

　地主の強い権限から農業労働以外にも農民にさまざまな賦課を命じた。この主なものをヘイラーバード村の事例であげると以下のようである。

①地主の園地（通常は果樹園である直営地）での労働提供。園地には専属の労働者がいたが、農民もまた労働を負担した。

第1章　地主制と村の農民

②灌漑水路の掃除やカナートの維持労働。
③地主取分とされた穀物などの倉庫への運搬。

　多くの場合これらの作業は無償で行われた。水利施設の維持などの土木作業は本来水権利者である地主の義務であったから維持労働には報酬が支払われるべきであったが、通常は無償であった。カナートの場合、地下水路は壊れやすく土砂がたまりやすく維持にはかなりのコストがかかり、農民1人当たり年間50日以上の労働が必要とされたが、作業は農民の無償の労働によった。

　この無償の労働はビーガーリーと呼ばれた。ラムトンはこれを人身隷属による賦役であるとし、前近代には地主が国王に果たす奉仕で実際には農民がこの労働に従事したが、近代になって地主に対する賦役だけが残ったと説明している[30]。また大野盛雄氏はビーガーリーを労働地代とし、村の公共の仕事として農民が負担する労働の中に地主に対する労働地代が含まれているとした[31]。大野は地主と農民の関係を、農民が地主に分益地代を支払う関係と考えていたため、ビーガーリーは労働地代の一部であり経済外的な強制ではないと理解した。農民は地主に分益地代を支払ったが、これに労働地代としてのビーガーリーが加わったということである。いずれにせ灌漑水利の維持は農場経営に不可欠な労働であり、本来地主が負担すべきコストが農民に負わされたのである。

　ポレノウ村では、上に示した作業に限らず地主が命じたあらゆる労働が含まれ女性もまた徴用された。農民の話によると、砂糖ダイコンは20km離れた砂糖工場まで運ばなければならず、また色々な物の調達も求められた。たとえば正月には農民にそれぞれ20個の卵を持参するよう地主に命じられた。

　こうした地主の強い権限の根拠はどこにあるのか。地主は都市に居住し日常的には代理人をおいて経営を行った。時々村を訪れ自らの暴力装置をもっている訳ではない。しかし暴力が介在しなかったわけではない。地主が裁判権のごとき権限を行使し得たのは、国家の暴力装置が地主の権力行使を支えていたからである。この点については国権力と地主の関係から説明する必要がある。先に述べたように、レザーシャーの時代には国は地主層と同盟関係を結んで中央集権化と工業化を進めており、地域に配置された辺境警察が地主の権限を背後で支える機能を果たしていた。農地改革の直前まで地主層は中央と地方の政治に強い影響力をもち、国家の暴力装置が農民を監視し地主と農民のトラブルに

際しては地主側に立って介入したのである。

　地主の権限はまた権利関係から説明する必要がある。とくに地主が土地とともに主要な生産手段である水の所有者であったことがその権限の強さと関係している。すでに述べたように、乾燥地では灌漑が農業の条件となり灌漑なしでは経営は成立しない。土地はそれだけでは価値をもたないから水利に権利をもつ者が強い請求権をもつことができた。イランでは水は土地に付属する属地的な性格をもたず人に帰属する属人的な物権である。このため土地と水の所有者が分離していることもあり、農業に際して水の所有者と土地の所有者の間で水が売買されることもあった。しかしオアシス農業地帯では多くの場合、地主は同時に水の所有者でもあり、主要な生産手段を独占していた。しかも19世紀とは異なり権利が近代法によって保障されたものであった。

　マルヴダシュト地方の場合、主要な灌漑手段は谷平野を縦貫するコル川とスィーヴァンド川、それに山際の湧き水と地下水である。河川灌漑はこの地方の200ほどの村のほぼ半分がこの2つの河川から灌漑用水の供給を受けていた。複数の分水堰から水路が村に導かれ、受益村はそれぞれに分水堰からの水に持分をもっていた。たとえばポレノウ村はコル川の一つの堰であるラームジェルド堰から分水される水の総持分840の一部に権利をもっていた[32]。しかし村に割り当てられた水利権は村の農民ではなく地主に帰属し、近代に至って土地の所有者に認められた物権として権利が保障さていた。

　地主が水の所有者であることはカナートについても同様である。当時イランにはカナートが3ないし4万あり灌漑農地のほぼ半分がカナートによって灌漑されていた。マルヴダシュト地方で山際にはカナートを利用する村が数多くあった。この地方のカナートは地下水路の長さが比較的短く10km未満のものが多い。建設には1km当たり農民20ないし50人の年収分の費用がかかるといわれており[33]、地主はこの費用を負担した。つまり農業を成立させる条件でありかつ高い生産性を保証する水は地主によって独占され、この独占が農民に対する地主に強い権限の根拠となっていたといえる。

　では農民の権利はどう説明されるのか。アルバーブ・ライーヤト制のもとで村の土地（地主の農場）で働く権利はナサク、この権利をもつ農民をナサクダールといった。このナサクについてフークランドは、分益制のもとでの耕作権で

ありまた灌漑用水の用益権を含むものであると説明した[34]。またアーミドも地主から土地を得て耕作権をもつ農民がナサクダールであると述べている[35]。しかし、マルヴダシュト地方でみる限りおよそこうした性格のものではない。村は地主経営の農場であり、ここで働く農民は地主に雇われた農業労働者に近い存在であったから、土地に対する権利をまったくもたなかった。したがって耕作権や借地権として説明することはできない。あえて権利という言葉を使うと、雇農として農場で働く権利とするのが適当であり、この権利がきわめて脆弱であることも地主の強い権限の根拠となっていた。

　農民の権利が脆弱であったさらに一つの理由として、農村における予備軍の存在を付け加える必要があろう。村にはホシュネシーンと呼ばれるナサクをもたない住民がいる。このホシュネシーンは、村落における社会的性格から、床屋など村抱え的な職人、地主のナサクをもたない雇用人、ナサクを得るチャンスを待つ予備軍の3つに大別することができる。このうちの予備軍は農場での雇用を果たせない人々であり、地主にとっては農民をホシュネシーンといつでも交代させることができた。時代が下がり人口が増えるにしたがって対農民比でホシュネシーンの割合が高まり、たとえばケルマーン地方の場合、農業労働のメンバーは頻繁に交代させられ、「耕した土地を自らの手で収穫できる保証はまったくない」という状況にあったといわれている[36]。

　要するに、ナサクは不安定であり、このことが農民の立場をより弱いものにした。もっともマルヴダシュト地方の場合、農地の開発が進んだ20世紀前半期にはむしろ労働力が不足し遊牧民の定住によって充足させねばならない状況にあった。このためホシュネシーンの比率は比較的低く、農民が理由もなく雇農としての権利を一方的に破棄されることは通常はなかったし、権利は子供のうちの一人に引き継がれことが多かった。ただこの相続も確立された権利というより村社会との関係を維持することで農業経営を安定させる必要があった地主側の動機によるといった方が正確である。地主の多くは都市に居住し代理人を介して村社会と関係し、また農場では伝統的な耕作方式と耕地制度が継承されたため、農民の組織を崩してまで恣意的な行動をとることは地主自身にとってもプラスにはならなかったのである。

3　農場の経営と村落社会

1）地主による土地経営

以上に示したように、農地改革以前の村では、アルバーブ・ライーヤト制のもと農民の権限はきわめて脆弱であった。村は実質的な地主経営の農場であり、地主のエステートとして地主の所有物のごとく観念されていた。

ではこのエステートはどのように経営されていたのか。図1-2はマルヴダシュト地方の地主経営農場の概念図である。灌漑農地を中心にその周辺には広い未利用地が存在し、家畜の放牧場の一部として利用された。乾燥地では灌漑が農業の条件となるため灌漑農地の規模は灌漑用水の量に規定される。このため水の及ばないところは天水依存のきわめて粗放な農業が行われるか未利用地の状態におかれた。灌漑農地では小麦や大麦が2年1作で生産され、商品価値の高い綿花や砂糖ダイコンなどの夏作も行われたが、この規模は渇水期である夏季の灌漑水量に規定された。また圃場とは別に地主直営の果樹園がある。

図表1-2　地主経営農場の概念図

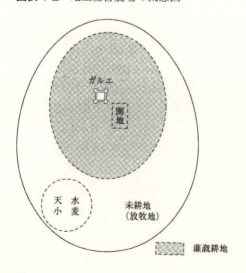

耕地は複数の耕圃からなり、作物は耕圃を循環する形で作付けられた。この耕地制度はヨーロッパの開放耕地制と非常によく似ている。また各耕圃は複数の耕区に区分されている。

地主経営の農場では開放耕地制に限らず、農耕の諸制度を地主経営以前の村落共同体から受け継いだ。引き継がれたのはとくに以下の3点である。

①開放耕地制がとられ、村の耕地は複数の耕圃に分かれ耕圃を循環する形で小麦や

夏作の作付けが行われた。
②農民は4人ないし8人で組を作り共同で耕作が行われた。耕作組を構成する農民は等しく労働を分担し生産物を平等に分配した。
③耕作組の耕地は各耕区に分散し、各耕作組が利用する耕地は定期的に割替えられた。

これらの農耕の諸制度は、後に詳しく述べるように、村落共同体から20世紀の地主経営に、さらに農地改革後の村落に踏襲された。イランの農業史において農耕の方式、労働組織、耕地制度が長期に継承された理由は、農耕の技術に発展がなかったことにある。西欧にみられたような農業革命がイランでは展開せず、農業の機械化が進むまで農業技術に革新がみられなかったため村落農民の組織に依拠する経営がもっとも合理的であった。

とはいえ地主経営のもとでは、農民はあくまで土地をもたない雇農であった。岡崎正孝氏は、調査したテヘラン近郊のターレブアーバード村について、農民は「生産手段も提供していないのみか、作物選択の自由も、また労働そのものにも自主性がなく、完全な農業労働者といわねばならない」存在であったと述べているが[37]、マルヴダシュト地方の場合も基本的には変わらない。ただ裸の労働が農場に雇われたのではなかった。伝統的な農業制度が踏襲されたことで、農民は一頭の牡牛をもって雇われ、耕作組に編成された。このため資金がなく牡牛をもてない農民にはその購入資金を地主が前貸しした。この資金はモサーエデと呼ばれ、農民が地主の下で働くことが決まると地主は資金を渡して牡牛を購入させた。

また、農場では伝統的な耕作制度を踏襲されたことで村の親族や氏族組織も活用された。この点で農業労働者を集めて労働に従事させるプランテーションや近代的な農場とは異なった。農場は差配に任せることが多く、地主は都市に居住し時々村にやってくる不在地主であったから、管理コストを抑え安定した経営を行うには村落社会の諸組織と秩序を利用する必要があった。

2）〈ガルエ〉と地主の農民管理

マルヴダシュト地方にみられる集落はガルエと呼ばれる一見城砦と見紛う堅牢なものであった。地主はこの城砦のようなガルエに農民を押し込めることで

農民を管理した。

　ガルエの形状は一般に正方形で、周囲を 5m 以上の高い土壁が囲っている。大きさは村の規模で違いがあり、人口の多い村の中には一辺が 200m を超える大きなものもあった。堅牢な構造をもつガルエはテヘラン地方やヤズド地方などの多くの地方でもみられるが、こうした構造をもつガルエの歴史については不明な点が多い。

マルヴダシュト地方の村におけるガルエ
（ヘイラーバード村、1957 年）

　マルヴダシュト地方には、20 世紀に入り河川から用水を引きまたカナートを開削して灌漑用水を確保し、遊牧や半遊牧を生業としていた人たちをリクルートして開かれた農場が数多くある。ヘイラーバード村もその一つである。地主は、山際にテントを張って暮らしていた半定住の遊牧民を農民として農場で雇っていた

ガルエの正面（ヘイラーバード村、1964 年）

第1章　地主制と村の農民

ガルエの内部（農民の小屋が並ぶ）1964年

が、1929年にガルエを建設してここに居住させている。さらに1935年にマルヴダシュトに砂糖工場が設立されると、砂糖ダイコン生産を行うために新たにガルエを建設し、他のガルエから人を移住させて新規に農場を開いた。この例からもわかるように、地主経営の農場は灌漑水利の確保にはじまり、労働力として農民をリクルートし、集落を建設することで開かれた「地主のエステート」としての性格をもっていた。

ポレノウ村も同様に地主が遊牧民を定住させて再開発した村である。この村は1870年代に存在が確認されているが、20世紀前半に農地を開発して規模拡大がはかられた。この村の場合もリクルートした農民をガルエに居住させた。したがって、マルヴダシュト地方では、ガルエはアルバーブ・ライーヤト制下の村落に共通する集落の形態であり、地主経営のエステートを象徴するものということができる。

こうした堅牢な城砦のような構造の集落が作られた理由については、遊牧民の攻撃や略奪からの防衛目的とする説がある。マルヴダシュト地方では、20

世紀初めまで遊牧民の放牧地と農耕地とが入り組み、また遊牧民の移動の経路に位置していたため、20世紀半ば近くまで遊牧民による略奪や盗難が頻発した。農耕民と遊牧民は土地の利用をめぐってしばしば対立したから、外敵からの防衛説には根拠がある。これを傍証する例としてラームジェルド地区のノサンジャン村の場合がある。この村ではバッタの被害があったが、加えて遊牧民の攻撃があったことで住民が離散し村は崩壊した。しかし1930年代はじめに地主はガルエを建設して農民を居住させ、村を復興させている[38]。

　遊牧民からの防衛以外にも理由があった。その一つが農場の労働力確保であり、また一つが地主の強い権限のもとでの農民の管理である。ガルエの構造から説明すると、まず外部に対してきわめて閉鎖的な構造をしている。四方は堅牢な土壁で囲まれ、一ヵ所ある出入口にはがっしりとした扉の門が据えられている。門は早朝に開かれ、住民や家畜はここから出入りし夕方には閉じられる。土壁の内部には日干しレンガ造りの家が塊のように密集し、農民が個々に所有する牛、ロバ、羊、ヤギなどの小屋もこの土壁の中に作られている。門の内側にある小さな広場は人が集まり放牧のための家畜が集められるガルエの中心部をなし、通常は門を入ったところに地主の住居と倉庫が配置されている。地主は都市に住んでいたため日常的に居住することはない。地主の指示のもとに行動する差配の事務所兼倉庫として機能したが、閉鎖構造のガルエの要衝に配置されここで農民の動向をつかむことができた。差配は地主の指示に従い事務所や広場に農民を集め農事に関わる指示を行い、かつ村の農民社会を管理したのである。

　大野盛雄氏はかつてアルバーブ・ライーヤト制のこのガルエを地主の「飯場」と表現した。村落の形態をとりながら自治的な機能をもたず、農民が地主によって労働組織に編成された雇農であるという実態をみてのことである。ガルエの住民は地縁・血縁のつながりをもっていたため、地主が農民をその社会ごととり込んで労働組織に編成し農場を経営するのに、閉鎖構造をもつガルエは優れていたといってよい。ガルエの構造はアルバーブ・ライーヤト制下の地主農場における地主と農民の関係を色濃く反映していた。

　地主は土地と水利施設に加えてガルエをも所有する「村の所有者」であったことから、第三者への譲渡の際にはこれらをセットとした「村の譲渡」の形が

第1章　地主制と村の農民

とられた。エステートとしての農場が売買されたといってもよい。マルヴダシュト地方では1930年代から地主の交代が進むが、譲渡には農場に必要なものすべてが売買目録に載せられたのである。

3）農場における農民の労働組織

では村落のコミュニティーがどのように活用されたのか。地主は農場経営をモタサッディー（監督）を通して行った。しかしモタサッディー以外にキャドホダーにも差配の役割を担わせた。地主と農民の関係は1対1の関係ではなく、地主は農民社会のコミュニティーとの関係で経営を行ったため、農民のコミュニティーを統率できる村落社会の構成員であることが求められ、通常は村社会の長であるキャドホダーが差配をも兼ねた。

キャドホダーは村のコミュニティーの構成員の中から選ばれ、村社会の代表として村の秩序を維持する責任者であり、村のコミュニティーの内側に位置していた。また同時に、農民を組織し地主の指示にしたがって農民を組織し監督を行う差配という役職によって地主側に位置した。つまり、村落の代表であると同時に地主の差配でもあるというキャドホダーのもつ二重の性格によって村落社会に依拠した地主経営を円滑に行うことが可能であった。

キャドホダーは村民によってではなく地主によって指名された。先にみたように、1935年に施行された「キャドホダーに関する法律」ではキャドホダーは地主によって指名され、これを地方の行政府が任命することを規定している。これは村落域の管理と治安の権限を地主に賦与し、実際の機能を村役であるキャドホダーに託すことで責任体制を明確にすることを意図したものであった。キャドホダーに村落と農場の管理者としての地位を与え、村における権限が強められた[39]。実際に、キャドホダーは差配としての役割を果たすために権威的な行動をとった。また地主と一体化した権力としてしばしば農民に対峙し、従順でないものにしばしば暴力を振るった。ポレノウ村では農地改革で地主が村から退去するとキャドホダーも農民から追われる形で住居を隣村に移したが、これには地主制の時代に強圧的に農民を管理して反感を買ったことが背景としてあった。

農民を統率し組織していくにはキャドホダーとしての正統性も必要となる。

25

図表1-3　地主経営農場の労働組織

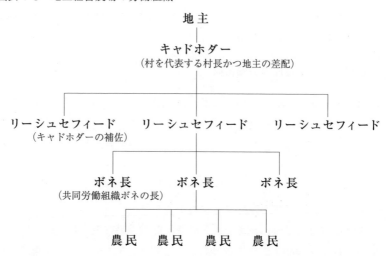

　地主は農民を1対1の縦の関係でではなく、村落の社会を全体として管理する形をとった。このためキャドホダーには村落のコミュニティーを統率する能力が求められた。マルヴダシュト地方には20世紀に農業開発で再興された村が数多くあり、遊牧民の定住化によって労働力が確保された。こうした遊牧民をリクルートした村では管理に部族組織の統率系統が利用され、地主は部族社会のリーダーの家系からキャドホダーを指名した。たとえばポレノウ村のキャドホダーであったアリー・モハマド・ゴルバニーは、遊牧民部族ナファルの一氏族の長の系譜を引いていた。またヘイラーバード村には3つのガルエと農場があり、住民もそれぞれが血縁的な結びつきをもつ3つのグループにおおよそ分かれていたが、各ガルエのキャドホダーはいずれも氏族のリーダーの家系であった。村の管理と指令系統にこの社会的関係が利用されたのである。キャドホダーの正統性が重要であることは遊牧民の系譜をもたない村でも同じである。こうした村ではキャドホダー職が相続されることで、村のエリート家族として特権を与えて農民一般と区別された。
　キャドホダー職に対しては地主から手当てが支払われた。また慣行として農民が生産した小麦の10分の1ないし20分の1を受け取る権利をもち、この他

にも村によっては地主によって直営地を付与されるなどの特権があった。ポレノウ村の例でみると、収穫のうち20分の1を各農民から現物で受け取ったが、この他に農民5人分の耕作地面積に相当する土地に権利を与えられ、ここで4人のバルゼギャル（分益労働者）が働いていた。

キャドホダーの下にはリーシュセフィード（長老）の役職がおかれた。キャドホダーを補佐する役職で、古くは村の自治組織の役職であったが、これが機能を変えて地主経営の農場に踏襲された。地主制下のポレノウ村ではリーシュセフィードは農耕の秩序を維持する役割をもっていた。農場で働く農民は3つのグループに分けられていたが、それぞれのグループの代表がリーシュセフィードと呼ばれ、各グループの代表として耕作・水利灌漑に責任をもった。キャドホダーのような権限をもたないが、農作業の調整役として機能していた。

先に述べたボネ（耕作組）も農場経営の組織として機能した。ボネの制度は、農作業の共同の必要性から生まれたが、地主によって編成された労働組織である。毎年、地主は農民の中からボネの数だけ人を選びこれをボネ長とした。次いで、地主に任じられたボネ長はナサク（農場で働く権利）をもつ農民の中からボネのメンバーとする農民を選びボネを編成した。

ボネは地主の農民労働の管理という点でもすぐれた制度であった。地主は自分に逆らわない人をボネ長に選ぶことができたし、農民を1対1で指示し監督する必要がなかった。ボネに連帯責任を負わせることで管理し、村社会の地縁血縁の関係を利用しこれに依拠して経営コストを最小限に抑えながら経営を行うことができた。さらにボネが耕作する耕地は割替によって固定化を避け、農民が耕地への権利意識をもたないようにした。またボネを構成するメンバーも固定させなかった。つまり、ボネは農作業における共同の必要性から生まれたが、地主経営の農場では農民の自主的な組織ではなく地主によって上から編成された労働組織としての特徴をもっていたのである。

このように、地主は村落社会の組織を利用する形で農場を経営した。村のコミュニティーのメンバーであるキャドホダーに権限を賦与して農場を管理させ、リーシュセフィードやボネ長を通して農民のグループを組織することで、地主は都市に居住しながら農場を経営することが可能であった。

4）地主と農民の収穫物の分益

イランでは1960年に全国規模の農業センサスが実施された[40]。センサスでは地主所有地で耕作する農民を分益農（ラーイヤティー）と借地農（エジャーレイー）に分類している。当時のイランではこの2つの地代形態がみられたことによる。農民総数の71.6％が地主所有地で耕作し、うち82.7％が分益農、17.3％が借地農であった。

この分類による借地農は、農民が地主から土地を借り小作料（借地料）を定額で地主に支払うというものである。農業は借地農が経営を行い、地主は地代を得るが経営には関わることは少なかった。この定期借地が広く分布していたのはカスピ海沿岸のギーラーン州であり、農民の63.5％が借地農であった。イランの風土は半砂漠の乾燥地帯から温帯湿潤地帯まで多様性に富んでおり、気候との関係でみると温帯湿潤な風土に定期借地が多く、ギーラーン地方は米作や茶が盛んな日本とよく似た風土である。

これに対して分益農は、地主と農民の間で生産物を現物・定率で分ける農民である。農地の分布では8割以上が乾燥・半乾燥地帯であり、この気候を条件に農業が営まれる地方では灌漑農業と非灌漑農業を問わず分益農の割合が高く、アゼルバイジャーン州やコルデスターン州などイランの西北部では圧倒的な割

図表1-4　地主制の地代形態別割合

洲	分益農	定額農	自作
ギーラーン	13.3	63.5	23.2
マーザンデラーン・ゴルガーン	20.2	45.9	33.9
テヘラン	73.1	3.1	23.2
東アゼルバイジャーン	88.1	2.5	9.4
コルデスターン	83.2	0.5	16.3
ホラーサーン	39.3	6.8	53.9
クルディハーン	58.1	11.4	30.5
ファールス	39.3	15.9	32.4
全国	59.2	12.4	28.4

（出所）イラン内務省統計センター『イラン農業統計1960』テヘラン，37ページ。

第1章　地主制と村の農民

合を占めていた。ただ統計から分かるように、ほとんどの州で分益農と借地農のいずれもが存在していたから、借地農と分益農の分布を気候条件の違いだけで説明するのは適切ではない。この間には農業制度に基本的な違いがあり、借地農が分割地を経営する小農民であるのに対して分益農は農業経営への独立性が弱く、地主も経営に関わることが多かった。

またこのセンサスで注意すべきは、当時農地改革の動きがはじまっていたために、改革の対象になるのを意識して事前に農地を農民に売却する地主が多く、このため自作農の割合が比較的高く出ていることである。それ以前には自作農比率はこの統計よりもかなり小さかったと考えられる。

一般に分益農制では、農民は生産に必要な農具や役畜をもって自己の労働で農作業を行う。しかし地主も単なる土地の所有者ではなく灌漑農業では灌漑用水に権利をもち、さらにその他の生産に必要な資本を提供する。このため借地農と比べると農業経営への耕作者の独立性が弱く、地主も経営に関与し農場経営者として振る舞う場合が多い。とくに乾燥地の灌漑農業地帯ではこの傾向が強い。その理由は、乾燥地では農業生産にとって土地は灌漑のための水が加わって価値をもち、この双方を所有することで地主は強い権限を保証されたことにある。この権限によって経営に関わり、マルヴダシュト地方の事例でみたように村落の農民は地主経営の農場における雇農のような存在となっていた。

同じ分益制をとるところでも非灌漑農業地帯では地主の権限は相対的に弱く農業経営への関わり方も限定的である。これは地主が水を所有しない単なる土地の所有者であったことに加えて灌漑農業と比べて収量が低かったことによる。このため同じ分益制であっても灌漑農業地帯と非灌漑農業地帯では経営形態を異にした。乾燥地の灌漑農業地帯では地主が経営者として土地に加えて水と種を負担して一般的には小麦の場合は収穫の3分の2をとり、非灌漑農業では地主は土地のみを提供して収穫の5分の1を受け取った。

分益制をとる要因として考えられることは、一つに危険の回避である。乾燥地農業は不安定であるため定率であることで危険負担を地主と農民の双方が負う。農業を継続的に行うには農民を殺すわけにはいかないし、翌年の生産のための播種用の種や役畜が確保される必要があり、この点で分益制は有効であるといえる。しかしこれまでの研究では、生産に必要な要素を地主と農民の間で

29

分担し、この分担に応じて生産物を分ける制度として理解されてきた。

イランには農業生産の主要な要素を、土地、水、労働、種、牛の5つに分ける〔農業生産の5要素〕の考え方がある。土地と労働はもちろん基本的な要素だが、伝統的な農業では他の3つの要素も重要である。その一つ「種」についてみると、地主制の時代、小麦の収量は今日よりもかなり低く、マルヴダシュト地方の場合、灌漑小麦で播種量の10倍にならなかった。このため耕作に当たっては相当の種を用意する必要があった。

「牛」は耕作に使役する牡牛のことである。トラクターが導入される以前には犂耕や整地作業また脱穀作業などの重要な作業で牡牛が使役された。アルバーブ・ライーヤト制のもとでは農民は裸の労働ではなく牡牛と一体化した労働力として雇用されたため、農民が農場で働くには牡牛をもつことが条件とされ、もたない場合は地主が前貸しなどの方法で農民に牡牛をもたせた。

また「水」は灌漑用水のことである。乾燥地では灌漑が農業の条件であり、水なしではきわめて不安定で生産性の低い農業しか可能でない。この点で土地とともにもっとも重要な生産要素といってよい。各要素の評価は農業生産の気候条件の違いで異なるが、乾燥地では「水」が、非灌漑農業では収量の対播種量比が低いため「種」の評価が相対的に高い。

この〔生産の5要素〕の考え方はイランの農業条件としての気候および伝統的な農耕方式にもとづいており、生産手段を個別に要素で分けたのは、地主と農民がこの要素を分けて負担し、またこの負担に応じて収穫物に対して取り分を得たことによる。要素分担についてみると、一般に灌漑農業と非灌漑農業とで大きな違いがみられた。図表1-5にみるように、灌漑農業では農民は労働と牡牛を負担するか、自らの労働力しか負担していない。これに対して非灌漑農業では、農民が労働力に加えて役畜と種を負担する場合が割合として非常に高い。これを地主の負担でみると、灌漑農業では土地、水、種、地

図表1-5 地主制下における農民の負担別割合

	灌漑農業	非灌漑農業
労働力のみ	25%	3%
労働力・役畜	74%	13%
労働力・役畜・種		84%

(出所)バディ「現代イランの農業関係」(『ユーラシア』季刊7, 1972年) 47～57ページ。

第1章　地主制と村の農民

方によっては牛も負担したが、非灌漑農業では土地のみの提供者である割合が高い[41]。

　灌漑農業を行うポレノウ村の場合、農民は自分の労働力のみを負担した。もっとも役畜としての牡牛は農民が飼養したが地主が購入資金を出す場合が多く、牛が死ぬか農民が村を出るときには地主はこの資金を回収した。したがって農民自身はこの牛を地主のものと思っていた。

　この〔農業生産の5要素〕では、各要素の価値が評価され、この評価に応じて負担者が生産物に取分をもつものとされた。マルヴダシュト地方の場合、灌漑小麦では地主は土地、水、種、また役畜を負担することで収穫の3分の2に権利をもち、農民は自らの労働を提供することで3分の1を得た。

　この収穫の分配比率については農業に必要な主要な生産要素の負担に応じたものであると説明されてきたが、現実の分益はこれとは大分違ったものであった。先に述べたように、地主は農民に対して強い権限を有していたからさまざまな名目で農民から収奪した。また播種用の種については地主が提供し、牛も購入資金を地主が前貸しすることが多かったが、種と牛を負担したことで分益前に収穫から5分の2をとる地主もいた。また種に対しては50％ないし100％の利子をつけて収穫時に農民から取り上げるのが一般的であったとされる。しかも本来地主が負担すべき費用が分益時に農民に課せられることもあった。たとえば、地主の差配であったキャドホダーや農民が畑から略奪しないように見張るダシトバーン（畑番）の取分は、地主と農民が分益する前に控除された。

　実際の分益風景を再現すると次のようである。農民が刈り取った小麦は脱穀場に山に積まれる。これを牛や馬が牽引する農具で踏みまわり脱粒しワラを砕く。続いて風の強い日を選んでこれを繰り返しフォークで掻き揚げて麦粒を選り分け、最後の篩にかけて雑物を除く。脱穀を終了した小麦はその場で山に盛られる。この山には手で触れると分かるようにモフル（刻印）が押され、農民やよそ者が盗まないように監視される。地主と農民の関係は相互に不信の関係にあり、地主は村外の人やホシネシーン（村に居住する非農民）の中からモバーシェルとダシトバーンを雇い、農民の監視に当たらせた。モバーシェルは収穫の分益に際してこれに立会い、地主取分が不足なく地主経営者に渡るように監視し、地主取分を倉庫に運び管理する義務も負った。またダシトバーンは畑で

31

地主と農民の分益風景（左から4人目、手を腰においているのが差配）

の盗難を防止することを仕事としたが、とくに収穫期の盗難防止が重要で、脱穀場に運ばれた小麦が農民や外部者によって奪われないように徹夜で監視した。

　分益比率による農民の取分は農場における労働の報酬だが、地主の本来支払うべき費用もあらかじめ差し引かれた。分益作業の手順をみると、まず小麦の山から、キャドホダー、モバーシェル、ダシトバーンの費用分が差し引かれた。キャドホダーは地主の差配でもあったが生産物に5％ないし10％に権利をもちこの分が差し引かれた。モバーシェルやダシトバーンも地主のために行動する地主の雇用人だが、分益作業では地主と農民で収穫を分ける前に彼らの支払い分が控除された。つまり、地主と農民の共同経営という名目で農民もこの費用の一部負担していた。さらに種や牛の前貸し分として高い利子を加えて小麦の山から取り除かれ、残った小麦の山が地主と農民の間であらかじめ決められた分益比率で分けられたのである。

　このように分益制度は地主と農民の負担に応じて生産物を分ける制度として理解されているが、実際には農民の取分はこれよりはるかに少なかった。地主

権力がきわめて強かったことから強制によって余剰が収奪された。農民の負担はこの他にもある。水利施設の維持管理労働は農民の無償の労働により、ヘイラーバード村では税を支払うための農地（モサーエデ）が用意されていたが、ここでの耕作も農民の無償労働によっていたのである。

　以上からマルヴダシュト地方におけるアルバーブ・ライーヤト制を整理すると、おおよそ次のようである。
　（a）地主は一般に村を単位に土地を所有した。乾燥・半乾燥地では農業生産は灌漑が条件となるが、地主は灌漑用水にも独占的な権利を有していた。また村民が居住する集落をも所有することがあり、主要な生産手段と生活の手段を独占することで農民に対して強い権限を有し、農民を支配・管理する「村の所有者」のごとき存在であった。
　（b）地主は所有する村をエステートとして経営した。農民はこのエステートの労働組織に編成され、村落は「飯場」のごとき性格を帯びていた。農民は地主経営の農場における雇農として働く権利をもっていたが、その権利はきわめて脆弱であり容易に剥奪された。
　（c）農場で生産された作物は地主と農民の間で一定比率で分けられた。地主と農民の分益比は灌漑小麦が2対1、夏作が1対1、非灌漑小麦が1対4とされたが、実際には経済外的強制によって地主はさまざまな名目で農民を収奪した。
　農民は個別の農地を経営する小農民ではなく地主経営農場の雇農であり、地主と農民の関係は、農民を支配・管理して農場を経営する地主ときわめて脆弱な権利しかもたない裸の労働力である農民の関係にあった。ここにはパトロン・クライアント的な関係は乏しく、相互に強い不信の関係にあったということができる。

【注】
1）　Keddie, N.,"Stratification, Social Control and Capitalism in Iranian Villages", in Antoun, R. and Harik, I. ed., *Rural Politics and Social Change in the Middle East,* London, 1972, p.365.

2) Lambton, A.,"Rural Development and Land Reform in Iran", in Issawi, C. ed., *The Economic History of Iran 1800-1914*, Chicago, 1971, p.52.
3) Lambton, A. *Qajar Persia*, London, 1987, pp.140-163.
4) Ross, E. C."Memorandum on Cultivation of a Village in the Boolooks, 1879", in Issawi, C., ed., *The Economic History of Iran 1800-1914*, Chicago, 1971, p.230.
5) Issawi, C. ed., *The Economic History of Iran 1800-1914*, Chicago, 1971, p.239.
6) Lambton, A., 1953, p.151.
7) Lambton, 1953, p.153.
8) 後藤晃『中東の農業社会と国家』御茶の水書房、2002年、214～230ページ参照。
9) Keddie, N.,"The Economic History of Iran", *Iranian Studies*, p.67.
10) Hoseini-Fasaii, Hai Mirza Hasan, *Farsname Naseri*, Tehran, Amir Kabir, 1367（1988）.
11) Fragner, R.,"Social and Internal Economic Affairs", in *The Cambridge History of Iran*, Vol.6, London, 1980, pp.56-58.
12) Abrahamian, E., *Iran between Two Revolutions*, Princeton, 1982, p.20.
13) Morier, J. *A Journey through Persia, Armenia, and Asia Minors to Constantinople, between the Years 1810 and 1816*, London, 1818, p.131.
14) Safinejad, Javad. Asnad-e Boneha（Jelde Awal）, *Daneshkadeh Olum-e Ejtemaii va Ta'von, 1356*（1977）, p.74.
15) Abbott, W., Report on the Agricultural Resources of Azerbaijan, 1888, FO. 60-505.
16) Abdullaev, Z., Issawi, C., op. cit., p.43
17) 岡崎正孝「ガージャール朝下におけるケシ栽培と1870-71年人飢饉」『西南アジア研究』vol.31, 1989年、50ページ。
18) "Report on the Administration of the Bushier Residenncy, for 1878-79", Culcatta, in Issawi,C., ed., *Economic History of Iran 1800-1914*, Chicago, 1971, pp.11-36.
19) 灌漑水利システムであるカナートについては7章を参照。
20) ガルエについては第1章3節を参照。
21) レザーシャーの体制については、後藤晃、前掲書245～273ページを参照。
22) Bharier, J., *Economic Development in Iran 1900-1970*, Oxford, 1971, p.59.
23) ibid, p.32.
24) Abrahamian, E., *Iran between Two Revolutions*, Princeton, 1982, p.149.

第 1 章　地主制と村の農民

25)　Banani, A., *The Modernization of Iran 1921-41*, Stanford University Press, 1961, p.114.
26)　Sandjabi, Karim, *Essai sur leconomie rural et rejime agraire de la Perse*, These（Momeni, Baqer., Masaleh Arzi va Jang Tabaghati dar Iran（イランにおける土地問題と階級闘争）Tehran Enteshsrat Peyvand, 1358（1979）より引用）。
27)　Khosravi, K., *Bozorg Maleki dar Iran as Dowerh Qajarieh ta-be Emruz*, Thran, 1961,（岡崎正孝「イラン地主の2つの型」滝川・斉藤編『アジアの土地制度と農村社会構造』アジア経済研究所、1966 年、66 ページ。
28)　Lambton, A., *Landlord and Peasant in Persia*, Oxford, 1953, p.437.
29)　Ross, E. C. op. cit., p.230.
30)　Lambton, A., op. cit., 1953, pp.331-2.
31)　大野盛雄『ペルシアの農村』東京大学出版会、1971 年、64 ページ。
32)　ポレノウ村の農地売買契約書（サナッド）。
33)　岡崎正孝『カナート　イランの地下水路』論創社、1988 年、117 ページ。
34)　Hooklund, E., "Rural Socioeconomic Organization in Transition", in Keddie, N. ed. *Modern Iran*, New York, 1981, p.22.
35)　Amid, M., *Agriculture, Poverty and Reform in Iran*, London, 1990 , p.35.
36)　English, P., *City and Village in Iran:Settlement and Economy in the Kirman Bain*, The Univ. of Wisconsin Press, 1966, p.90.
37)　岡崎正孝「イランの農村」93 〜 4 ページ。
38)　パハラビー大学 国家開発・社会学部「ダリウシ・ダムの経済的・社会的影響」（ペルシア語）シーラーズ、1976 年、43 ページ。
39)　Lambton, A., op. cit. 1953, p.190.
40)　イラン内務省統計センター『イラン農業統計 1960』テヘラン、1965 年、37 ページ。
41)　後藤晃、前掲書 113 〜 124 ページ。

第2章

農政の展開と農業社会

後藤 晃・原 隆一・ケイワン アブドリ

1 農地改革と改革後の農業政策（1960年代）

はじめに

　1960年、国王自らが「白色革命」と称した近代化・工業化に向けた制度改革がはじまった。この「革命」は、イランの工業化の初発の時代に、地主と宗教界の政治的影響力を抑えて国王の権力基盤を確立し、国王を中心に近代化が企図された政治改革としての性格ももっていた。このとき、近代化政策として掲げられた項目には、①農地改革、②教育改革（教育部隊の創設）、③婦人の参政権、④国営企業の株の売却、⑤工業労働者への利益配分、などがあり、このうち改革の柱になったのが農地改革であった。

　農地改革には大きく2つの目的があった。一つは、地主層の影響力を弱め、国王のよって立つ基盤を地主層から資本家層や中間層にシフトすることである。当時はまだ議員の多数を地主層が占め政治的に影響力をもっていた。また一つは、農民を隷属させてきた前近代的な地主制の廃止である。余剰を収奪されて窮乏化していた農民の解放によって社会の近代化をはかるとともに国民市場の拡大を目指すということである。

　この改革は1960年から70年代半ばにかけて実施され、地主層の非政治化が

進み、宗教勢力の反発を招きながらもこれを抑えて、国王主導の近代化と工業化が進展した。ただ、民主的な手続きを経て改革を進めるまでには国王の政治・社会的な基盤は確立しておらず、独裁化を強めて開発を急いだことで社会的軋轢を高める結果になった。

農業制度の側面でみると、前近代的な地主・農民関係に終止符を打ち地主を村社会から退去させた点で農地改革は画期的であった。しかし、農業開発を急いだために農民の厚生よりも生産力の上昇が優先され、資源の合理的配分と規模の経済が強調されたことで、零細な農民を切り捨て大規模な企業的経営を優先させる政策がとられ、農民や土地なし層など村に居住する人々の不満を募らせる結果をも招いた。

ここでは、国王主導で実施された農地改革を紹介し、この改革が意図した農業構造について触れる。農地改革が実施された1960年代は農業の機械化が進み、近代的な農場の形成が期待された。しかし土地を譲渡された農民の経営は伝統的な制度を多分に残し、この経営への対応が必要とされ農村協同組合が組織されたが、この組合が十分に機能せず、政策転換がはかられる過程についても触れる。

1）農地改革とその評価

イランでは、1962年に農地改革法が施行され、64年に改革の対象を広げる新たな条項が追加されて全国的に実施された。改革にはかなりの年月を要したが最終的に1971年に終了宣言が出された。改革の内容から1962年の農地改革法を第一段階、64年の追加条項を第二段階に分けられる。第一段階の法では、複数の村を所有する大地主が対象とされ、所有する1ヵ村を除くすべての村の農地を農民に売却譲渡することが規定された。先に紹介したように、イランには複数の村を所有する大地主が存在したが、第一段階で改革の対象になったのは総村数の10％以下に過ぎなかった。また地主所有地では全体の20％ともいわれている[1]。

続く第二段階では、メカニゼ地を除き1962年の法で対象とならなかった地主所有の村が対象とされた。メカニゼ地とは機械化を進め近代化した農場のことである。追加条項では、選択肢を示し地主に選択の余地を与えている。地主

と農民の関係には地方による違いがあったためである。しかしいずれも地主にかなり譲歩した内容であり、農民が期待した全地主所有地の譲渡からは程遠いものであった[2]。

（a）地主と農民との間で30年の借地契約を結ぶ。
（b）農民に土地を売却する。
（c）過去3年の分益比率で地主と農民の間で土地を分割する。
（d）地主と農民の株による共同農場とする。
（e）地主が農民に金を払い土地を購入する。

このうち地主の多くが選択した（a）と（c）について概要を説明すると、まず（a）は、前近代的な地主経営を廃止し、地主は新たに農民との間に借地契約を締結するというものである。この選択肢では、地主は村から退去し農民が農業経営の主体となるが、地主は相変わらず土地の所有者であり、農民は地主に借地料を支払う必要があった。しかも、借地料は分益で地主が取得した額に相当し、地主制時代とあまり変わらず高額であった。

これに対して（c）は、地主の所有地を分益比率（収穫時に地主と農民が作物を分けた比率）で分け、農民に譲渡される農地に対しては有償とするというものである。この選択肢については後に詳しく述べることになるが、灌漑農業では通常地主と農民の分益比が2対1であったから、農民は地主所有地の3分の1を手にしたに過ぎなかった[3]。地主に残された3分の2の農地については「メカニゼ」と称する農業機械を導入した企業的な経営を行うことが条件とされた。

農民が地主から借地する（a）については1969年になって修正され、農地が借地農に売却されることになった。譲渡代金は設定された借地料の12年分に相当する額とされた。また農民が支払えない場合には（c）の方式で土地を地主と農民で分割し、ほぼ3分の1に相当する農地が有償で農民に譲渡されることになった。

この第二段階は地主の利害を強く反映していた。地主への隷属関係から解放されたものの貧困から解放された農民は少なかった。農地改革が宣言された当初には農民は農地が自分たちのものになると期待していたから、実際に施行された改革内容には不満が大きかった。しかも、村の住民のうち地主経営の農場

で働いていなかった人たちは恩恵を受けず、土地なし層として農村に滞留せざるを得なかった。また、農民の多くは読み書きができなかったため、実施の過程でかなりの不正があったといわれている。地主は担当役人に圧力をかけ、接待し賄賂を支払った。

改革を評価するとすれば、地主と農民の関係を大きく変えたことにある。地主の村支配が終り、国家警察を暴力装置として地主が農民を農奴的状態にとどめていた前近代的な地主・農民関係が終焉を迎えた。地主が村から退去し、農民は地主の雇農から土地を所有また借地する自立した農民になった。この点で農地改革には農民解放としての性格をもっていた。

農地改革の意義は政策の目指す目標によって異なる。前近代的社会からの脱却をはかるのか社会の公正を目指すのかで課題も異なる。民主化のプロセスで企図されるときには地主的所有が否定されるのが一般だが、近代化政策として位置づけられるときには、地主制のもつ前近代性と生産力面での遅れに力点がおかれる。このため農民の利害を必ずしも反映しない。イランの場合、民主化運動の中で改革の機運が高まったが、政治の中枢を占めていた地主の利害を全面的に否定することは難しく、社会的公正という観点からすれば徹底さを欠いた。しかし、近代化の社会的基盤の形成ということでは必ずしも政策目標と矛盾するものではなかった。理由は次の3点に集約される。

（1）近代的な農場を創設し経営の近代化がはかられたこと。
（2）農民が独立した小商品生産者となり、統一的な国民市場を形成するステップとなったこと。
（3）中央の農村に対する直接的管理と行政による統合を可能としたこと。

農業社会の近代化と資本主義的な社会構成の農業部門への拡大という面でみると、農地改革は積極的意義をもっていたと評価することもできる。

2）地主経営者による「農場」の近代化

農地改革法では例外規定により「メカニゼ」と称する機械化を進め企業的経営を行う地主の土地は改革の対象から外していた。1950年代にトラクターが徐々に普及をはじめた。1960年代に入るとトラクターを導入する地主が増え、これらの地主の中には、村の農民に依存するそれまでの経営方式を転換して所

第 2 章　農政の展開と農業社会

有する農地を囲い込んで農業の機械化を進めて企業的な経営をはじめるものが現れた。囲い込みは多くの農民から仕事を奪ったため反発を招いたが、例外規定はこうした農場を改革の対象から外したのである。また農地改革の対象になった地主も農民への譲渡を留保された土地において「メカニゼ」が求められ、旧来の地主経営に戻ることが禁じられた。つまり農地改革には機械化による企業的経営に対する積極的な対応がみられた。

　トラクターの導入はアルバーブ・ライーヤト制下の地主・農民関係にどのようなインパクトを与えたのか。機械化以前の農業における主要な農作業は牡牛と農民が一体となった犂と耙による耕起と砕土・整地であり、技術と労働はともに農民とその組織に依存していた。しかし、トラクターはこの作業のすべてに代替したため牡牛を必要としなくなり、牡牛と一体となって作業を行う農民の存在意義も小さくならざるを得なかった[4]。そしてトラクターの操作は地主の雇用するオペレーターが行うか請負業者に依頼されたから、圃場で村の農民が行う作業は著しく狭められ、小麦では灌漑の諸作業と収穫作業が農民の主たる作業となり、農民の関わる農作業の時間はほぼ半減した[5]。しかも、農民に残された農作業も、播種は播種機を、灌漑のための畦立てはトラクターにディスクを装填することで、さらに収穫作業はコンバインで代替できるため、農民の関わる作業はさらに狭められる可能性があった。つまり地主にとっての農業機械は必要な労働を大幅に削減し、従来の農場を近代的な農場に変える手段となった。牡牛が価値を失ったことで地主経営農場における農民は次第に疎外され、農民の権利は脆弱化した。

　地主が村の農地を囲い込み近代的な農場へと衣替えしようとする動きは、トラクターの普及を契機に農地改革の前からはじまっていた。地方によってはすでに1950年代はじめに農業機械化による企業的経営の農場が存在していた。岡崎正孝氏によると、イラン北部のゴルガーン地方では、綿花の国際価格が高騰した綿花ブームの時代に、テヘランや地方の政治家や商人また地主が投資して大規模農場が生まれている[6]。商業的農業を志向する地主の中に、制度的にネックとなっていた旧来の地主経営を解消し、高い農業生産性を可能とする企業的経営への移行が1950年代にすでにはじまっていた。また1950年代から60年代にかけて農地改革の政策論争が活発化する中で、改革を免れる目的で

図表 2-1　トラクター導入前後の農民の農作業時間の比較

	トラクター導入前		トラクター導入後
耕起	犂耕	25	トラクター
砕土・整地	耙耕		トラクター
播種		3	3
畦立て		15	トラクター
灌漑		20	20
施肥		3	3
草取り		2	2
刈取り		20	20
脱穀		10	トラクター
その他		2	2
		100	50 (注)

(注)伝統農具による農作業時間を100とした時の農民の作業時間。

トラクターによる整地作業

囲い込みを急ぐ動きが各地でみられた。これは農民の側からみれば大変な危機であり、地主と農民の対立を深めた。この時代の状況をジャラール・アーレ・アフマッドは『地の呪い』の中で農民の言葉を借りて次のように描いている[7]。

「ここから1ファルサーク（6km）ばかし離れたところにアミーラバー

ドというむらがありますだ。……大地主の所有するむらですだが、そこの地主が、まだ収穫期の終らねえうちにトラクターを持ち込んだですだ。……どうも引っ掛かるのは、トラクターちゅうもんは境界もくそも分別しねってことですだ。おまけにトラクターの運ちゃんだってよそ者とくるだ。こんなだと成行きは火をみるより明らかですだ。むら人衆の境界も仕切りもみんなめちゃめちゃになっちまうだ。それで喧嘩沙汰でさあ。昨日、あのむらの百姓たちが押しかけて、畑のど真中でトラクターをめったやたらに叩き壊しちまっただよ、……」。

地主の導入したトラクターが、農民が耕作組であるボネを単位に耕作していた農地の境界と関わりなく村全体の耕地を耕起したということである。農民が自らもつ犂や牡牛で耕した耕地は地主のトラクターと外部者であるオペレーターによって耕された。これは農民が牡牛をもち農場で働く権利を脅かすことになり、この危機感からラッダイト運動に走ったということである。

旧来の地主・農民関係を解消しようという地主の動きはトラクターの導入だけではない。工業化が進み石油収入が開発や工業部門に投資されはじめた50年代後半以降には、農業は投資部門としても有利性を失っていた。ラムトンによれば「過去において、土地は社会的ならびに政治的価値に加え、経済的投資の場を提供していた。土地投資は、概して、他の部門への投資と同等に高いか、またはそれ以上の利益をもたらしたのであるが、現在はもはやそうではなくなっている……（地主は）土地以外の収入がない場合には、概して、かれらの財産は請負人および大商人が近年になした富には匹敵しえない」状況にあった[8]。このため、農地改革以前に地主は利益率の高い都市の経済活動に資金を移す動きをみせはじめ、また土地を第三者に貸与して地代を得る近代的な地主となる傾向も示しはじめていた。

3）農地改革による地主農民間の農地の分割（マルヴダシュト地方）

マルヴダシュト地方でみると、ほとんどの地主が選択肢の（ｃ）「分益比率にもとづく地主と農民の農地分割」を選択した。このため農民が取得したのは地主所有地のほぼ3分の1、地主はその2倍の土地を農地改革後も確保した。図表2-2は、ラームジェルド地区の南部の6つの村の農地改革後の所有地の状

図表 2-2　ラームジェルド地区の旧6か村の農地の分割

況を示したものである。地主所有地と農民所有地がモザイクのように分布している。面積では5,000haあまりある農地のうち、農民の所有となったのは1,600haに過ぎず、残りは旧地主によって所有され続けた。

では、地主と村の農民の間で農地はどのように分割されたのか。上の資料は農地改革の際に地主・農民間で取り交わされたポレノウ村のサナッド（農地売買契約書）である[9]。

文書自体はより仔細に書かれているが、ここでは要点だけを抜書きした。土地の売手である地主の名、買手である農民の名、取引対象となる農地の面積、譲渡の内容、売買価格が記されている。

まず、売手についてみる。

地主は持分の異なる3家族からなる。実際の名義は家族ではなく個人に分けられており13人の名義になっている。所有の形態はモシャーである。イランでは所有をその形態からマフルーズとモシャーの2つに分ける。複数の地主が1つの村を所有する場合、マフルーズは複数の地主が村の農地を線引きして分

け境界で区切って所有する形態である。これに対してモシャーは、村の農地を分割せず複数の地主が持分で共有する形態である。農地改革前の地主経営の農場ではモシャーが一般的であり、ポレノウ村もこの地主3家がそれぞれ3ダング、1.5ダング、1.5ダングの持分でモシャーで所有していた。持分を示すダング（dang）は、持分総数を6とし、その6分の1を1ダングで表したものである。つまり3家は村の土地を2対1対1の比率で共有し、農民への土地の譲渡

図表2-3　ポレノウ村の農地売買契約書（サナッド）

売手（土地の所有者）
　①デヘガーン家　　　　　　　　　　　　3ダング
　②ジョウカール家　　　　　　　　　　　1.5ダング
　③アブドッラーヒー家　　　　　　　　　1.5ダング
　　以上ポレノウ農場における地主の持分である。またこの売買契約書は農場に限定され、館における持分は登録書通りである。

買手
　　農民36人の名前が、親の名前、身分証明書の発行地名とともに記載されている。
　　買手である各農民は売買譲渡された土地の36分の1に権利をもつ（購入した土地は36人の農民の共有）である。
　　譲渡された土地の総面積は298ha、共同で所有されるこの土地に対する農民1人の権利は83haとなる。

取引物件
　　ポレノウ村の298haの土地は上述の地主3家の土地であり、36サフム（持分）に分けられる。また水源国有化法にもとづき、農民はそれぞれコル川の840サフムから22サフムを与えられる。
　　地主所有地に対する農民の農地の取分は、灌漑地では冬作地1／3、夏作地1／2、非灌漑地では4／5となる。これにより、地主と農民が調印した土地の配分では、種子15,280マンに相当する夏冬作の全灌漑地のうち種子5,360マン分と水利権、また種子2,735マンに相当する全非灌漑地のうち種子2,178マン分を農民の土地とする。
　　36人の農民は権利をもつことになる298haの土地は農民のあいだで平等に分ける。2つのガルエ（集落）は農民に割り当てられる土地にある。地主はこの土地を利用してないが、ガルエ内の倉庫や家畜小屋は農民と地主の共有であり、農民に分けられるもの以外は地主の所有物として認められる。

価格
　　買い手は281,016リアルを（1人当5,781リアル）を10年の分割払いで支払う義務を負う。買い手は1971年から年間578.1リアルを売り手に支払い、公証の領収書を受取る。

もこの比率によった[10]。

　地主が村の土地をモシャーで共有した主な理由は、地主の農場が村を単位に経営されていたことによる。売買や相続で村の農地の所有者が複数になってもモシャーで所有されれば農場は分割されることはない。1930年代という時点をとると1人の地主が単独で村を所有することが多く、所有と経営は一体化していた。しかし、時代が下がるにつれて分割相続などで持分を分けるケースが増え、結果として所有と経営は分離する傾向が強まった。ポレノウ村の場合、農地改革時に名義をもつ地主は13人余りいたが、経営はアブドッラーヒー家の当主が地主の代理人として当たり、他の地主は経営には関わらなかった。

　次に買手をみると、農民36人の名前が羅列されている。この36人はほとんどが農地改革前に地主経営の農場で働いていた農民である。農場で働く農民の権利をナサクというが、このナサク保持者が土地を譲渡される権利をもった。

　ポレノウ村の農地は829haであり、このうち譲渡の対象となった農地は図表2-2のアミの部分、面積で298ha分である。農地の分割の基礎になったのは過去3年間の地主と農民の分益比であり、サナッドには灌漑冬作地（小麦、大麦）が2対1、灌漑夏作地が1対1、また非灌漑地で1対4の比率で地主と農民が農地を分割すると記されている。村の農地全体の34％分が農民に譲渡されたことになる。

　また、サナッドには地主と農民の農地の分割が小麦の播種量でも示されている。種子15,280マンである夏冬作の全灌漑地のうち種子5,360マン、また種子2,735マンである全非灌漑地のうち種子2,178マンを農民の土地とすると書かれている。マンは重量の単位であり、1マンの重量は地方で異なるがマルヴダシュト地方では約3.3kgに相当する。かつて収穫量は播種量の倍数で表され、耕地の規模も播種量で表現された。サナッドもこの慣習を踏襲したと考えられる[11]。

　土地とともに水も地主から農民に譲渡された。ポレノウ村はコル川のラームジェルド堰の分水路からの水を利用し、その量は各村が利用できる水量に対する持分数で示された。水利権は地主に帰属していたため、農地改革では地主・農民間の灌漑農地の分割比率でこの水利権の持分も分割された。サナッドに示された22サフム（持分）は農民に譲渡された持分数を示している。

第2章　農政の展開と農業社会

　農民への譲渡は一括譲渡の方式がとられ、農民もまたモシャーで農地を共有することになった。また農民36人は平等に36分の1の持分を手にした。モシャーで譲渡されたのは農民が個別の耕地に耕作権をもつ小農ではなく、地主経営の農場で農民が雇農として等しい労働の単位として組織されていたことによる。譲渡された土地を均等に36に区分することは技術的には難しくはない。しかし、農民に分割地を耕作する経験がなく、また伝統的な農法による耕作では農民の共同労働が欠かせなかったため、分割地に分けることをしなかったと考えられる。

4）農業経営の二重性と政府の農村政策

　農地改革後、旧地主の企業的農場経営と村の農民経営の二重構造が生まれた。旧地主は農民への譲渡を免れた土地で「メカニゼ」による経営を義務づけられ、一方、村の農民は譲渡された農地で旧地主経営における伝統的な農法と耕地制度を踏襲し、分割地を経営する小農にはならなかった。このため生産性にもまた二重構造が生まれ、土地生産性を比較するとこの間にかなりの差が生じた。

　地主から解放された農民は、後に示すように、必ずしも自律的な農業経営者ではなかった。村落共同体を彷彿させる耕作規制や共同労働制は改革後の村においても残存し、開放耕地制をとる村では土地利用にも全体の強い規制がかかり、生産力発展のインセンティブが制度面から抑制された。これに対して企業的経営は機械化と集約化を追求するインセンティブの高い近代的経営として登場した。このため生産性に大きな格差が生じ、1974年のマルヴダシュト地方のある村の事例では、施肥料で10倍、灌漑頻度で2倍の差があり、単位面積当たりの小麦の収量ではほぼ2倍の差が生じていた[12]。また、砂糖だいこんや綿花などの商品作物の作付率も地主の農場でかなり高かった。つまり、農地改革によって一つの地域に農業制度および生産性の面で対照的な2つの経営が併存することになった。農業生産力の発展を目指す政府の政策視点からすると、企業的経営の形成と発展は農地改革の成果としてプラスに評価された一方で、伝統的な農業制度を残した村の農民経営はさらなる改革の対象として認識されていた。

　先に、農地改革では農業の近代化と生産力の発展が目標とされ、地主のメカ

ニゼが期待されたと述べたが、村の農民経営に期待がなかった訳ではない。政府は農民の経営を補助すべく農村協同組合を組織し、金融、販売、購買などの事業で支援を行っている。しかし官製の組合は必ずしも効果的に機能せず、農民は経営資金に不足し、かつ伝統的農業制度を踏襲し、また経営の経験が乏しかったことで十分に生産性をあげることができなかった。

　農村協同組合法は農地改革を遡る1955年に成立した。しかし広く普及するのは農地改革以降である。農地改革と抱き合わせで拡充がはかられ地主から土地を譲渡された農民に対して農村協同組合への参加を義務づけたことによる。この結果、農地改革の実施期間に組合員数は急増し、1968年には120万人を超えるまでになった[13]。

　農地改革で土地を得た農民は概して零細であり、全国的にみると農家数の67%までが5ha以下であった。灌漑農業で都市住民並の所得を得るのに必要な規模が20haといわれていたからその零細性が分かる。生産性が低く農業経営の経験が乏しく経営資金にも欠けていた。金融面では農地改革前には非制度金融が主で、農民は地主や村の上層農、仲買商人等が担った高利貸しなどの網の目にからみとられていた。したがって農村協同組合は以下の点を理念としていた。

①農民を前資本制的な金融の鎖から解放し、十分な経営資本を低利で貸し出す金融機関を作ること。

②農民による農産物販売市場を安定させ、商人の介在を排除すること。

③農業生産面での指導を行うこと。

　事業は多目的であることが必要とされ、金融、販売、購買、貯蔵施設、技術訓練の諸事業をもっていた。とりわけ金融、販売事業は農業経営の資金を農民に確保させ、前期的商業の網から解放する上で重要とされた。しかし、1960年代を通して一応の実績をあげたのは金融事業のみで、組合活動は不活発であった。その理由として、①スタッフの不足と訓練不足、②官制の組合であり末端の組織が貧弱であったこと、③農民の理解不足、をあげることができる。村落域に事務所が開設されたが、少額の短期資金の貸し出しと若干の購買事業以上の役割を果していなかった。

　農業金融の実情をみると、1963年からの10ヵ年に農村協同組合を通して貸

第2章　農政の展開と農業社会

図表 2-4　イランの農業金融　1963～72年

農業金融	%
農村協同組合を通しての制度金融	22.6
農業発展基金	0.6
茶協会	0.2
他の制度金融	7.6
商業銀行	20.0
非制度金融	49.2
計	100

(出所) FAO：Perspective Study of Agricultural Development for Iran, 1975

し出された農業資金は全体の22.6％である。商業銀行も20.0％を占めていたが、ほとんどは大規模・中規模の企業的な農業経営者を対象としていた。そして非制度金融が全体の半分に当る49.2％を占めていた[14]。

購買事業では、マルヴダシュト地方の場合、肥料工場が立地していたこともあって肥料の共同購入が行われていた。販売事業も不活発で、組合を通して市場に供給された農産物の量は全体の1％程度に過ぎずしかも特殊な作物に偏していた。また技術訓練、指導については実績がほとんどないに等しく、農地改革の実施との関連で農民の育成を目的とした農村協同組合は成果をあげることができなかったといってよい。

おわりに

したがって農地改革の当初は農地を取得した村の農民に対して農業の基盤を整える育成政策がとられ、農地改革の実施と並行して農村協同組合の充実をはかるための体制作りが試みられた。しかし、ほどなく新たな農政の構想によって農民育成政策は修正されることになる。この政策転換については本章第3節で検討することになるが、60年代に安定化した国王を中心として体制の開発のイデオロギーは生産力主義と経済合理主義にシフトした。この過程で規模の経済が主張され、小規模で伝統的な農業制度を残した村の農民経営に対する育成政策は放棄された。

2 改革後の村落における農業生産の諸制度（1970年代前半）

はじめに

　前節でみたように、マルヴダシュト地方では、地主の退場後に分割地を所有する小農民の村が生まれなかった。農民のものになった村の農地は共同で所有された。そして開放耕地制や耕地の割替制など前近代的な農業制度が地主制の時代から踏襲された。この制度は村落共同体が存在していた時代に遡り地主経営に踏襲されたものであり、農地改革によって生まれた村落の農業制度に引き継がれた。しかし、農地改革後においては分割地農へ移行する過渡的な性格をもっていた。旧地主がメカニゼを指向したように、農民も共同所有を解消して個別に分割された農地を所有して自立した農業を営むことを指向した。事実、1980年代には多くの村で共同所有は解消されている。

　したがってここで示すのは農地改革後の過渡期における農業の諸制度だが、1972年と74年に実態調査を行ったときには「村落共同体」そのままにみられたのであり、そのときに記録されたものをマルヴダシュト地方の2つの村の事例として紹介する。

1) 村落耕地の共同所有

　マルヴダシュト地方では、農地改革で農民に譲渡された土地は共有され、農民はこの共同所有の村の土地に等しく持分をもっていた。この共有関係が農地改革後の村の農業制度をさまざまに規定してきた。

　「持分による共有」は農地改革における地主から農民への土地の譲渡にはじまる。前節で紹介したポレノウ村の「農地売買契約書（サナッド）」にその詳細が記されているが、これには被譲渡者については次のように書かれている。

　「各人は取引物件の36人分の無境界の一人分を所有し、一区画の農地全体の36人分のうちの一人分に相当する。その面積は2,981,460平方メートルで、買主はすべて取引物件たるポレノウ農地の住民である」。

　農地改革で譲渡を受ける権利を有したのは、改革時に地主の農場に雇用され

ていた農民である。しかし農場での農民は特定の土地で農業に従事した借地農や小作農とは異なり、差配の指示のもとで労働組織のメンバーとして農場における労働に従事する雇農であった。このため農地改革では農場の土地が雇農に一括して譲渡される形をとった。個々の農民は「36人分の無境界の一人分」をもつ共同所有者となった。

「売買契約書」には、被譲渡権者の欄に36人の農民の氏名が列記され、譲渡費用を均等に負担すべきことが記されている。農地価格は、収穫物に対する地主取分から資本還元された額で評価され、個々の農民はこの費用の等しく36分の1を負担することになった。売買契約書には農業用水の譲渡についても記され、ポレノウ村がもつコル川の堰（ラームジェルド堰）から分水される水に対する840分の22の持分の内の譲渡された農地に相応する分が地主から36人の農民に譲渡された。

農地を譲渡された農民の権利は皆等しかったが、これは「農場」に雇われた農民が牡牛を一頭もって耕作組において労働の1単位をなし等しい労働を提供したことによる。また分割地ではなく「36人分の無境界の一人分」の譲渡だったことについては、「農場」の土地経営がかつての村落共同体の制度である開放耕地制と割替制を踏襲していたことと関係がある。土地経営が「農場」を単位としていたゆえに農地を分割譲渡できなかった。

2）共同耕作制度

a）〈ガーウ〉と〈ジョフト〉

マルヴダシュト地方では、村落の農地に対する農民の持分は〈ガーウ〉と呼ばれ、皆等しく1ガーウをもった。ガーウはペルシア語で「牛」の意味であり、農民の持分もまた「牛」で表現された。持分権が「牛」と呼ばれた理由は、トラクターが導入される前、基幹的な農作業であった犂耕や耙耕、また脱穀の作業で牡牛が欠かせない役畜であったことと関係がある。農民の耕作能力は1頭の牡牛と一体化していた。農地改革までの地主経営の農場では、ナサク（農場で働く権利）を得るには牡牛を1頭もつことが条件となっていた。農民の能力は農民の裸の労働力ではなく牡牛と一体化したものであった。

犂や耙は2頭の牡牛で牽引され、2頭の牡牛を軛でつないだ「一対の牡牛」

が農業の諸制度をさまざまな面で規定した。2頭の牡牛を結ぶをペルシア語で〈ジョフト〉という。ジョフトはこの語意から派生して「軛で結ばれた2頭の牡牛」をも意味した。さらに「一対の牡牛が犂を牽引して耕作する農地の規模」もジョフトで表現されることがあった[15]。「A村は30ジョフトである」という時、A村には60人の持分をもつ農民がおり30対の牡牛とこれによって耕作される規模の農地があることを意味した。

　ジョフトはイランにおける標準名称であり地方によって呼称が異なる。ジョフトと同じ概念のものはマルヴダシュト地方では〈バンデ ガーウ〉と呼ばれた。バンドは「紐」また「結ぶこと」、ガーウは「牛」の意味であるから、バンデガーウは一対の牡牛、そして一対の牡牛によって耕作される農地規模を意味した。1ガーウの権利をもつ農民2人が1頭ずつの牡牛を持ち寄ってこれをつなぎ、共同で耕作をする農地また耕作の単位がバンデガーウであった。

　ジョフトを「一対の牡牛が犂を牽引して耕作する農地の規模」でいう場合、この規模は本来的には牡牛を使って耕作可能な面積と考えられる[16]。たとえば、イランの北東部のホラーサン地方のある村では7haずつ3年2作の輪作体系をとり1ジョフトはおよそ21haであった。マルヴダシュト地方ではヘイラーバード村が18ha、農地改革前のポレノウ村が約20haであった。この地方では休閑を含む2年1作ないし3年2作で農地を利用していたから年間の作付け地はこの60%前後であった。

　しかし、1人の農民が多数の牡牛をもちバルゼギャル（分益労働者）を雇うことで複数のジョフトを耕作する場合がある。アゼルバイジャーン地方には、一人の農民が1ジョフトをもち2人の分益労働者が雇われる例があるが[17]、マルヴダシュト地方でもキャミジュン村で1人の農民が6頭の牡牛と3ジョフトの耕地をもち6人の分益労働者を雇用する例がみられた。こうした複数の牡牛をもち分益労働者を雇う農民は〈ガーウバンド〉と呼ばれ、この存在は農民間の階層を示すものといってよい。地主制の時代には、地主と農民の関係は必ずしも一様ではなく、複数の牡牛をもつ村の上層を軸に労働組織を編成することもあった。この場合、地主はこのガーウバンドと呼ばれる農民と契約を結び、ガーウバンドが村の牛なし労働者を雇用して耕作のチームを編成した。

　イラン経済史研究者のラムトンは、ジョフトへの分割が近年まで続いた理由

第２章　農政の展開と農業社会

について、ジョフトを耕作の最小単位とする制度は共同体の伝統によるものであり、地主制の時代も、強い支配力をもつ外部者がこの共同体を覆うように土地を所有したため、農民間の均等性の原則が続いたと説明している[18]。しかし、20世紀の村落の諸制度を村落共同体が生き続けていると説明するのは無理がある。なぜなら、商業的農業の展開過程で発展した地主制のもとで村落は地主経営の「農場」に変質していたからである。ジョフトは伝統的な農業技術に依拠した労働力の編成であり、農業生産の技術に発展がなかったため牡牛は相変わらず貴重な労働の手段であり、このためジョフトも生き続けた。しかしトラクターが導入されるとジョフトやバンデガーウは死語になった。牡牛を使役する農作業がトラクターに代替され、牡牛が村から消え２頭の牡牛と２人の農民が耕作の単位とはならなくなったためである。しかし、〈ガーウ〉は牡牛が村から消えたにもかかわらず生きていた。それはガーウが相変わらず農民の持分権として意味をもっていたためである。

　ｂ）〈ボネ〉

　地主経営の「農場」ではジョフトが耕作の分割されない最小の単位であったが、共同耕作の単位としては複数の農民による耕作組が編成された。日本では田植えなど多数の労働力を要する作業でユイと呼ばれる労働交換がみられたが、イランのオアシス農業地帯では、共同労働の必要性が労働交換ではなく耕作の全過程を複数の農民が共同で行う共同耕作制度がみられた。たとえば、マルヴダシュト地方のヘイラーバード村やポレノウ村では４人、また同地方のオズンザレ村やキャミジュン村では６人が共同耕作の単位となっていた。

　耕作組の名称は地方で異なり、テヘラン周辺では「ボネ」、イラン東部では「サハラー」や「ティールカール」、またマルヴダシュト地方では「ボナッキ」とか「ハラーセ」「シェリーキ」とさまざまに呼ばれており、一般にはボネで総称された[19]。

　ボネ制についてセフィネジャードは、年間降水量がおおよそ400ミリを切る地方に偏在し、沙漠を囲む乾燥地に固有の制度であると述べている[20]。ここでの農業は人工的な灌漑が条件となり、この沙漠を囲む一帯は平坦部が開けマルヴダシュト地方のようなオアシス農業地帯が発達していたところである。つまりボネは乾燥・半乾燥地の灌漑農業地帯における制度であり、しかも耕地の

農民の共同によるコローを使った畦立作業

畦立作業で作られた灌漑区画

畦を立てた灌漑区画での灌水作業

規模が比較的大きく灌漑の諸作業に複数の農民の共同が必要とされるところで一般的であった。

　マルヴダシュト地方もボネ制が広くみられたが、灌漑をめぐる共同労働の必要性がその契機になったといってよい。この地方ではボーダー灌漑が一般的であった。これは灌漑のために格子状に畦を立て、畦で囲まれた区画を一つ一つ湛水する方式であり、作業としては耕地を耕した後に畦立てて灌漑区画を作り灌漑を行うといった灌漑をめぐる諸作業を行う必要があり、この作業に複数の労働力が必要とされた。乾燥地の土壌は硬く、これを耕すとゴツゴツした土塊

第2章　農政の展開と農業社会

ボネを構成する農民による収穫した小麦の分配

で覆われこれを崩して2人で操作するコローと呼ばれる農具で畦を立てていく。灌漑作業としては、水路から灌漑溝に水を引き耕地に均等に水を施し漏水を防ぐ作業を同時に行わねばならず、この作業にも複数の農民の共同労働が不可欠であった。つまりボネ制は灌漑のための伝統的な技術に制度上の契機があったといってよい。

　では、マルヴダシュト地方ではボネはどのように編成され、農民は共同作業にどのように従事していたのか。まずポシテバーグ村の場合、耕作権をもつ40人の農民は8人ずつ5つのボネ（この村ではボナッキと呼んでいた）に分かれていた。この村ではマルヴダシュト地方の村のほとんどがそうであるように開放耕地制をとり、耕地は耕区に区分され、各ボネは各耕区に均等に1つの耕地をもって共同耕作を行った。ボネの長はリーシュセフィード（長老）と呼ばれ、地主制の時代には農業に長け地主の信頼を得た農民が指名を受け、彼が農民の中からボネを構成するメンバーを選んだ。地主がすでに村を去った調査時点ではボネは4人で編成されており、共同で耕作し灌漑を行った。リーシェセフィードは灌漑の輪番制によるくじ引きなどでボネを代表していた。

また、カナートと畜力井戸から灌漑用水を得ていたオズンザレ村では、ボネは農民6人、6頭の牡牛の3ジョフトで構成され、さらに2頭の馬が配置されていた。牡牛は犂耕、耙耕用だが、馬は灌漑用の畜力井戸からの揚水に使役するためのものである。畜力井戸は2頭の馬がそれぞれ60リットル入る革袋を滑車によってくみ上げる方式だが、この灌漑作業には農民2人が馬を操作して揚水作業に当たり、他の4人が灌漑溝の水漏れの監視それに灌漑区画への灌漑作業に当たった。

　同じマルヴダシュト地方のキャミジュン村では、ボネをハラーセと呼んでいた。この村は米を主に作り、ボネ（ハラーセ）は3ジョフト、つまり農民6人からなり、牡牛12頭、犂6、馬1頭で構成されていた。ボネのメンバーである農民はそれぞれに牡牛を保有し馬は共同で飼育された。牡牛は犂耕と耙耕にまた田植えのときには苗運びにも使役された。水田の基盤は悪く湛水時の深さが均等でないため長茎の在来種が作られていた。馬は刈り取った稲束をその背に乗せ脱穀場に運ぶ作業などに使われた。この基盤の悪い耕地での田植えと収穫の諸作業にはボネの農民が共同で従事した。

　以上にみるように、ボネは農作業における共同作業を契機に生まれた制度であり、複数の農民の共同がとくに必要とされたのが灌漑の諸作業であった。ボネを構成する農民の数については共同作業の最適人数によって決まり、土壌条件や灌漑の方式などで異なっていたと考えられる。またこの制度は本来、村落共同体の制度であり、灌漑に農民の共同が欠かせないという技術的理由から、地主経営の「農場」においても踏襲されたものであった。

　ボネのメンバーはそれぞれ1〈ガーウ〉の権利をもち、小麦の収穫に際しては、平等に分けた。

3）開放耕地制

　マルヴダシュト地方の伝統農法は農地の利用に休耕を挟む休閑農法である。麦の単作地では2年1作、麦と夏作の輪作地では4年3作ないし3年2作で利用され、休耕を介して地力維持が果たされた。農業は農耕と牧畜の複合した農業であり、農家はそれぞれに牛、羊、ヤギを飼い、放牧方式で飼養した。休耕地はこの家畜の放牧場となり、その糞が地力維持に一定の効果があった。

第2章　農政の展開と農業社会

　しかし、この農耕と牧畜は農家が個別に行ったのではなく、開放耕地制の強い耕地規制のもとで行われた。ここではマルヴダシュト地方でとられていた開放耕地制について2年1作の事例で概要を説明する。
　まず村の耕地は麦作地と休閑地の2耕圃に区分され、隔年で農地が利用された。このうち休閑圃は村の農民の共同放牧場として開放され、農民は自由に家畜を放牧することができた。一方麦が作付けられた耕圃は複数の耕区に区分され、それぞれの耕区はさらに帰属する農民の共同耕作の組（ボネ）の利用地に区分された。たとえば、20人の農民が4人からなる5つのボネで構成されている場合、耕区は短冊状に均等に5つに分けられ、各ボネは各耕区に分散したこの短冊状の耕地を利用した。
　ポレノウ村の場合、小麦－休閑の2年1作の2つの耕圃と綿花－大麦－休閑の3年2作の3つの圃場の計5つの圃場からなり、いずれも麦が刈り取られた後の休閑圃は家畜の共同放牧地として開放された。
　ヘイラーバード村の場合も基本的に同様の原則で耕地が区画されていた。ただこの村は規模が大きいため村の耕地は3つの耕作区に分かれ、農民もそれぞれの耕作区に帰属していた。このうち20人の農民が4人ずつ5つのボネを構成するビルナッキ耕作区でみると、耕地は小麦－休閑の2耕圃（4耕区）と砂糖ダイコン－小麦－小麦－休閑の4耕圃（各耕圃が1耕区）からなり、1972年時点では各耕区は4人ずつ5つのボネの短冊耕地に分けられた。

マルヴダシュト地方の開放耕地（1975年）

表2-5 マルヴダシュト地方の開放
　　　　耕地の概念図

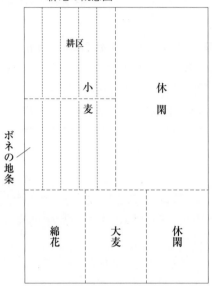

耕区にボネの耕地を散在させたのは、一つに農民間の耕作条件の平等の維持があった。農民はそれぞれ等しい1ガーウの権利をもっていたから灌漑の便宜や土壌の質などの条件を同じくする必要があった。しかし、耕区制とボネ耕地を耕区に分散させたのには技術面での理由があった。ボネ耕地の形状と規模は牡牛による犂耕と灌漑作業が関係していた。ボネ耕地は一般に細長い短冊状をなし、ポレノウ村の例では、間口が40mで奥行きが400〜500mで1,000分の1ほどの緩い傾斜をなしていた。犂耕との関係でいえば、犂は牡牛2頭で牽引されたため牡牛と犂の反転が少ない方が効率よく犂耕の効率性がボネ耕地の形状を規定した側面がある。

　しかし、灌漑農業地帯では灌漑の方式の番水制が耕地の形状と規模に関係していた。ボネ耕地の短冊状の形状は輪番で傾斜に沿って灌漑区画を一つずつ灌水するボーダー灌漑法に対応し、その規模は輪番の時間に対応していた。ポレノウ村では1つのボネの耕地は6時間で灌漑が終わる規模に区切られていた。この時間は流水量などで村ごとに異なるが、番水制をとるところでは、一巡する日数との関係で灌漑時間を適切に決める必要があった。

　マルヴダシュト地方では、1970年代に開放耕地制がなお典型的な形でみられ、伝統的な技術水準の下で村落共同体の制度が継承されてきたといってよい。地主経営の時代を間にはさみ、小農的な囲い込みが起こらなかったことで70年代まで続いていたのである。

　こうした開放耕地制下の村落はその形態において前近代のヨーロッパの村落とよく似ている。ヨーロッパの開放耕地制は時代でまた地方で違いがあるが、典型を示せば以下のようである[21]。

第2章　農政の展開と農業社会

（1）農耕方式は、休閑に地力維持と雑草防除の機能をもたせた休閑農業であり、休閑地（休閑圃）は共同放牧場として開放された。
（2）強い耕地規制があり、個々の農民の裁量による自由な土地利用は園地に認められたに過ぎない。三圃制の圃場では耕地は冬穀・春穀・休閑の3つの耕圃（fields）からなり、作物循環が耕圃循環をなした。
（3）散在耕地制を特徴とした。耕圃はいくつかの耕区に分かれ、農民は各耕区に自らが利用する細長い地条を分散して保有した。

これらはいずれもマルヴダシュト地方の村落にも妥当する。農法は休閑に地力維持の機能をもたせた休閑農法であり、休閑地の共同放牧にともなう耕作規制が存在した。また、耕圃、耕区、短冊耕地への耕地割も同様である。ただ2つの点で違いがあった。その一つは、共同耕作制であるボネ制がみられた点である。ヨーロッパの開放耕地制では耕作地の利用は家族が単位をなし、農作業は農民間の協力関係がみられるものの基本的に家族労働によっていたが、マルヴダシュト地方では複数の農民が共同で耕作地を利用した。ただ、先に述べたようにボネは灌漑の諸作業に農民の共同を必要とした灌漑農業に限られ、乾地農業地帯では一般的ではなかった。そしてもう一つの相違点は定期的に割替が行われていた点である。

4）耕地の割替制

マルヴダシュト地方の多くの村では開放耕地制とともに耕地の割替がみられた。土地制度史上は、割替は共同体が所有する土地に対して共同体に帰属する成員の間で耕地を定期的に割り直す制度として扱われてきた。しかし、20世紀半ばにイランでみられた割替制は共有地に持分をもつ農民の間の平等をはかる目的で実施された制度である。ただ平等をはかるということでは、優等地や劣等地また水利条件の異なる耕区に散在させる耕区制によって平等がはかられており、割替は必ずしも必要としない。したがって割替を行う別の理由があったと考えられる。

前近代の村落共同体で割替制があったかについて正確なところは分からない。しかし、地主経営の「農場」で割替が制度化していたことは明らかである。ラムトンによると「概して農民の土地保有は短期的にも保証されていない。まし

59

て長期的にはなおのことである。農民がその一生を一つの村落で過ごしても、毎年のもしくは定期的な土地の割替がくじによってなされるために耕作地は移動する。この割替慣行は、ファールス、アゼルバイジャーンの一部の地方、ホラーサーンならびにケルマーンでとくに広くおこなわれていた」。マルヴダシュト地方に限らず割替は地主制の発達していた時代に広くみられた制度であり[22]、地主が経営者としての性格を強め、農民が耕作権を失い雇農化すればするほど割替は頻繁化し広く行われるようになった[23]。したがって、地主制下では割替は地主の「農場」の経営のための手段として、農民が土地に対する権利を強めるのを抑える目的で頻繁に行われたと考えられる。

　農地改革後の村落でみられた割替制も村落共同体の遺制というより地主制の時代から継承されたものといった方が妥当である。農地改革で土地が農民の共有の形で地主から農民に譲渡され、地主経営における割替慣行も踏襲されたといってよい。

　次にポレノウ村の事例で、耕地の割替がどのような手順で行われたのかそのプロセスをたどることにする。開放耕地制によって休閑地となった耕圃は共同放牧場となり、この時点でボネ耕地の境界は消滅する。圃場は個別の利用権のない一枚の耕地となる。ただ耕区の境界だけに四隅に石が置かれている。

　割替の最初の作業は11月末にはじまる播種に先立つ耕地割のための測量である。各耕区はボネの数だけ区分される。測量には等間隔に結び目のついた25メートルほどの紐を使い、数人の農民が見守る中、村長を含めた2、3人が作業に従事し、各耕区をボネの数に分け、境界に目印として土塊を積む。そして測量が終わるとボネの代表が集まりくじ引きによってその年のボネの利用地が決まる。ポレノウ村では、くじ引きは、村の小学校の校庭にボネの代表が集合し、村長が箱の中に入れた耕地の位置を書いた紙切れを順次引くという方法がとられた。番水のための灌漑順序の決定も同じ方法がとられた。

5）伝統的農業制度の廃止とその経済的環境

　以上、オアシス灌漑農業地帯における農業の諸制度を、マルヴダシュト地方の事例でみてきた。制度をみる限り村落共同体そのままであり、取り残された遅れた農村の姿がイメージされる。しかし、当時のイランは資本主義的な発展

の道をたどり村落域では商品経済化が進んでいた。農産物は自給部分を除けば商品化されていたし、村民は都市や周辺地域で雇用され、農村地帯にも労働市場が存在していた。しかも、共有とはいえ農民は原則的に売買可能な私的な持分権の所有者となっていた。つまり、村落共同体とは似て非なるものであった。

すでに示唆したように、1960年代に農地改革が実施されるまでオアシス農業地帯は地主経営の「農場」で覆われ、70年代にヘイラーバード村やポレノウ村で確認された農業の諸制度はいずれもこの「農場」でみられたものであった。ボネに代表される共同耕作制は地主が村から調達した雇農を編成する労働の組織であり、開放耕地制は休閑農法をとっていた「農場」の土地経営の方式であった。そして、こうした「農場」の制度が、地主が退場し「農場」が解体した後に村落農民によって踏襲されたのである。

地主経営の「農場」はオアシス農業地帯で発達した。このため商業的農業の展開する19世紀後半以降、地主による土地や水への投資が進み、地主は単なる土地の所有者ではなく経営にも関わり「農場」が形成されたのである。地主は土地とともに灌漑のための水をも独占したことから農民に対して強い請求権をもち、一方、農民は土地への権利を失って「農場」の雇農的存在となった。村落共同体における農耕の諸制度はこの「農場」で踏襲された。

この「農場」で村落共同体を彷彿させる伝統的な耕作制度がとられた理由は、農業生産技術の停滞にあったと考えられる。休閑農法、一対の牡牛を使役する農耕、ボーダー灌漑の方式は、おそらくは古代から大きく変わることなく続いた伝統技術である。この自然条件に適応する形で生まれた技術に規定され農業の諸制度といってよい。イランでは農業近代化の技術革新が20世紀の半ばまでほとんどみられなかった。西欧で18、9世紀にみられたような農業革命はこのオアシス農業地帯では少なくとも20世紀半ばまで起こらなかったため、耕作制度や耕地制度もこの伝統技術に規定されて大きく変わることがなかった。伝統的な技術水準のもとでは、村落のコミュニティーを有効に利用して「農場」を運営する上で、開放耕地制、ボネ制（共同耕作制）、割替制は合理的な制度であったといってよいのだろう。

したがって、1970年代に確認された農業制度は、トラクターや化学肥料が普及し農業技術の革新がはじまっていたことで早期に変わる運命にあった。農

民が土地所有者となり小商品生産者となったものの経営者としての経験が乏しいゆえに一時期旧来の制度が踏襲されたが、いずれは制度自体が桎梏となる運命にあった。

　農村にとっての外部環境をみると、1973、4年にオイルショックがあり、莫大な石油収入を得てイラン政府は開発に乗り出した。この開発は投資ブームを引き起こして地方にも開発の波が押し寄せた。このため、農村から都市に向かって激しい人口の流れが起こり、農業構造も大きな変革の波に巻き込まれた。こうした村をめぐる環境の変化は農民に経営者として自立化を促し、これは農耕をめぐる共同関係を崩そうとする契機となった。1970年代の調査時点ですでにその兆候はみられていた。ヘイラーバード村の一つの耕作区では調査時点で割替制は廃止されボネ制も半ば崩れていた。これはポレノウ村も同様で4人の共同耕作組は2人に、さらに単独での耕地の利用へと移りつつあった。

　こうした変化がとくに急激に起こったのは1980年のイラン革命以後である。政治変動が農村の構造を変えるきっかけになった。農民が共同で所有し、開放耕地制、ボネ制、割替制のもとで農業が営まれてきた村の農地を個々の農民に分割する動きが起こった。これには革命政権の指導もあるが、農業の機械化や化学肥料の普及により伝統的な農業制度がすでに桎梏化していたことで農地の分割がスムーズに進んだということができる。

　2000年の夏、マルヴダシュト地方で短期ではあるが再び調査を行う機会を得た。このときに確認された事項を記すと以下のようである。

　まず、開放耕地制、割替制、ボネ制はいずれも全面的に廃止されていた。開放耕地制は、農耕方式との関係では休閑農法と対応する制度であり、休閑地の共同放牧が開放耕地制の主要な契機をなしていた。しかし、機械化と化学肥料の導入の過程ですでにこの農法をとる積極的な意味が失われ、かつて2年1作、3年2作が標準的な農地の利用方式であったのが、2年2作、1年2作の輪作へと変わっていた。さらに開放耕地制のもとでは個々の農民の耕地は耕区に散在していたが、それぞれ一ヵ所にまとめられていた。このため農地の利用における規制は著しく弱まり、農民は個々に栽培作物を自由に選択できるようになった。

　経営の個別化は農民の企業者意識を高めた。ヘイラーバード村では1980年

代に養鶏がブームとなる。卵の価格が高騰したことをきっかけに多くの農民が自らの農地内に養鶏場を建設した。これは営農のための投資をも行うようになった農民の意識変化を示す象徴的なできごとである。結果として農業経営の共同性や共同労働を通しての農民間の共同体的結合は著しく希薄化することになった。

　灌漑水利の面では規制が残った。河川灌漑では輪番で灌漑を行ったことから栽培作物もこの灌漑によって規制を受けた。ポレノウ村の場合、ダムでコントロールされた農業用水が供給され、農民は村落を単位に水代を支払って水の配分を受けた。この用水利用の方式は基本において1970年代と大きな違いはない。水の分配に番水方式がとられ、灌漑をめぐる秩序が必要とされ共同関係が維持されていた。

　これに対して、ポンプ揚水の井戸を利用していたヘイラーバード村では、個々の農民がそれぞれにポンプ井戸を設置したことで共同性はほとんど失われた。1970年代には、耕作区ごとに一つのポンプ井戸をもっていた。これはかつてのカナートに代替するものとして建設されたものであり、耕作区の農民が共同で管理し番水方式で共同利用していた。しかし、割替が廃止され農民が個別に小農場の経営者になる1980年代に入ると、農民は自らの農地に個別に井戸を掘りはじめた。このため、灌漑用水の利用をめぐる共同関係が著しく弱まり、農民間の共同関係はさらに薄められた。

　いずれにせよ、イラン革命を前後して農業制度に大きな変化があり、村落共同体を引き継いだ伝統的な農業制度は消えることになった。

3 開発独裁期 (1970年代) の農政 ──農業公社を中心に──

はじめに

農地改革法が施行された6年後の1968年、「農業公社設立法」が議会を通過した[24]。この法は、拠点を定めて、農地改革で地主から農民に譲渡された村の農地を半国営の農場に再編することを目的としたものである。同年、「ダム下流域の土地開発のための企業設立法」が成立し、ダム建設による地域開発計画の一環として、国内外の資本と国による数千ないし2万ヘクタール規模の企業的な大農場の設立がはかられた。

この2つの法律は農地改革の第二弾と呼ぶべきものであり、政策理念は農地改革とは大きく異なるものであった。農地改革についてはすでに述べたように、前近代的な地主・農民関係を解消する農民解放としての側面と、旧地主には企業的な農場経営への転換を促す農業の資本主義化という側面があった。農地を得た農民による経営に対しては、これを育成し生産基盤を整備する目的から農村協同組合の拡充がはかられた。農民は自ら経営者になったものの資金力がなく経営の経験が乏しかったため、資金、市場、経営、技術の面で農村協同組合の役割が重視されたのである。

1968年に成立した2つの法律は、農地改革で農民に譲渡された村の農地を囲い込み、ここに国家主導の大規模な近代的農場の形成を意図するものである。ダム建設や地下水の開発によって水利開発が推進された地方が主として対象とされたが、農地改革による農民育成の理念とは矛盾し、農地改革からわずか数年で農政の基調が転換したことを意味していた。

政策転換の背景としては、一つに村落農民の経営が小規模、零細で、生産力に担い手としての役割を期待できなかったことをあげることができる。1960年代から70年代のイランは高度経済成長期であり、開発独裁によって経済開発を進めていた王政のイデオロギーに生産力主義と経済合理主義があり、農業の資本主義化を急いだことである。

また一つは合理的な資源の再配分が目指されたことである。経済開発を進め

ていく中で第二次・第三次産業では労働力不足が問題となっていた。この需要に対して人口の半分を占めていた農村からの供給が求められ、人的資源の再配分が強引に進められたことである。

　ここでは、マルヴダシュト地方で実施した1977年の調査をもとに、農業公社の実態を分析し、この政策の政治・経済的背景を明らかにする。しかし調査の3年後には革命が起こり、革命政府によって農業公社は解体され土地は再び農民に戻された。村にとって再度大きな転換があったのである。ただ、短期ではあれラディカルな農村の再編計画が具体化された時代があったこと、ここから開発独裁を強めた王政期の開発理念がどのようなものであったのかを確認することができるであろう。

1）農地改革後の農政と農業公社

a）農業生産の停滞と農業公社設立の構想

　1965年、経済高等会議で国王は農村再編に関して次の内容の演説をしている。

　①イランでは、灌漑耕地は400万ha以下であり、国民に食糧を供給するには不十分である。食糧の自給体制を維持するには、農業生産性を高める努力をなさねばならない。

　②農耕地は生産のための最適な状態におかねばならず、経営を非経済的な小単位に分割してはならない[25]。

　開発政策を進めていく上で、資源の再配分と生産性の向上が必要であるとの主張である。規模の経済ということでは農民的経営よりも企業的な農場に期待が向けられていた。経済開発を進め農業の生産性を高めるためには、地主経営を企業的な経営に衣替えさせることが必要であった。「メカニゼ」された農場、つまり機械化された近代的な農場が農地改革の対象から外され、またポレノウ村のように農地改革の対象となった村で、メカニゼを条件に地主がかなりの規模の農地を継続して所有することを認められたのも、機械化にともなう経営の近代化と生産性向上を意図してのことであったといってよい。翌年に国王は、規模の経済にもとづく経営の拡大の必要性を再度強調した。

　ここには、早期に経済発展をとげようとする開発主義に加えて、当時イランが抱えていた食糧問題が語られている。1960、70年代、人口の増大と工業化

の進展にともなう都市化の進行で食糧需要は急ピッチで伸びていた。1965年から75年の間でみると食糧需要の伸びは年率9％と高く、これに対して食糧生産の伸びは3～4％で、この間のギャップが拡大していた[26]。工業化を進める上で食糧輸入が外貨を圧迫する可能性が懸念されていた。

　農業生産の伸び悩みの原因は農地改革後の農民的経営にあり、農業公社設立の構想は明確に生産力論理にもとづいていた。経済開発政策に農業部門を組み入れることであり、食糧自給化のための政策であると同時に、農村からの都市への人口の移動を進めることで人的資源の再配分を行うことにあった。そして、国王の中央集権政策の強化に対応して、農村の農業経営に至るまで官僚的支配を及ぼすという目的があったことも付け加える必要がある。

　1976年時点で89の農業公社の農場が設立された。農場に組み入れられた村の数は813、耕作権をもつ農民数では3万3,663人、住民総数では29万9,670人であった。面積は40万ha、うち耕作地面積は32万haである[27]。これはイラン全耕地面積の2％弱、灌漑耕地面積ではおよそ4％に相当する。そして最終年の78年度までに全国で143を計画していた[28]。

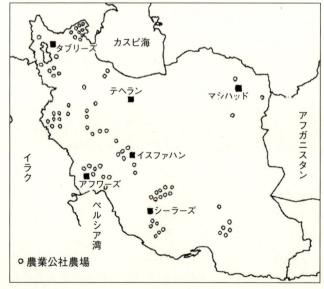

図表2-6　農業公社農場の設立地域

農業公社の理念は、細分化された土地を経済的単位に統合し、伝統的農法にかわって近代的機械化農法を推進し、政府派遣の役人の指導による大規模農業経営のメリットを生かし、生産性を高め、農民の収入増大をはかる。そして同時に地域社会のインフラ投資や医療、

第2章　農政の展開と農業社会

図表2-7 マルヴダシュト地方の水利開発による幹線水路と農業公社の農場

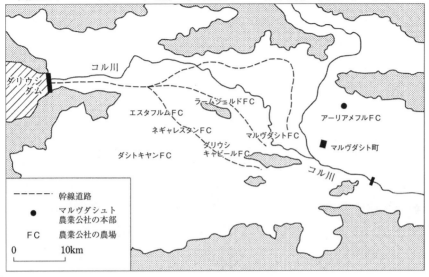

(出所)マルヴダシュト農業公社の資料を用いて筆者作成。

教育、文化などの社会環境の改善も行おうとする意図をもつ「統合された発展のための容器」とされた[29]。

　農村協同組合と比べて農業公社は資本や人的資源の援助を通して国が直接に農業経営に関わる点で異なる。政府は農業公社に物的な援助を与え経営面での指導を行った。灌漑、排水施設、道路、建物などインフラへの投資、機械装備、耕地基盤整備のための資金援助を行い、管理者、農業技術者、それに会計士などの経営スタッフを派遣した。

　設立の目的が企業的経営によって生産性の大幅な向上をはかることにあったため、その条件を満たす地域が選ばれた。灌漑水利施設の建設などで土地生産性を十分に高めることができることが条件となった。76年までに設立された農業公社の農場をみると、国有地に近接しているか、ダムや深井戸の建設によって十分な水の供給のある平坦地の灌漑農業地帯である。国家の農業開発計画によるダム建設などの大事業との関連で農業公社化が進められた。

　また牧畜業の振興、さらにその加工品である乳製品や食肉工業等の農業関連産業を含めた地域開発計画の中に位置づけられていることも一つの特徴である。

67

b）マルヴダシュト地方の農業公社の農場

マルヴダシュト地区農業公社の本部

マルヴダシュト地方も以上の条件を満たしていた。広大なオアシス農業地帯であり、1972年のダム完成以後、水路網の建設によって灌漑農地の拡大と農業の集約化が可能な地域であった。ダムから幹線水路3本が引かれ、さらにそこから支水路を通して農業用水が配分された。また農場の建設と並行して化学肥料工場や食肉加工工場が建設された[30]。

マルヴダシュト地方の農業公社は、77年10月の調査当時、9つの農場が活動を行った。この9つの農場に吸収された村の数は50、耕地面積は15万8,000ha、耕作権をもつ農民とその家族の人口は約1万人であった。

図表2-8 マルヴダシュト地方の農業公社の概要

9農場の名称	各農場の旧村数	農場の耕地面積 ha	サフムダール数（旧農民数）
1．アーリアメフル	2	1,630	86
2．ダリウシュカビール	5	1,922	148
3．ラームジェルド	8	1,876	247
4．マルヴダシュト	6	1,635	221
5．ドルードザン	5	1,620	252
6．エスタフル	8	1,367	212
7．コル	6	1,265	181
8．ダシュテキヤーン	5	2,543	236
9．ネガレスタン	5	1,958	173
合計	50	15,816	1,756

（出所）協同組合省「農業公社活動報告書」1976年（ペルシア語）
　　　（Faliatha-I vezarat t'avon va amur rustaha）。

第2章　農政の展開と農業社会

図表2-9　ラームジェルド農場における農業公社所有地と旧地主所有地

村の名称	農業公社所有地 *1	旧地主所有地 *2
1．ポレノウ	293	695
2．チャマニー	194	688
3．ブーラキー	276	411
4．エスファドラン	431	1,182
5．メヘラバード	120	217
6．ファフラバード	383	393
合計	1,697	3586

＊1 農業公社農場に統合された村の農民の元所有地。
＊2 農地改革で地主所有地として農民への譲渡を留保された土地であり、機械化による企業的経営が行われている。

　農業経営の単位となる個々の農場は平均で6つの村の農地を統合し、旧農民の人数は平均195人、平均耕地面積は1,757haであった[31]。

　図表2-2（44ページ）はマルヴダシュト地区の6つの村の農地改革による地主・農民間の土地の分割を示したものだが、農業公社の9つの農場の一つ、ラームジェルド農場に吸収されたのはこのうちの農民共同所有の村の部分（アミ掛けの部分）である。農民の農地のみが農業公社の農場とされたため、民間の農場と農業公社の農場がモザイク状に入りまじっている。

2）農業公社の組織と旧農民の権利

（1）用益権の放棄とサフム（株）

　農業公社設立法第2条には農業公社への参加の資格が規定されている。これによると農地改革の対象となった農民だけでなく比較的小規模な農場経営者、また地主の直営地で働いている分益労働者も資格があるとされている。また参加の手続きとして、第6条には、村の有資格者である農民の合意の下で農業省に照会と請願の書類を提出し、有資格者の投票で51％以上の賛成を得ることと規定されている。つまり参加は、農場経営者を別にすると、村を単位に村の耕作権をもつ農民に資格があり、彼らの過半数の賛成で具体化されることになっている。村民でも耕作権をもたないものは対象から外された。

69

しかし実際には農民側の要請で設立が検討されることはなく、中央官庁が描いた青写真にもとづき設立地区が決定された。ラームジェルド地区の村の場合、「ある日突然に農民達は自分達が所有していた土地を農業公社に提供するように通知された」[32]。設立決定の過程に農民の意志はほとんど反映されていない。

農場の設立が決まると農民の代表2名と政府派遣の技師1名の計3人で構成される「財産評価委員会」が設置される。農業公社の構成員となった者は農地の用益権を無条件かつ永久に当該農場に譲渡することが義務づけられ（第2条、第3条）、委員会の仕事はこれら財産の価値評価作業であった。農地だけでなく村や農民に帰属していたトラクターや家畜などの生産手段もまた農場に移るために評価の対象となった。

農民は農地改革で譲渡された土地に対する耕作権を放棄し、交換で農場から株（サフム）が与えられた。生産手段の価値評価の基準については、土地の平均農業所得の10倍に等しい額といわれてきた。しかし実際には財産評価委員会の評価にもとづくのではなくあらかじめ政府によって決められていた。

筆者の調査によると、株（サフム）決定の過程は次のようであった。

農業省から派遣された農業技士が村ごと土地評価を行う。たとえばP村の全耕地面積を300haと仮定すると、まず肥沃度や灌漑の条件などによりAランクの土地50ha、Bランクの土地100ha、Cランクの土地150haというように分け、あらかじめ決まった評価額（たとえばヘクタール当たりAランク8,000リアル、Bランク6,000リアル、Cランク4,000リアル）で積算して村全体の耕地の評価額を出す。P村の場合は160万リアルとなる。次に1サフムの価値は1,000リアルと決まっていたから、160万リアルを1,000リアルで割るとP村の株数（サフム数）は1,600と決まる。村の耕作権農民を数が50人でみな均等であったことから、1人当たりの所有するサフム数は 1,600 ÷ 50 = 32 となる。

つまり土地評価額は政府によってあらかじめ決められた指標であり、地価の実勢値ではないことがわかる。そして農民は、32株（サフム）と引き換えに土地の権利を完全に失うことになった。

株（サフム）をもつことになった農民は〈サフムダール（株持ち）〉と呼ばれ、毎年農業公社の純利益から〈スーデサフム（配当金）〉を得た。この配当金は所有するサフム数に応じて配分される。この配当金はサフムダールであること

による権利であり、農場での労働提供の有無とは関係ない。

　サフムの売買は農業公社の承認を必要とし、農場以外の人に売却することは禁止された（農業公社設立法、第9条）。サフムの売買において最初に買い取る権利は農業公社にあり、またサフムダールが必要な義務を怠った場合、その所有するサフムを農業公社が買い取ることができると規定されている。サフムダールの所有するサフムを半強制的に農業公社が買い取ることができ、事実そうした検討がなされていた。1サフム＝1,000リアルの価格で株を買い取り、農民をもとの村の農地から放逐することが可能となり、こうした政策が農業公社設立当初から、構想の中に存在していたことがうかがえるのである。

（2）農業公社の組織

　農業公社は「農業・農村開発省」の管轄下にある。マルヴダシュト地方には農業公社の地方支部があり、50ヵ所の村、総面積にして約3万5,600haと1,756人のサフムダールとその家族約1万人が帰属し、地域の9つの農場を統括した。この地方支部の下に生産単位である9つの農場がある。6つの村の農地を統合したラームジェルド農場はこのうちの一つである。

　地方支部にはサルパラスト（総監督者）、それに総務、調査企画、会計、農業技術の各部門の責任者がおり、9つの農場にはそれぞれにモディールアーメル（経営責任者）がいる。いずれも政府派遣の役人である。毎日、サルパラストを囲んでモディールアーメル達の定例会議が農業公社の地方本部で開かれ、ここでそれぞれの農場からの問題が提出され、中央からの司令が伝達された。

　次に9つある農場の一つ、ラームジェルド農場の事例で概観すると、年間の耕作地面積が1,696・5ha、サフムダール（株持ち）の数は249人、家族員数では1,567人である。また1人当たりの持株数は村で異なり31株～65株であった。

　農場には5人の役人が政府より派遣され、経営管理と農業技術指導を行った。経営および管理に関する最高責任者はモディールアーメル（経営管理者）であり、この下にカーシェナース（農業技術指導の責任者）が1名いる。モディールアーメルとカーシェナースは大学卒業以上の資格が必要とされていた。カーシェナースの下には実際の農業指導にあたる2名の農業技師がおり、財務面でモディールアーメルを補佐する1名のヘサーブダール（会計係）がいる。

表2-10　農業公社農場の組織

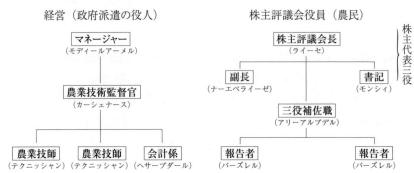

　農業公社の地方支部の組織をみると、農場の運営は政府派遣の役人が行った。農場の経営責任者であるモディールアーメルはその組織、技術、財政などの大部分の決定権を握っており、権力が１人に過度に集中している。このことは中央政府が官僚組織を通して生産現場のコントロールを容易にし、中央集権的で画一的な経営を可能にしている。

　一方、農作業の監督と労働者の組織はサフムダールの代表６人が責任を負った。サフムダールで構成される株主評議会が設置され、この中から選ばれた役員６人が農事に関わる仕事を行った。農場における具体的な農作業はトラクターなどの農業機械の作業を除いて、この６人の役員によって管理された。

（３）農業公社の農場における旧農民の雇用

　農業公社設立後、農村の生活環境は急変した。旧村の農民の就業形態をみると次の３つに分類することができる。

　a　農場の契約労働者（ペイマンカール）。作付け作物ごとに農場と契約を結び、作物の販売による実収入を一定の比率で農場と分ける。おもに機械化不可能な農作業に従事し、契約外の日は多くが農場外で臨時賃労働に従事した。

　b　農場の常雇いの労働者（モズドカール）。農業労働に従事せず事務所の雑役、倉庫番、ポンプ番、夜警、羊管理人などに従事する単純労働者と、トラクターや車の運転手などの熟練労働者からなる。賃金は職種や熟練度によって差がある。雇用関係は契約労働者（ペイマンカール）と比べると安定していた。

第2章　農政の展開と農業社会

図表2-11　マルヴダシュト地域農業公社のサフムダールと労働者の内訳(単位:人)

農場の名称	サフムダール (株持ち)	ペイマンカール (契約労働者)	モズドカール (常雇いの労働者)
1. ダリウシュカビール	148	25	20
2. マルヴダシュト	221	70	9
3. ラームジェルド	247	77	10
4. ダシュテキヤーン	236	20	9
	852	192	48

(出所)マルヴダシュト地域4農業公社の実態調査による。

　c　農場以外で仕事をもつ人たち。農場は機械化が進んでいたことで常雇いの労働者は少なく、農場外で労働に就業した。

　旧農民はサフムダール（株持ち）として配当金を得ることができたが、それ以外の仕事はさまざまであった。農業公社の農場ではサフムダールだけに働く権利があったが、実際には雇用が少なく、マルヴダシュト地域では3分の1以下が農場での労働に従事していた。

　一方、もともと耕作権をもたなかった村民はサフムがなく、トラクター運転など資格をもつものが一部農場で働いたが、その他は農場外の労働者となった。またケシ、米、スイカなどでは収穫期などの農繁期の労働力として域外から多くの季節労働者を雇用した[33]。

　農業公社の農場では農業の機械化が進み、農作業に占めるトラクターやコンバインなどの作業が大きな割合を占めた。これは農作業のすべてが農民の手作業によった地主制の時代と大きく異なる。すでにみたように、農民は牡牛と一体となって農作業にあたっていたが、牡牛を使役した作業はすべて機械によって代替され、耕作労働の中味が大きく変わった。ポレノウ村に隣接した旧地主の機械化が進んだ農場の事例では、常雇いは、マネージャーと農業機械を操作する人、雑用係のみであり、灌漑作業や夏作物の収穫作業など労働集約的で手作業を要する部分のみをポレノウ村の農民の契約労働によっていた。この雇用の形態が農業公社の農場にも踏襲された。身近に存在する労働力は旧村のサフムダールであり、この労働力を必要な数だけ、労働の内容によって常雇い（モズドカール）と契約労働者（ペイマンカール）の形で雇用したのである。

73

図表 2-12 地主制の時代と農地改革後の企業的農場の農作業と雇用の形態

	小麦・大麦（灌漑）		棉	
	地主制下の農場	旧地主の企業的農場	地主制下の農場	旧地主の企業的農場
耕起・整地	○	× 常雇い	○	× 常雇い
播種	○	× 常雇い	○	× 常雇い
施肥	○	○ 契約労働	○	○ 契約労働
畦立て	○	× 常雇い	○	× 常雇い
灌漑	○	○ 契約労働	○	○ 契約労働
収穫	○	× 常雇い	○	○ 臨時の労働

図表 2-13 ラームジェルド農場の農作業分担

	小麦・大麦（灌漑）	ケシ	棉	メロン・スイカ	アルファルファ
耕起・整地	×	×	×	×	×
播種	×	×		○	×
施肥	○	×	×	×	×
灌漑	○	○	○	○	○
草取り・間引き	─	○	○	○	
収穫	×		○	○	○

○：手労働による作業で、ペイマンカール（契約労働者）が従事
×：農業機械による作業で、モズドカール（常雇いの労働者）が従事
（出所）ポレノウ村およびラームジェルド農業公社における実態調査による。

（4）ペイマンカール（農場の契約労働者）

　農業公社の農場が何人のペイマンカールを雇うかは農場の経営方針、地域の労働需給などが関係した。ラームジェルド農場の場合、6つの村の247人がサフムダールになったが、うちペイマンカールとして農場で働いたのは3分の1足らず、春の作付作物（ひまわり、胡麻、メロン、スイカ、棉）で契約したのが77人、秋の作付作物（小麦、大麦、ケシ、アルファルファ）で93人であった。マルヴダシュト農業公社の他の農場の中には10％を切るところもあり、こうした農場では出稼ぎの臨時労働者に農作業の多くを依存した。
　ペイマンカールとの契約内容は農作業の内容が異なるため作物によって異

図表 2-14 農業公社農場におけるペイマンカールへの作物別支払い方法一覧

作物名	支払方法
米	農業公社と契約労働者の間で収穫を 3 対 2 に分割（コル、ネギャレスタン）
ケシ	収穫量 1 kg 当り 2,800Rls　この場合、季節労働者の賃金は契約労働者が支払う　（ダリウシュカビール）
棉	収穫量 1 t. 当り 10,000Rls
小麦	ha 当りの収穫量
	1,500kg 未満では、ha 当り 1,100Rls
	1,500〜2,000kg では、100kg ごと 100Rls をプラス
	2,000〜2,500kg では、100kg ごと 120Rls をプラス
	2,500〜3,000kg では、100kg ごと 150 R l s をプラス
アルファルファ	ha 当り　灌漑作業　200Rls、収穫作業　270Rls

(出所)マルヴダシュト地域農業公社の実態調査による。

なった。農作業のほとんどが機械化された小麦の場合、ペイマンカールの仕事は灌漑作業が中心であり、面積当たりで報酬が支払われた。これに対して労働集約的なケシや綿では、出来高払い制がとられた。

　第 2 節で地主制の時代また農地改革後の村において、複数の農民が共同耕作を行う〈ボネ〉制がみられたこと、そしてこの制度が灌漑の諸作業に複数の農民の協働が必要であったことを契機としていたことを紹介したが、農業公社の農場のペイマンカールによる作業もこのボネが踏襲されていた。

　農場は複数の旧村の農地からなっていた。この農地は図表 2-2（44 ページ）にみるように分散していたため、ペイマンカールは旧村出身者ごとそれぞれの耕作区を担当させた。ラームジェルド農場の場合、6 つの耕作区（旧村の農地）からなり、農作業にはそれぞれの村出身のペイマンカールでグループが組まれた。

　各グループはさらに小単位の組に分けられた。ある耕作区で農作業に従事したペイマンカール 16 人は 4 人ずつの 4 つの組に編成され、この組を単位に共同耕作を行った。この組は地主制下の農場また旧村でみられた共同労働の単位でボネと呼ばれたものであった。ボネの長はサルボネ、また 4 つのボネを統括

する耕作区の代表はナマーヤンデと呼ばれ、それぞれが農作業に責任を負った。つまり農業公社の農場も旧村の制度を踏襲していた。

　ボネ制をとった理由は、灌漑作業などで複数の農民による共同労働が必要であったことに加えて、農場にとってペイマンカールを管理する上でのメリットもあった。共同労働に馴染んできた旧村の農民を雇用し、旧村の耕地である耕作区で農作業をさせるのにボネはすぐれた管理システムであったということである[34]。

3）農業公社農場の経営

（1）経営収支

　乾燥地では灌漑用水の多寡が生産量を大きく規定する。水利施設への投資による灌漑水量の増加は、灌漑耕地面積を拡大するだけでなく水集約度を上げることで土地生産性を高める。さらに乾季である夏季の作物（綿花、砂糖ダイコン、米、ヒマワリなど）の栽培面積の拡大を可能にする。農業公社農場の開設には、それに先だつ国家事業としてのダム開発や深井戸の建設があったことで、旧村の農民経営と比べてはるかに高い生産量を得ることができた。

　ラームジェルド農場に供給される灌漑用水量は旧村と比べて4.8倍に増えている。このため、年間の作付面積は1.8倍になり、単位面積当たりの水需要が大きい夏作（綿花、ひまわり、砂糖ダイコン、野菜など）でみると2.45倍に増えた。また水集約度の高い農業が可能になったことで土地生産性が上昇した。生産性は灌漑水量だけではなく施肥量や品種も関係するが、1977年に灌漑小

図表2-15　ポレノウ村とラームジェルド農場の作付面積と土地生産性

	収量（kg／ha）		土地生産性（指数）	作付面積(指数)
	設立以前	設立以降	設立以前=100	設立以前=100
小麦（灌漑）	1,244	2,349	189	122
砂糖ダイコン	17,668	21,363	121	135
ヒマワリ	392	645	165	242
棉	1,050	1,818	172	170
米	2,455	2,638	107	125

（出所）協同組合省、前掲書および実態調査により作成。

第2章　農政の展開と農業社会

麦はヘクタール当たりで2,380kgの収量があった。これは設立前の平均収量1,250kgの2倍近くになる。

このためマルヴダシュト地方の農業公社では高い収益を確保することができた。1975年度の収支決算をみると、収益の対費用の比率は全国の平均1.4であったのに対して、ラームジェルド農場は1.7であった。

ラームジェルド農場の経営分析を行う上で旧村と比較すると変化がわかる。図表2-16はポレノウ村農民1人当たりの粗収入と生産費を示している。すでにトラクターが導入されていたことから、耕耘と脱穀の費用は請負業者への支払いである。また農業所得に加えて周辺の企業経営による農場の灌漑作業などに契約で従事し、さらに絨毯織などの収入を加えると、農家の純収益は4万リアル前後になる。

一方、図表2-17はラームジェルド農場における1976年の収支決算表であり、ここから農場が非常に高い利益をあげていることが分かる。総収入から可変費

図表2-16　ポレノウ村の農民1人当り農業生産の収入と生産費

粗収入（リアル）		生産費（リアル）	
小麦	18,000	肥料	1,400
大麦	7,000	耕耘	1,500
棉	8,000	脱穀	1,200
アルファルファ	4,000	種代	3,000
		水代	600
		他	2,200
計	37,000	計	9,900

図表2-17　ラームジェルド農場の1976年の収支（1,000Rls）

総収入	46,737
可変費用	18,616
種	2,073
肥料	3,300
農薬	307
水	1,431
労賃（ペイマンカール）	7,339
労賃（臨時労働者）	3,610
他	551
粗収益	28,121
固定費用、販売費用	9,960
一般費用	2,988
労賃（常雇労働者）	3,116
減価償却	3,472
販売費用	1,335
純利益	18,161

用と固定費用を差し引いた額が純利益に当たる。この純利益のうち少なくとも15％は農業公社の予備の貯蓄と拡大再生産の資本として控除されることが決められており、これに加えて、(1) 翌年の運営資金の一部、(2) 総会の承認のもとに役人や農場の常雇い労働者に対するボーナス、(3) 保険金の支払い分が控除され、残りがサフムダールへの配当とされた。

　農場の高い収益を支えていたのは、灌漑水利のすぐれた条件に加えて、政府の支援が大きく関係した。その一つが設立資金の50％の無償支援と残り50％の年２％の低利融資であり、もう一つがケシ栽培の認可である。ケシ栽培は一般の村や民間の農場では禁止されていたが、農業公社は国策として経営を成り立たせる必要性から権利を賦与された。ケシは収益性が高く、単位面積当たりの粗収入は小麦と比べて9.5倍も高かった。栽培許可面積は全耕地面積の５％以内であったが、ラームジェルド農場では粗収益の25％に達していた。

(2) サフムダール（株持ち）の収入

　このためラームジェルド農場では、旧農民であるサフムダール（株持ち）の収入はかなり高く、配当額は一人当たり54,900リアルであった。公社設立前の村の農民の総収入が４万リアル前後であったから、サフムダールはそれ以上の額を不労所得として得たことになる[35]。

　農場で働くペイマンカールの収入は、春播き作物栽培に従事した77人は４万2,418リアル、秋播き作物栽培に従事した93人では４万1,261リアルであった。ペイマンカールの契約は栽培期間である半期であったことで、多くは他の半期を農場外の臨時の労働にあてていた。また常雇い労働者は、トラクター運転手が14万リアル、単純労働者が７万5,000リアルであった。したがってラームジェルド農場のサフムダールの収入は次のようであった。

a	サフム（株）の配当			54,900リアル
b	契約労働者（ペイマンカール）	a	春播き作物	42,418リアル
		b	冬播き作物	41,261リアル
c	常雇労働者（モズドカール）	a	トラクター運転手	140,000リアル
		b	単純労働	75,000リアル

　ペイマンカールの所得は、①と②の合計と農場外での臨時収入、常雇いのモ

ズドカールは①と③の収入を得た。しかしサフムダールの3分の2以上は農場で雇用されず、都市や企業経営の農場で賃金収入を得ていた。彼らもまたサフムの配当を手にしていた。

4）国家の水支配と農業再編計画

（1）アグリビジネス

　1968年に農業公社設立法が成立した同じ年にアグリビジネス設立に関する法「ダム下流域の土地開発のための企業設立法」が成立した。これも農業公社法と同じく、農民の村の農地を囲い込み、大農場に編成することを意図したものである。法の名称が示すように、ダム建設にともなう地域農業の再編計画であり、開発された水資源の有効利用を目指して企業的農場を設立することを目的としていた。この計画には砂糖キビの生産および羊・牛の大規模飼育、それにこれらを加工するための工業がセットにされ、地域の農業と工業のバランスある発展をはかるということでアグリビジネスと呼ばれたのであった。

　このアグリビジネスはイラン南西部のフーゼスターン州デズフール地方で70年代はじめに具体化された。これは1つの国営農場と5つの農事会社（うち4つは外国企業）による農場からなり、それぞれが5,000haから2万haの大規模なものである。国営農場では主に砂糖キビ生産され製糖工場が隣接して建設された。フーゼスターン州は面積でイラン全体の9％だが、表水量は37％を占めた。ここに1963年以降複数のダムが建設され、100万haに及ぶ長期の開発計画が立てられ、1976年の時点で20万ha余りの開発を終え、農事会社に農業開発を担わせていた。

　アグリビジネスの設立が決定すると、その地域内の農民の所有地は国によって強制的に買収されて国有地化され、農事会社に30年契約で貸与された。この方法による農業再編計画は国家の強権による囲い込みを前提とし、フーゼスターンの開発地域では1970年代半ばまでに約80の村が解体された。農民は土地を失っただけでなく村の集落自体が破壊され、代りに開発地域で必要とされる農業労働者、工場労働者用として住宅団地が建設された。このため多くの農民は居住地も失い、雇用を求めて流出した。この地方の場合、ペルシア湾岸の石油基地に近く大量の労働力需要地が控えていたことで、農村から排除された

79

住民の多くが移住、また出稼ぎの形でこの石油基地に吸収されていた。

(2) 国家の水支配

国による村の囲い込みが容易に行い得た理由としては、独裁化を強めた王権の存在があったが、68年の水国有化法の成立による灌漑用水への国家の管理権の強化も関係した。河川や地下水の利用について利用者がもつ水利権はこの法律によって失われた。水は国有化され、利用者は国から灌漑用の水を購入することになった。さらにダムと水路網の建設によって灌漑用水への国の支配は確立し、従来の水利慣行は完全に解体した。農業生産に灌漑が不可欠な乾燥地では、水なしでは土地は地代を生まず、水を支配しコントロールすることで国家の農村支配が強化されてきたのである。農業公社やアグリビジネスによる村の農地の囲い込みはこのプロセスを経て容易に行われたということができる。

以上のような農業地帯の再編計画で対象となった耕作地面積は1977年時点で約50万haである。これはイランの全耕作地面積の3％にすぎないが、灌漑耕地における年間の作付面積では8％におよび、農業生産額ではさらに高い割合を占めた。

おわりに

全国的にみるとマルヴダシュト地方の農業公社農場は恵まれた条件の下にあった。灌漑水利以外にも、地域開発計画による公共投資や民間の工場の建設で雇用の機会にめぐまれていた。しかし他の地方では収益性はこれほど良くはなかった。ソーセスターン州デズフール地方の農業公社の農場では収益率は1.2で低く、サフムダールは配当を得ておらず、農場で雇用されない人たちは無産者同様であった。これは塩類土壌と排水施設の不足におもな原因があった。農業公社農場の設立に先だつ莫大なインフラ投資を考慮すると、経済的にはまったく採算が合っていなかった。農業公社のこうした状況はデズフール地方のみでなく全体にいえることであり、雇用の機会が十分に存在していない地方も多く農業から排除された者の失業、都市への集中の問題が生じていた。この点でマルヴダシュト地方の農業公社を例外として扱ってよいかもしれない。

また労働力の面では、農業公社化によって旧村の農民の多くが農業から排除

第2章　農政の展開と農業社会

される結果になった。経営の合理化、機械化、土地基盤の整備によって必要労働力を大幅に減少させ、マルヴダシュト地方の農場の場合、それまでの村の農民の3分の2以上が過剰労働力として農業部門からはじき出された。この地方では地域の総合的開発計画が実施されて公共投資が進み、また立地条件の良さから数多くの工場が設立されたため過剰になった農村人口が吸収された。しかし雇用環境は地域的に差が大きかったため、農業公社農場に就業の機会を得ない人々の失業問題も生んだ。周辺に雇用機会が存在せず、離農をやむなくされた人々は失業し、雇用の機会を求めて移住することになった。

　また土地の代償として農民が得たサフム（株）についても放棄を求められる状況が生まれつつあった。すでに1977年秋の時点で、農場で雇用されていないサフムダールに対しては、そのサフムを農業公社が買いとるべきであるとの意見が強く出されていた。農業公社設立法第16条にはサフムダールが必要な義務を怠った場合、サフムを農業公社が優先的に1サフム1,000リアルの公定価格で買いとることができると明記されている。これに該当するとの判断のもとに没収する動きがはじまっていた。この義務を怠った場合、というのは農場に貢献していないということであり、農場で雇われなかった旧農民がこれに該当することになる。結果として農業公社農場の設立は旧農民の多数を土地の囲い込みによって最終的に排除していくことを意味していた。

　60年代から70年代にかけてイランは高度経済成長の時代であった。経済発展期において生産力主義が農政を貫く基調となった。食糧を増産し低廉な食糧を供給し、第二次、第三次産業のための労働力を創出する政策課題が前面に出ることで農地改革後の小農保護、育成政策が再検討されることになった。この点で農業公社化の政策は、イランの資本主義発展期における蓄積政策として位置づけることができるが、このため農民は翻弄され続けることになった。

　しかし調査から3年後にイランで革命が起こり、農業公社は解体し、農場の土地はもとの村に戻された。開発独裁下での生産力主義と合理主義による農政は修正されることになった。村の農民は農地改革で手にした土地を回復したが、その後さらに旧地主の農地をも要求して奪取する動きに出るのである。

4 革命期（1979〜86年）の土地をめぐる農民闘争
――大規模農場の占拠と再分配――

はじめに

　イランでは、この半世紀の間に社会構造を大きく変える農業および土地制度史上の変化があった。この変化は、地主が農民を隷属させてきた前近代的な地主制の廃止、大規模な企業的農業経営の展開、家族経営を基本とする小農制への移行という流れをたどったが、この変化がドラスチックな政治変動をエポックとした点にイランの特徴があった。このエポックの一つは、1960年に国王自らが「白色革命」と称した近代化・工業化に向けた制度改革であり、また一つは王政を崩壊させた1979年の「革命」である。
　「白色革命」は、イランの工業化の初発の時代に、地主の政治的影響力を抑え国王の権力基盤の強化と近代化をはかった構造改革であり、農地改革がその柱となった。この改革は1960年代をかけて実施され、この過程で土地所有を基盤に中央や地方に政治的影響力を維持していた地主層の非政治化が進み、宗教勢力の反発を招きながらもこれを抑えて、国王主導の近代化と工業化が進展した。ただ、民主的な手続きを経て改革を進めるまでには国王の政治・社会的な基盤は確立しておらず、独裁化を強めて開発を急いだことで社会的軋轢を高める結果になった。
　農業制度の側面でみると、前近代的な地主・農民関係に終止符を打ち地主を村社会から退去させた点で農地改革は画期的であった。しかし、農業開発を急いだために農民の厚生よりも生産力の上昇が優先され、資源の合理的配分と規模の経済が強調されたことで、零細な農民を切り捨て大規模な企業的経営を優先させる政策がとられ、農民や土地なし層など村に居住する人々の不満を募らせる結果をも招いた[36]。
　一方、1979年の「革命」は、イスラム勢力がヘゲモニーを握ったことで「イスラム革命」と呼ばれるようになったが、農業・農村政策はポピュリズム的性格を帯びていた。「抑圧された者の革命」という革命政権のスローガンのもと、農産物に対する価格支持や補助金による小農保護の政策がとられ、人口の

第 2 章　農政の展開と農業社会

50％を占めていた農村人口の厚生をはかることに重点が置かれた。しかし、大土地所有者と零細農の二重構造、農村の土地なし層の存在など農村が抱えてきた問題に対する政策では革命政権の内部に意見の対立があり、政策にも一貫性がなかった。革命成功後ほどなく新体制のもとで新たな農地改革法が立案されたものの、イスラム保守派の反対で棚上げされ、イスラム政権による統一的な政策が決まらないまま年月が経過した。

　農村の土地問題に対しては、政府よりもむしろ農民や土地なし層に注目すべき動きがみられた。クルド地域など特定の地方で、王政が崩壊する前から零細な農民や農業労働者を中心とした大土地所有者に対する闘争がはじまっていたが、革命が成功すると、旧体制の崩壊で生まれた農村地域のアノミー状況下で階級対立が激化し、農民、農業労働者、土地なし層による大農場の占拠が各地に波及し全国的な広がりをみせるようになった。農村の住民が大土地所有者の土地を占領し、その立ち入りを阻止して農場の施設や収穫物を押さえ、最終的には農地を住民の間で分割するという過激な行動が、社会的矛盾を抱えていた地方に拡大していったのである。こうした行動には革命後に農村に入った建設聖戦隊や左翼勢力などの指導や扇動が一部にあったものの、闘争自体はあくまで農民や村の土地なし層の主体性にもとづくものであった。一方、革命政権は内部における意思の不一致からこうした動きに敏速に対応することができず、後追いの形で法整備を行い収拾をはかるという状況にあった。

　1979 年の革命については都市の革命として語られることが多い。都市部で起こった民衆のデモから生まれた巨大なエネルギーによって成功できた革命であったから、都市的革命であったことに間違いはない。しかし、農村部で展開したこの土地革命とも呼ぶべき出来事は 1979 年の革命を性格づける上で無視できない重要な一項目をなしている。ここでは、イラン各地に拡大した革命期における占拠を検証し、その歴史的背景を明らかにする。この論文を書くきっかけになったのは 2005 年と 06 年の 2 回にわたる農村調査である。

1）村民による農場占拠の背景と革命期の土地政策

a）農場占拠の背景

　1978 年末、民衆の反王政の闘争が都市で激しさを増していた頃、ハメダン、

バム、トルキャマン・サフラーでは大土地所有者の農場をめぐって緊迫した状況にあった。これは民族主義的性格を帯びてはいたが、王政期に実施された農地改革に対する村民の不満を主たる動機とするものであった。こうした村民の不満はイランの各地に潜在していた。しかし革命が成功するまでのイランの農村では、不満は潜在化してはいたが外見上は概して穏やかであったといってよい。革命当時、マルヴダシュト地方に滞在していた原隆一氏は、都市とは対照的な農村部の情景を次のように記している。

「騒然とした都市と比べると、農村は余りに平和でのどかな風景であった。ただ以前と違うのは、家々の屋上に緑・白・赤の三色の国旗が翻っていることであった。これは国王支持の表明であり、国旗を掲げていない農村は空爆の対象になるという噂が流れたためという。そして屋内では人々がラジオにじっと耳を傾け、都市での反体制運動の動きを追っていた」[37]。

村の住民は日和見的態度で事態の推移を見守っていたのである。王政の崩壊は農村のこの情景を大きく変えることになる。旧体制下の法と秩序が無効となり、旧体制下で農村地域の治安の維持を担っていたジャンダルメリー（辺境警察）が解体すると、村民は国王支持の旗を立てる必要がなくなった。さらに、法と秩序の空白状況が作り出されたことで土地所有の法的根拠も一時的に失われ、村民による土地再分配の機運が一気に高まった。

こうした農民の意識の変化には、都市で革命を担った青年が農村部に入り活動しはじめたことも影響している。しかし、当時の村における経済社会的な状況も大きく関係していた。革命期の地域経済はかなり混乱し、多くの失業層が滞留して社会的に不安定な状態が農村社会を覆っていた。とりわけ土地なし層の状態は深刻で、都市で失業した人々が農村に還流したことによって社会的緊張が高まっていた。したがって、村民による大土地所有者の農場の占拠は、貧困と失業からくる農村の社会的緊張が法と秩序の空白という状況下で爆発した現象ということができる。

大農場の占拠にはこうした社会的かつ時代的状況が背景になっているが、その根源には不均等な土地所有があった。零細な農地を耕作する農民と土地なし層で構成される村が存在する一方で、大規模な農場とこれを所有する大土地所有者が存在する土地所有における二重構造があった。村民による土地占拠が全

国的に拡大した1979年は、農地改革から15年足らずしか経過していない。このため地主制の時代の記憶は農民の頭の中にまだあざやかに残っていた。旧来の地主・農民関係は失われたが、地主は相変わらず村の周辺で大規模農場を経営していた。農地改革で農民に農地が譲渡されたとはいえ徹底した農地の再配分が行われず、多くの農地を地主が所有し続けていたことに対する農民の不満は大きく、農地をまったく譲渡されなかった土地なし層にとって不満はことさら大きかった。

　b）臨時政府・革命評議会の農業・農村問題への対応

　イランにおける反王政の運動は、1978年1月に宗教都市コムで起こったデモを皮切りにテヘランをはじめ各地の都市に波及し、翌年1月の国王の国外脱出をへて、革命に至った。1979年1、2月には、イスラム国家への移行期の行政と立法を担うべく「臨時政府」と「革命評議会」が設置され、旧体制崩壊後の任務を遂行し、混乱期におけるさまざまな問題を解決することになる。しかし、当初この行政府と立法府に集まった中枢部の人たちは革命後に直面した諸問題に対して対処すべき明確なビジョンもプランもなかった。王政を打倒して革命が成就したもののこの政治革命を経済および社会革命へと発展させるべきか、また発展させるとするとその範囲をどこまでとするかといった主要な命題に関しては内部に意見の相違が大きく、イデオロギー対立の形で表面化していた。その後、憲法、大統領制や国民議会などの制度的枠組は整っていったが、社会・経済面での改革をどこまで、またどのように進めるべきかについては、意見の相違から対立がさらに深まっていった。

　農業と農村をめぐる問題は、イデオロギー対立がからんで意見の相違がもっとも顕著に現れたものの一つである。とくに緊急を要したのは、農村部における土地問題の解決である。農村には生活を維持する最低限の土地をもたない零細な農民が多く、また土地なし層も数多く存在していた。アシュラフによれば、土地なし層・零細農民層の人口は革命時に150万人に上っていたが[38]、革命が不公平の是正を主要な課題としていたことから、社会的正義という意味でも急ぎ対応せざるを得ない問題であった。しかも農村部ですでにはじまっていた大土地所有者（旧地主）の土地に対する農民による占拠と新たな農地改革の要求に対しても対応が求められていた。しかし、臨時政府と革命評議会は構成メ

ンバー間のイデオロギー対立から、しばらくの間これらの問題に何の手立ても施すことができなかった。

　革命を社会革命にまで発展させるか否かということとは別に、農村部を直撃していた経済の悪化に対しても早急な対策が求められた。大土地所有者の革命時における国外逃亡や農民との対立に起因する農村社会の不安定化によって、農業生産は大きく落ち込んでいた。また、経済状況の悪化により都市部の雇用が減少したことで、建設や工業部門に従事していた農村出身の季節労働者や移住労働者が農村に還流し、農村部における失業問題も深刻化していた。

　革命後の農村はこうした緊急を要するさまざまな問題に直面していたものの臨時政府と革命評議会の体制は問題の解決を先送りし、対策といえるのはせいぜい王政期に前体制に強くコミットしていた大土地所有者の土地を没収して農業省やモスタズアファン財団[39]の管理下においたことや、農業公社（シェリカト・サハミー・ゼライー）の解体を求める農民の要求に応じて法整備したりしたことぐらいであった。

2）農場占拠と革命政権

a）村民による旧地主農場の占拠

　臨時政府と革命評議会が農業・農村問題に有効な手立てを講じることができない間に、農村の農民や土地なし層による土地占拠が各地ではじまり全国に拡大する動きをみせた。これにはさまざまな要因がある。王政期に地方の治安維持を担っていたジャンダルメリー（辺境警察）の機能崩壊も大きい要因である。農村部の秩序が失われ一種のアノミー状態が生じたことで、農村部の人々が不満を容易に行動に結びつけるようになったことである。

　しかし直接的な要因は農村の貧困と失業の深刻化があった。たとえば、ハメダンやバムで起きた旧地主農場の占拠騒動では、都市で職を失い村に戻ってきた人たちがこれを指導したといわれている[40]。ある村で起こった農場の占拠はすぐに近隣の村に波及したがこれには若者や左翼勢力[41]も大きく関わった[42]。左翼勢力が組織的に関わると土地占拠はイデオロギー的性格を帯びるが、この組織的支援を受けたトルキャマン・サフラーの農民による農場占拠の場合には武装闘争にまで発展した。この地方には、地域の都市エリート層と中央の

第2章　農政の展開と農業社会

資本家や軍人また官僚が大土地所有者層を構成し、王政期に実施された農地改革の前にすでに「メカニゼ」による大農場が広がっていた。そして、メカニゼであったがゆえに農地改革の際には改革の対象からはずされていた。

一方、農民は多くが土地を失っており、農場の労働には現地の少数民族であるトルコマン人と1930年代以降にこの地域に移住したザーボル地方の出身者が従事していた[43]。都市ゲリラ出身の左翼勢力は、革命直後にこの地方に農村議会を設立し、農業労働者を組織して土地占拠を指導したのである。

臨時政府と革命評議会は農民や土地なし層が大土地所有者の農場を占拠した事実そのものより、それを支援する左翼勢力の役割を恐れ、1979年4月に占拠運動を制圧すべく軍と「革命委員会」のようなホメイニ支持者武装組織を派遣した。しかしこのときは勝利することができず、臨時政府崩壊後の1980年2月になって政府は再び治安部隊を投入してようやく制圧に成功した。

こうした旧地主農場の占拠の動きに対して政府が具体的な方策を立てられない状況下で、大土地所有者側もこれを阻止すべくさまざまな努力を払った。彼らは革命以前から地方の政治的影響力をもつエリート層と密接な関係にあり、また自らが有力者である場合も多かったが、革命後における占拠騒動に際しても、このネットワークを利用して阻止する工作を行った。この場合とくに重要であったのは、イスラム体制が確立する過程で影響力を強めた保守系の聖職者とのネットワークである。革命政権の土地政策は一貫性がなかったが、影響力をもつ保守系の聖職者は往々にして大土地所有者寄りであった。

b）農場占拠と革命政権の対応

臨時政府と革命評議会は、農民による土地占拠を重大な問題であると認識していたが、当初においてはきわめて慎重かつ保守的な対応をとった。土地占拠問題を穏便に解決させることを望んだ革命評議会は、1979年7月24日に「農地権利侵害防止法案」を議決し、地方の名士や役人など5人からなる「5人委員会」を設置して、革命前の1978年8月20日以降に起こった土地をめぐる紛争を解決するように指示した。しかしこの5人委員会の設置による解決策は全国レベルで急増していた農場の占拠に対処するには十分ではなく、委員会を設置したことが逆に占拠を助長する形にもなった。

図表 2-18 イラン革命後の土地配分に関係する法と法案

(当時は、法案でも社会的な影響力をもっていた)
1979 年 7 月 24 日 (革命評議会)「農地権利侵害防止法案」
1979 年 9 月 15 日 (革命評議会)「イスラム体制下の土地再生・土地譲渡法案」
1980 年 4 月 15 日 (革命評議会)「1979 年 9 月 15 日の法案の改正法案」
1986 年 10 月 30 日 (イスラム国会)「農耕のため臨時的に農民の管理下に置かれた利用地および未利用地の譲渡法」

　事態が深刻化していく中で臨時政府・革命評議会は危機感を募らせた。1979年9月15日に「イスラム体制下の土地再生・土地譲渡法案」が議決された。この法案は、国有地となっている未利用地 (bayer) と没収地、それに不毛地 (mavat) に限って村の農民や土地なし層に分けるというものである。つまり放置されている農地の再利用をはかったもので、大土地所有者の農地の再分配に言及するものではなかった。

　全国に拡大していた土地占拠の動きをみると、この程度の対策ではまったく不十分であり、事態の収拾をはかれないことはもとより自明のことであった。このため、知識人やメディア、また左翼勢力は法案に一斉に反発し、より大胆な方策として新たな農地改革をプログラムにのせることを要求した。しかし政府の反応は依然鈍かった。バザルガン内閣の農業相であったイーザディは、王政期の農地改革で地主の土地はすでに分配済みであるとして大土地所有者の存在そのものを否定し、新たな農地改革の必要性を認めなかった。このイーザディ自身が地主家族の出身で、家族がマルヴダシュト地方に数百 ha の農地をもっていた。この例が示すように、臨時政府・革命評議会と農村・農民の間で認識のずれはきわめて大きかったといってよい[44)]。

　農村の不安定化が深まるにつれて、臨時政府・革命評議会の体制を支持する者の中においても農地改革の必要性を主張する声が大きくなった。1979年11月に起こったアメリカ大使館人質事件をきっかけにバザルガン首相が辞任し農業相もまた交替すると、農地改革論者の声はさらに高まった。しかしながら、バザルガン辞任後に勢力を強めたホメイニ派の宗教勢力は、基本においてイスラムの法と伝統にのっとって私有権は尊重されるべきとの立場をとっていた。しかし、当時のイランで勢いを増していた左翼勢力に対抗して不安定化した農村に秩序をとり戻すにはある程度の社会的革命を認めなければならず、「イス

第 2 章　農政の展開と農業社会

ラム法的かつ限定的私有」という概念を作りだし、イスラム法の私有権尊重の解釈において違反しない範囲での農地改革に正当性をもたせようとした。つまり資本主義の「無限な私有」ではなく左翼の主張するような完全な農地の再配分とも異なる「イスラム的な」第三の道として「イスラム法的・限定的私有」を考えだした[45]。土地問題については農村部において農場の占拠という状況が先に進み、これに後追いしながら穏健におさめることを望んだ宗教勢力の苦肉の策ともいうべきものである。

　新たに農業省の土地担当の副大臣となったレザー・エスファハーニは熱心な農地改革論者であり、主導的役割を果たして新たな農地改革法案の作成に取り組んだ。この法案は 1979 年 9 月 15 日の法案の改正案という形で提出され、「革命評議会」の審議の上で議決された。

　この農地改革法案に対して伝統的な宗教勢力は強い反発を示した。たとえば著名なローハニ師は、選出されたばかりの大統領に宛てた書簡でこの法案がイスラム法とイラン・イスラム共和国憲法に反すると断定して廃案を求めた[46]。このため革命の指導者として絶大な権威を有していたホメイニのお墨付きが必要となった。ホメイニ自身も私有権尊重の立場をとっていたが、新体制の安定のためには何らかのかたちで農地改革が必要だと考えていた。しかし、恐らく宗教界の伝統的な有力者との対立を避ける必要があったため、この法案がイスラム法に反するか否かについての判断を側近のイスラム法学者（聖職者）であるベヘシティ、メシキニ、モンタゼリーの 3 人に委ねた。結局、この法案は修正もなく 1980 年 4 月 15 日に再び革命評議会で可決されることになった。

　この法案は、1979 年 9 月 15 日の「イスラム体制下の土地再生・土地譲渡法案」を改正し、農民や土地なし層への土地の分配について、その対象となる土地の定義を大幅に広げた点で重要な内容をもっていた。まず国有地や没収地（a 条と b 条の土地）を「必要に応じて」人々に譲渡すべきと規定し、さらに「前体制の基準に基づいてして私有地である」という前置きをしながら、かつて「利用地」（dayer）であったが現在は「未利用地」（bayer）となっている土地（c 条の土地）、さらに「現在の利用地」（d 条の土地）もまた分配の対象とされた。このうち「d 条の土地」は、現在農業に利用されている農地を指しており、この法案が大土地所有者の土地まで切り込んだ形になっていることで大きな前進

であった。

　大土地所有者の土地に関するこの法案の規定では、所有者が農業に従事する場合、その地域の慣習にもとづき家族が生計をたてるのに必要な農地面積の3倍までが留保され、これを超えた農地を農民と土地なし層の間で分配する。また農業に従事しない場合は、留保される土地は生計をたてるのに必要な面積の2倍までとした。ただ、いずれの場合もその地域に農地を必要とする農民が存在すること、しかもa条の土地やb条の土地を農民の間に分配してさらに不足している場合にのみd条の土地をも分配の対象とすることが条件として付されていた。この法案を実行するため、中央には直ちに本部が設置され、地域ごとに農業省の代表2名、内務省の代表1名、建設聖戦隊の代表1名、シャリア法判事1名そして村民代表2名からなる「7人委員会」が置かれた。

　この法案が実施される過程でさまざまな問題が露呈した。「7人委員会」の多くは法律が定める範囲を超えて大土地所有者の土地を農民に分配し、恣意的行動に走るケースも多々あった。またこの逆のケースもあった。この結果、農村部は混乱して農業生産はさらに打撃を被った。各地で農民による農場の占拠も多発した。もちろん大土地所有者側も事態の展開に手をこまねいてみていた訳ではなく、農民や土地なし層による占拠に対して合法・非合法の手段を選ばぬ対抗措置をとった。このため農村の混迷は深まり、農業生産にも大きく影響した。法律の行使によって期待された失業問題の緩和という点でもあまり効果がみられなかった。

　結局、反発する伝統的な宗教界からの強い圧力の下、c条とd条の土地分配の作業は1980年11月以降停止に追い込まれることになったが、このときまでに分配が完了していたのはわずかに15万haの不毛地（mavat）とこの法案の対象となった3.5万haの土地に過ぎなかった[47]。

　その後、土地改革をめぐる綱引きと対立の舞台は国会に移る。1982年3月に国会の農業委員会は1980年4月25日に議決された「イスラム体制下の土地再生・土地譲渡法案」改正法案を修正し国会に提出した。この法案はかなり後退した内容となっており、伝統的宗教勢力の勝利の証と評されたものである。それにもかかわらず、この修正法案は国会通過後の1983年1月に保守勢力の牙城であった護憲評議会で却下されてしまう[48]。この法案が頓挫してからし

ばらく農地改革の音沙汰も聞こえなくなる。これはいわば農業・農村問題における社会革命の挫折とも呼べるできごとであった。

ようやく1980年代半ばになって、政府は土地問題を解決すべく新たな法案を国会に提出した。これは革命評議会の意見も反映された形で、1986年10月30日に「革命後農耕のため臨時的に農民の管理下に置かれた利用土地（Dayer）および未利用地（Bayer）の譲渡法」が国会で可決された。法律の名前からも分かるように、これは農地改革の法律ではなく、農民や土地なし層が占拠している農地における紛争を解決することを目的としたものである。農地改革法がイスラム保守層によって棚上げされる中、農村では占拠した土地が分割され非合法のままで農民や土地なし層によって耕作され続けていた。土地革命が農村部で起こっていたことで、この既成事実を政府も追認せざるを得なかったといえる。占拠された土地を分配して問題を片付けようとしたのである。ただ、これには対象を占拠が1981年3月20日以前（クルド人住居地は1985年3月20日）に発生したものに限定するという条件が加えられていた。さらに注釈では、大土地所有者と占拠農民の間に契約が成立されている場合は対象外になることや、農業以外に収入源がない大土地所有者に「慣行に基づく3倍」（家族が生計を立てるのに必要な農地の3番を保証する）の規定も設けられた。

3）マルヴダシュト地方における旧地主所有地の占拠

a）シシドンギ村の農場占拠と農地の分割

革命後しばらくの間、新体制内部のさまざまな利害関係とイデオロギーをめぐる対立の過程で、土地政策は不透明のまま経過した。1979年2月に発足したバザルガン内閣の時代には、緊迫していた農業・農村問題にほとんど何の解決策も提示されないまま、農村では農民や村の土地なし層による土地占拠が進行した。その後、1980年4月に土地問題に積極的な対応を示したレザー・エスファハーニの指導下で立案された画期的な農地改革法案がようやく革命評議会で議決されるに至る。しかし、この法案はイスラム保守派の激しい抵抗を受け1983年1月に大きく後退した内容に修正されるものの、護憲評議会に却下されて廃案となり、結局、農地改革は不発に終わることになった。

政府と中央の権力機構の中で政策論争が繰り広げられている間、農村部では

村民による大土地所有者（旧地主）の農場の占拠が進み、この動きは各地で土地革命の様相をもみせていた。中央政府および議会と農村との間には時代状況に対する認識に大きな落差があり、土地問題に関しては村落域の住民主導で展開したというのが当時の実情であった。ここでは農村部の農場占拠の過程とその後の動向をとくにマルヴダシュト地方の事例でみていくことにする。

　マルヴダシュト地方の村では、先に述べたように、王政期の農地改革後に2つの農業経営の形態が並存していた。一つは、農地改革で土地所有権を得た農民が共同で所有し強い共同組織のもとで営まれた農民経営であり、また一つは農民への譲渡を免れた旧地主所有地における大規模な企業的な農業経営である。農地面積の割合では、地域のほぼ3分の1を村の農民による農民経営が、3分の2を企業的な経営が占め、経営形態を異にするこの2つがモザイクのように広がっていた。

　一方、農地改革で土地に権利を得られなかった土地なし層が相当数村落に滞留していた。彼らの中には村外に雇用を求めて都市に移住するものもあったが、多くは村に居住して企業的経営の農場で臨時に雇用され、また土木事業など不安定雇用の状態におかれていた。

　農場の占拠はマルヴダシュト地方においても、1979年の革命以後に激しく展開した。占拠は、1979年はじめから1980年春にかけた時期に多く、ある村の土地占拠が近隣の村に波及する形で地域全体に広がり、その後も1980年代末まで散発的に続いた。

　まず、イスマイール・アジャミーが調査したマルヴダシュト町に近いシシドンギ村の事例でみると[49]、早くも旧体制が崩壊する3ヶ月前から村の活動家によるアジテーションがあり、革命が成功した直後に農場の占拠がはじまっている。この村には2つの大土地所有者の農場があった。その一つは、農地改革の第二段階で「分益比による農地の分割」が選択され、農民への譲渡を免れた農地で「メカニゼ」による経営を行っていた旧地主の農場である。また一つは、農地改革法が施行される数年前の1960年代初頭に、地主が経営地全体を囲い込み農民を排除して「メカニゼ」を行った農場である。革命直後の占拠はこのうちの後者ではじまった。農地の囲い込みで排除された元農民の2人の息子がリーダーシップをとり、同じく排除された人たちを糾合して実行され、農場の

第 2 章　農政の展開と農業社会

農地を少しずつ奪い取っていった。まずおよそ 14ha を接収し、収穫した砂糖ダイコンの運び出しを阻止した。次に、砂糖ダイコンの栽培を予定していた 130ha の休耕地を占拠し、最終的には残りの土地と 5 つの灌漑用のポンプ井戸を占領し、農場の管理人を村から追い出した。そして、彼ら元農民が農地を回復してここで共同耕作を開始した。この農場の場合、農地の囲い込みで農民全員が追い出されていたため恨みは大きく、革命期のアノミー状況下において占拠行動が激しい闘争の形で展開したのである。

もう一つの農場では、農民は農地改革で 3 分の 1 に権利を得ていたため、当初、土地占拠という行動には出なかったが、周辺の村に占拠騒動が拡大していく中で、1 年半後に旧地主の農場の占拠が行われた。旧地主は村民による農地の占拠に対して、王政期の治安警察に代わって農村部に入ってきた農村聖戦隊（ジハードサーザンデギー）に訴えたが聞き入れられなかった。

農地改革法案が 1980 年 4 月に革命評議会で議決されたとき、地域における実行組織として「7 人委員会」が組織された。この委員会は法案が棚上げされた後も活動を続け、法的には決定権はなかったが農場の占拠に対して調停機能を維持していた。旧地主と村民の双方から請願が出されたため、7 人委員会の地方のメンバーは 1981 年に村を訪れ、占拠された 2 つの農場の 150ha を 31 人の土地なし層に分ける裁定を下した。しかし、この裁定には法的拘束力がなく、土地も登記されないまま占拠と紛争の状態が続いた。

紛争が収束に向かうのは、農民や土地なし層が非合法のまま土地を占拠する状態が続くことを危惧した国会が急ぎ解決を目指して提案した 1986 年 10 月の法の成立以降である。この法律は、すでに述べたように、7 人委員会や旧地主への強い圧力となって紛争の解決がはかられるようになった。この結果、シシドンギ村では、農地を囲い込んで農民を排除した旧地主の農場の場合、旧地主は 250ha を 55 人の農民に、120ha を 23 人の土地なし層に無償で譲渡すること、その代わり、占拠民は占拠地の 140ha を地主に戻すことで合意された。またもう 1 人の旧地主の場合は、土地 218ha のうち 130ha を農民 44 人に譲渡し、残り 88ha を旧地主に戻すことで決着した。

b）ポレノウ村における地主所有地の占拠

ポレノウ村の場合、農地改革で農民に譲渡された農地は 1975 年に農業公社

のラームジェルド農場に組み入れられた。革命が成功して間もなく農業公社は廃止され、農場も解体されて農業公社の農地は元の農民に戻されることになった。農場の解体と農地返還の具体的な手続きは、司法府の代表と農業省の役人それに農民の代表からなる監視団のもとで進められた。ラームジェルド農場には農民が所有していた農地、農業機械、農場の労働者の住宅として建設された居住地（シャハラッキ）などの資産があったが、この清算が監視団に委ねられ、ポレノウ村の農民36人への復帰が決定された。

　農業公社農場の解体と並行して、旧地主の3家族が所有する農場の占拠が村民によってはじまる。この占拠の経緯は、リーダー的な役割を果たした村の農民ガーセム・ゴルバーニの証言によると次のようであった。

　農業公社の農場に編成されたことで農地を失った村民は20km離れたマルヴダシュトの町や60km離れた都市シーラーズで仕事をしていが、革命による混乱でその多くが職を失って村に戻らざるを得ない状況にあった。同じ村民として彼らのことが気にかかり、村民を集めて集会を開き議論をした。この結果、旧地主の農場を占拠し農地を分配するための行動を起こすことが決定された。マルヴダシュト地方では当時すでに村々で旧地主の農場に対する占拠がすでにはじまっており、村民が一致団結して行動に当ることが確認されたのである。こうして農場の占拠がはじまり、地主の立ち入りを禁じ、栽培中であった作物についても接収が宣言された。王政期の治安機関であるジャンダルメリーは当時すでに機能停止の状態にあったから、旧地主の3家はほとんど抵抗する力をもたなかった。

　しかし、農場を占拠した後に解決を必要とするさまざまな問題を抱えることになった。問題の一つは、この占拠には法的根拠がなく、また占拠そのものについての政府の正式の裁定もなされていなかったことから、当然のことではあるが農場の所有者との間で土地の権利をめぐる争いが生じたことである。また一つは、占拠地の土地の分配をめぐって農民と土地なし層との間に利害の対立が生じたことである。これらは占拠行動に出た当事者だけで解決をはかることが難しい問題であり、第三者による調停が不可避であった。この調停役を担ったのが次に述べる「5人委員会」である。

　この占拠が行われて間もない1979年7月24日「農地権利侵害防止法案」が

成立した。この法案の内容は、土地の所有権をめぐる対立や訴訟を解決するために「5人委員会」を設置し、この「5人委員会」が紛争の当事者に和解を促すが、それでも問題が解決しない場合には当該委員会が最終決定を下すというものである。委員会は、判事1名、農業省の役人1名、地方行政府の役人1名、それに少なくとも1名のイスラム聖職者を含む識者2名で構成され、占拠に関わる諸問題の検討と決定を任せられていた。ポレノウ村でもこの法にもとづいて「5人委員会」が設置された。

この委員会で検討された主な案件は次の2点からなっている。
　① 地主に残すべき農地の規模
　② 土地なし層と農民に分割する農地の規模

このうち①については、農地をなるべく多く確保すべく農場の所有者である旧地主のさまざまな工作があった。たとえば、村社会のメンバーでありながら地主農場の差配をもしていた人物や5人委員会のメンバーへの働きかけを通して、できるだけ多くの農地を占拠者から取り戻そうとした。また占拠地に対する要求を取り下げるという条件で、村民代表3人に1人当たり10haの土地を無償で与えると提案して切り崩しをはかった。

この「5人委員会」による調整はなかなかうまくいかなかった。このため、最終判断を農業省の副大臣エスファハーニに委ねるべく手紙を出した。同副大臣は1981年1月31日に州知事に通達を送り、ポレノウ村の村民に占拠地の内の400ha分について農耕を許可する旨命じ、これによって①の案件は一応決着した。

この案件①が決着して後、土地問題の解決をはかる機関に変更が生じた。1981年4月の革命評議会の議決により各地に「7人委員会」が設置され、この委員会が土地問題の解決に当たることになった。これによりポレノウ村の土地をめぐる紛争は「マルヴダシュト地区7人委員会」が担当することになり、案件②はこの委員会が解決をはかることになった。

農地を農民および土地なし層の間でどう分割するかという②の案件については利害が対立した。農民は農業公社の清算ですでに1人当たり7haの農地を回復していたのに対して、村の土地なし層には農地がなかった。とくに都市部から村に戻ってきた人たちの多くは土地なし層であったから、旧地主の農場の

分割に際して、彼らが優先して土地を保証されるべきだと主張していた。

結局「マルヴダシュト7人委員会」は次のような結論を出した。
　a　村の土地なし層28人は1人当たり7haの配分を受ける。
　b　農民36人は1人当たり4haの配分を受ける。
　c　地主3家族にはそれぞれ60haを残す。

　土地なし層に1人当たり7haが配分されたのは、農民との均衡をはかることにあった。農民は農業公社農場の清算で1人当たり7haを回復していたから、これと同等の面積の農地が土地なし層に配分されたということである。続いて農民36人に各4haが配分されることになった。しかし、これには不平等であるとする土地なし層の不満があったため、この4haについては農民自身ではなく子供の名義とすることで収拾がはかられた。この結果、占拠した旧地主の農場において農民が11ha、土地なし層が7haの土地を取得し、線引きをして農地を分割することになった。しかし、村に居住する土地なし層すべてが土地を配分された訳ではない。村に居住しながら比較的安定した賃金労働者となっていた人たちは、土地の配分に際して権利がないとみなされ、5人の土地なし層が対象から外された。

　一方、農場を所有する旧地主にも一定の土地が保証された。この村の地主は、デヘガーン家、ジョーカール家、アブドッラーヒー家の3家であり、2対1対1の割合で土地を共有していたが、3家にそれぞれ60ha、計180haを残すことで決着がはかられた。しかし、各家ともに名義人の数は多い。アブドッラーヒー家は5人、デヘガーン家は8人が名を連ねており、名義人1人当たりではその規模はかなり零細化し、地主階層が大きく凋落することとなった。

　ポレノウ村の占拠地の処理は「7人委員会」によって以上のように決まったが、この措置はあくまでも臨時的なものであり、最終的には恒久法の制定を待たざるを得なかった。農場の占拠の後、すでに述べたように、新たな農地改革、またその後の修正法案は1983年1月に棚上げされ、この揺れ戻しの中で農場を占拠された旧地主層は勇気づけられ土地紛争を裁判に持ち込むケースが多くなった。そして、紛争が続く土地問題を急ぎ解決するために「7人委員会」と地主に圧力をかけた1986年10月30日の「農耕のため臨時的に農民の管理下に置かれた利用地（Dayer）および未利用地（Bayer）の譲渡法」の成立に至っ

第2章 農政の展開と農業社会

てようやく占拠地の土地問題が法的に確定することになり、ポレノウ村においても概ね上記のように決定された。しかし、土地が登記され村民がサナド（売買契約書）を手にするまでにはさらに10年以上の歳月がかかったのである。次に、登記に際して交わされたサナッド（売買契約書）をもとに農地の譲渡の内容を具体的にみていくことにする。

c）ポレノウ村における占拠地の分割

ここに示すサナッド（農地売買契約書）は地主とダリウシ・ゴルバニー個人との間で取り交わされたものである。被譲渡人ダリウシはポレノウ村の農民

図表2-19 ポレノウ村のナサク所有者に対する地主所有地譲渡の土地売買契約書
（1997年12月）

1986年10月28日にイスラム国民議会で可決された法律にもとづき、またファールス州の土地再生・配分委員会の紹介状（1-1452、1999年2月9日）によって、以下の契約書が作成された。

売手
　タルビーズ・デヘガーン（父の名　マフムード）
　モハマッドバーゲルソフラーブ（父の名　アリモハマッド）
　ファリバ・アブドッラーヒー（父の名　モスタファー）

対象となる土地
　地主3名が所有する土地のうち、それぞれが等しく37・66サフムをモシャー（共有）でもつ111番の中心部をなす113サフムの土地、および3名がそれぞれ5・33サフムをモシャーでもつ111番-1の16サフムの土地。

買い手
　ダリウシ・ゴルバニー（父の名はアリ）

取引対象
　113サフム（111番）における3・1388ha
　16サフム（111番の1）における0・44ha
　地主の所有地については農地改革にもとづく1971年の議事録にもとづいて登記されたものであり、買い手もこれにもとづいて取引に応じる。

価格
　総額138万3,500リアル
　5年分割払い。最初の支払額は27万6,700リアル、支払日は1999年の10月20日とする。支払いは毎年この10月20日までになされなければならない。

条件
　このサナッドは支払いが完了した時点で通常のサナッドとなる。
　それまでこの土地を取引することはできない。
　この農地はほかの目的で利用することが出来ない。

36人の1人、アリ・ゴルバニーの子である。旧地主の農場の分割に際して、農民の取得地4haは子の名義とする旨決められていたためである。

　先に紹介した農地改革時のサナッドでは、農地は農民36人に一括譲渡され、36人がモシャーで共有することになったが、このサナッドでは、被譲渡権者1人ずつが個別に地主と契約し譲渡されている。譲渡された土地は113サフムの農地と16サフムの農地のそれぞれ36分の1である。サフムは持分の単位を示したものであり、ここでの1サフムは1haのことである。サナッドには、地主から農民36人に譲渡された土地と場所のみが示されており、この土地のどの部分かは記されていない。つまり農民には譲渡される農地の持分が示されている。しかし36人に譲渡された農地は、その後もモシャーで所有されたのではなく、譲渡を受けた後に農民の間で分割された。つまり、農民が農地を共同で所有し強い共同関係で耕作していた農業制度はこの時点で廃止され、農民は分割地を家族で経営する小農となった。

　では地主農場の分割で、農民、土地なし村民、旧地主への配分地はどう決まったのか。図で説明すると、農民36人が各7haを所有する農地は王政期の農地改革で譲渡されたものであり、道路や水路を含めて298haある。一方、農地改革後に旧地主が所有地した土地は695haであり、その内農地はおよそ565haである。この565haのうち196haが村の土地なし層28人に譲渡され、農場のほぼ中央部に割り当てられた。またその近隣の農地113haと16haが農民36人の子に譲渡された。一方、地主には北側の土地120haがアブドッラーヒー家とジョーカール家に60haずつ戻され、南側の60haがデヘガーン家に戻された。しかし、この分割ではまだかなりの農地が分割の対象とならず残されている。この土地は多くが川沿いの土地であり、農地改革時には未利用地であったことから対象から外された。地主はその後、川の水をポンプでくみ上げて灌漑農地化をはかった。村民はこの土地も占拠して分割しているが、この土地については「7人委員会」が村民の所有として認めてはおらず、1986年の法の対象ともならなかったことから、2006年の時点でなお係争中である。

図表 2-20 1986年の法にもとづくポレノウ村の農地分割

おわりに

　以上から分かるように、革命期に起きた農場の占拠は王政期における農地改革を契機としていた。農地改革の不徹底さについては当初より批判があったが、これを身近に実感していたのが村の農民であり土地なし層であった。多くの農民は農地改革後も豊かさを享受できなかったし、しかも村のすぐ隣に旧地主の大規模な農場が広がっていたからである。しかし農業地域におけるこうした二重構造をもって農地改革を否定することはできない。地主の利害を反映する形で実施されたとはいえ、農業の近代化を目指したことに違いはないからである。前近代的な地主・農民関係は廃止されたし、旧地主は企業的な農業経営者に衣替えし農業生産性も上昇した。問題は農地改革のもつ近代化の内容にあったといってよい。資本主義的な経営こそが近代であり、農民的経営はその過渡的形態として理解されたということであり、また生産力主義が農民の厚生よりも優先されたということである。経済開発が進められる中で農民の経営は克服されるべき農業制度とされ、大規模な企業的農場に生産力が期待されたのである。

さらにオイルショックを経て巨額の資金を得た政府は開発を急ぎ、労働力においても再配分を求めた。人口抑制策をとる一方で農村から都市への人口の移動を推し進めたのである。農村人口が減少すれば農民経営も企業的経営に発展する可能性がある。しかしイランでは農村人口の総人口に占める割合は1970年代半ばにおいても50％前後を占めており、農民は相変わらず零細であったことで、イラン経済の社会的矛盾は農村に深く沈潜せざるを得なかったのである。農地の再配分を求めた農場占拠はこうした旧体制の開発政策に対する農村からの強い批判の現われであり、国家の暴力装置によって抑え込まれていた不満が革命の空白期に一気に表面化したものといってよい。

　ではこの占拠をイスラム体制下の権力層はどのようにみていたか。この点はきわめて曖昧である。これは革命の理念に関わる問題ではあり内部的には評価はさまざまで一貫性はなかった。しかし社会問題化したことで既成事実化した農場占拠を認めながらも、基本においては必ずしも承認していた訳ではなかったと思われる。これは1986年の法律に象徴的に表れている。この法は占拠の追認という対処療法的性格をもち、革命の過渡期、つまり1981年3月までの占拠についてはやむなく認めたが、その後の占拠については判断を放棄した。このため占拠地の分割が法的に確定しないまま地主と農民の間で紛争が長期に続き、多くが裁判闘争に持ち込まれた。1981年3月以降に占拠された旧地主の農場に対して地主はより多くの土地を取り戻し、また占拠そのものが無効とされた。

　マルヴダシュト地方の事例でみると、たとえば、ポレノウ村から20km離れたベイザー地区のある村の場合、村民に占拠された土地700haのうち400haが地主に戻された。また1980年代末に占拠があったバンダーミール村では、裁判で占拠が不法とされ村民が占拠している土地すべてを地主に戻すよう決定された。村民はこの判決を不服として占拠を解かなかったことから、1989年に警察権力が介入、死守せんとした村の住民との激しい衝突で村民4人と警官1人の計5人が死亡する事件に発展した。

　イスラム体制下の政府の対応に曖昧さがみられたものの、現実には革命後に農民的経営が全体としては拡大し、政府も農産物の価格支持政策など農民保護の政策をとった。農民は豊かになり農業経営への投資も増えた。その後の4半

第 2 章　農政の展開と農業社会

世紀をみると、化学肥料や灌漑水量を増やしまた高収量品種が普及したことで生産性は大きく上昇し、灌漑小麦の単収でみるとこの 30 年間に 4 倍前後に増大した。生産力という面でみる限り小農保護政策は一定の成果があったといってよい。しかし、土地問題に関しては深刻な問題を抱えていることも事実である。イラクとの戦争が続いた 1980 年代に政府は人口増大政策をとり年間 3 ％を超える高い出生率を記録した。とりわけ農村部で人口の増加が著しく、人口圧力による深刻な土地問題に再び遭遇している。分割相続による農地の零細化が進み、また新たに農村に失業層が滞留して小農を軸とした村の農業は再び深刻な土地問題を抱えている。

【注】
1）　Hooklund, E., *Land and Revolution in Iran 1960-1980*, Texas, 1982, pp.55-57
2）　イランの農地改革については、Denman, D., *The King's Vista*, London, 1973 / Lambton, A., *Persian Land Reform 1962-66*, Oxford, 1969 / Hooglund, F., *Land and Revolution in Iran 1960-80*, University of Texas Press, 1982 / Najmabadi, A., *Land Reform and Social Change in Iran*, Solt Lake City, 1987.
3）　バディ「現代イランの農業関係」47〜57 ページ、ラムトン、1953 年、308〜330 ページ。
4）　伝統的な農法については、後藤晃『中東の農業社会と国家』御茶の水書房、2002 年、第 1 章を参照。
5）　同上書 287 ページ。
6）　Okazaki, S., The Development of Large-scale Farming in Iran, *The Institute of Asian Economic Affairs*, Tokyo, 1968, pp.7-48. 参照
7）　アーレ・アフマッド（山田稔訳）『地の呪い』アジア経済研究所、1981 年、18 ページ。
8）　ラムトン、1953 年、269 ページ。
9）　このサナッドは農地改革時に農民であったアリ ゴルバニーの長男ダリウシが所持しているものである。同じサナッドは、被譲渡権者となった 36 人の農民とすべての地主が所持している。
10）　持分の単位はダングだけではない。イラン北東部のホラーサン地方のある村の場合、地主の総持分を 108 としており（Tahqiqate-eqtesadi, Vol.6, No.15-16, p.224）、また、マルヴダシュト地方のブーラキー村では 1 ダングを 210 に分けて総持分を 1,260 としている。

11) 1972年の調査では、農民は灌漑小麦の農地で1ha当たりの約90kg（27.3マン）の種を播いていた。ここでは灌漑地の種子5,360マン、非灌漑地の種子2,178マンとなっており、灌漑地と非灌漑地の単位面積当たりの播種量が同じとして計算すると、1ha当たりの播種量は、全体の播種量7,538マン（5,360マン＋2,178マン）を農民に譲渡された298haで除した数値、25マンとなる。
12) 後藤晃、前掲書、284〜289ページ。
13) Denman, D., *The King's Vista*, London, 1973, p.189.
14) Amuzegar, I., *Iran:an Economic Profile*, Washington, D. C., 1977, p.42.
15) Lambton, A., *Landlord and Peasant in Persia*, Oxford, 1953, 岡崎正孝訳『ペルシアの地主と農民』岩波書店、1976年、3ページ。
16) Hooklund, E.,"Rural Socioecomic Organization in Transition", in Keddeie, N. ed. *Modern Iran*, New York, 1981, pp.197-8.
17) ラムトン、前掲書、370ページ。
18) 同上書、3〜4ページ。
19) 実態調査が行われた村の事例でみると、セフィネジャードと岡崎によって調査されたテヘラン地方のターレブアーバード村ではボネ、大野が調査したホラーサン地方のエブラヒームアーバード村ではサハラー、原が調査したビルジャンド地方ではティーカール、後藤が調査したマルヴダシュト地方のキャミジュン村ではハラーセであった。
20) ボネの研究については、Safinedjad, J., *Buneh*, Tehran, 1972 がある。
21) ヨーロッパの開放耕地制については、オーウィン『オープンフィールド』御茶の水書房、1980年、M. ブロック『フランス農業史の基本的性格』創文社、1959年を参照。
22) ラムトン、前掲書、299ページ。
23) バディ「現代イランの農業関係」（『ユーラシア』季刊7、1972年）59〜60ページ。
24) 農業公社は、ペルシア語では「シリカテ・サファミー・ゼライー」であり、直訳すると「農業株式会社」である。しかし、国が指導し設立した半国営の企業であり、経営には行政組織の役人が派遣された。村の農民の農地を囲い込んで農場とし、土地を提供した農民には「株」を与え、収益の一部を配当することで株式会社としている。ここでは農業省の管轄する組織であることから「農業公社」と訳している。
25) Denman, D., op. cit., p.210.
26) Aresvik, O., *The Agricultural Development of Iran*, New York, 1976, p.207.
27) 協同組合省「協同組合省活動報告書」（ペルシア語））1976年、35〜37ページ。
28) Plan and Budget Organization, *Iran's 5th Development Plan 1973-78*, p.99.

29) Doroudian, R.,"Modernization of Rural Economy in Iran", J. W. Jacqz, *Iran:Past, Present and Future*., Aspen Institute, 1976, p.161.
30) 後藤晃、前掲書、12～21ページ。
31) 全国平均では農業公社の規模は、併合した村の数は9、株保有者（サフムダール数）は378人、耕地面積は3,581ha である。
32) M. Ono, *Some Aspects of Iranian Farmers*, unpublished paper, 1975, p.2.
33) Marinescu, G.,"End of Assignment Report to the Ministry of Agriculture and Rural Development", FAO Report, 1978, p.11.
34) Denman, D., op. cit. p.319.
35) 中東経済 No.24 「イランにおける労働事情実態調査——日本・イラン合弁企業 Q 社の事例——」中東経済研究所、1977年。
36) ここでいう「土地なし層」は、農地改革で農地に権利を得ることができず、村の周辺の企業的な農場やその他において不安定な就業状態にある村民を指す。イランではこの土地なし層をホシネシーンという。
37) 三木亘他編「イスラム世界の人々」1、200、201ページ。
38) Ashraf , A., Dehghanan, Zamin va Enghlab（農民、土地と革命）, in *Masael Arzi va Dehghani*（農民と土地に関する諸課題）, Tehran, Moseseh Enteshsrat Agah, 1986, p.7.
39) モスタズアフィーン（抑圧者）財団は1979年3月にホメイニの勅令で、王政期のパフラヴィー財団の資産を継承して運営し、その利潤を貧困者のために使用するために設立された。のちに没収された企業やその他の資産の多くも財団の管理下に置かれた。
40) Bakhash, S., *The Reign of the Ayatollahs: Iran and the Islamic Revolution*, London, I. B. Tauris, 1985, p.198.
41) 当時の左派勢力は、都市ゲリラ組織をはじめ共産主義の政治組織、モジャーヘディンのように社会主義思想の影響を受けていたラジカルな宗教勢力各派などにより構成されていた。
42) Ashraf, op. cit / Amir Ismsil Ajami "From Peasant to Farmer" *Middle East Studies*, No.37,2005, pp.333-4.
43) 革命直後にこの地域における没収農場は28件にのぼり、その面積は200ha から2000ha ですべて大農場であった。Etella'at 紙、1980年1月6日。
44) Etella'at 紙、1979年10月21日。
45) 「イスラム法的・限定的土地所有」はアシュラフの用語。
46) Etella'at 紙、1981年3月13日。
47) Ashraf, op. cit, p.28.
48) Bakhash, op. cit., p.210.

49) Ajami, op. cit, pp.333-335.

第3章

大土地所有制の変遷
—— 地主層の興亡からみたマルヴダシュトの100年 ——

ケイワン・アブドリ

はじめに

　19世紀から20世紀半ばのイランは、政治、社会、経済の諸制度が前近代から近代へ大きく移った時代である。その契機となったのは西欧のインパクトであり、イラン的な専制政治は1906年の立憲革命を経て近代化を目指す独裁的な体制へと変わり、社会的な遅れを取り戻そうとした。この過程で社会に絶大な影響力をもっていたウラマー（宗教指導者）や遊牧民部族のハーン、また大土地所有者であり政治に強い影響力をもっていた名士層が徐々にその力を失った。

　この変化を土地制度の面でみると、次の4つに大きく時代区分することができる。
- ・国家に対峙できる大地主階級が登場した時代
- ・彼らが土地を集中させていった時代
- ・この地主層とは別に新興の地主が誕生し台頭していく時代
- ・地主層の土地が政治権力との関係や相続によって分散していく時代

そして1960年代初めの農地改革で決定的な変容を迫られた。

　本稿は、土地制度史上大きな変容を経験した19世紀から20世紀半ばをファールス州マルヴダシュト地方において検証することを目的とする。第1節では、土地制度と関わるこの100年の土地制度史を概観し、第2節では、マルヴダシュ

ト地方の大土地所有者の社会的構成における変容を追う。そして第3節でこの地方と深く関わった大土地所有者の中から3つの家族を取り上げ、その発展と衰退の歴史をたどる。

1　19世紀後半以降における土地所有形態の歴史的背景

1）ハーレセ地の縮小と私的土地所有の拡大

ペルシア帝国時代からイランにおける土地制度の一つの特徴は広大な土地が国や中央権力の為政者に所有されていたことである。イスラム帝国時代には、かつての王領地に加えて、イスラム軍に没収された土地やイスラム共同体全体に属すると見なされていた土地は、事実上為政者の私有地となった（ラムトン：16～18）。イスラム帝国が衰退するとイラン高原には次々に大小の王朝や帝国が興亡した。この王朝や帝国はそのほとんどが台頭期に多くの私有地を没収して国有地化した。しかしこの国有地は、財政的、行政的あるいは政治的な理由でやがて個人に下賜され、帝国や王朝が衰退期を迎えるとその下賜地の多くは私有化された。イランの土地所有制度をめぐるこのような循環は数百年も続き、18世紀末に誕生したガージャール朝においても繰り返された。

ガージャール朝（1785年～1925年）の前半期には多くの私有地が国王によって没収され、「ハーレセ地」（国有地）とされた。例えば、ガージャール朝の創立者、アーガー・モハンマド・ハーン（在位：1794年～1797年）の代にはマーザンダラーン州を始め多くの私有地がハーレセ地にされ（Mostoufi1：487）[1]、孫のモハンマド・シャー（在位1834年～1848年）時代には「エスファハーン近郊でハーレセ地がさらに増えた」（ラムトン：280）。そしてその代位のナーセロッディーン・シャー（在位1848年～1896年）時代には未納税者の土地のハーレセ地化（Mostoufi1：488）が進められた。しかしガージャール朝後半になると、政府はハーレセ地の条件付き譲渡や無条件の払下げ政策を採用し、土地が「大地主階級」のもとに集中する条件の一つが整えられた。

ハーレセ地の譲渡や払下げの最大の理由は国家財政の悪化であった。19世紀の後半に奢侈に没頭する王室の出費が増え、社会秩序維持のための支出や教

第3章　大土地所有制の変遷 ── 地主層の興亡からみたマルヴダシュトの100年 ──

育制度など近代化のための支出が増大した。その一方で収入は農地の荒廃による農業の停滞や有力者の税控除の拡大によって増えることがなく、国の財政は非常に窮乏していった。歳出削減に失敗した後、1888年に宰相となったアミーノッ・ソルターン（在職1888年～1898年）は、歳入の増加と農業の再生をはかるために、ハーレセ地を相続権を属しない「ハーレセジャーテ・エンテカーリ」や完全な私有地である「アルバービー地（私有地）」として払下げる政策をとった（ラムトン：156～157、Mostoufi1：488 [2]）。ハーレセ地払下げ政策の結果、多くの土地は新たに中央や地方の名士でもある大土地所有者の手に集積されるようになった。王室関係者、貴族、名士層[3]、ウラマーや有力な商人は、政治的影響力や不正な方法を駆使して土地を手に入れた。ファールスに限ってみれば、ショアーオッ・サルタネ王子によるハーレセ地の購入は腐敗まみれの払下げ過程を象徴的に物語っている。彼は1900年に縁がなかったファールス州の総督となり[4]、ファールス州の多くのハーレセ地を格安で手に入れ、さらに前国王時代に払下げられていたハーレセ地の一部も略奪した（Nāzemol-Eslām：154-155）。また、大土地所有者で膨大な下賜地も保有していたハーシェミーエ家のサーヘブ・ディーワン1世（Sa'idī Sīrjānī：315）やガヴァーモル・モルク2世（Sa'idī Sīrjānī：626）およびウラマー層の「エマーム・ジョムエ」（Sa'idī Sīrjānī：496）もハーレセ地を購入し、所有地を拡大した。

　商人の中でブーシェル[5]在住のモイーノッ・トッジャール・ブーシェフリーはとくに目立った存在であった。彼はアヘン輸出で莫大な財をなし、アヘンの原料であるケシの栽培と加工事業にも参入し、その財力を武器に1901年にかなり有利な条件でファールス州カーゼルーン地区にあった膨大なハーレセ地を購入した（Gilbar：340、Asad-pūr & Eshāqī）。ところでハーレセ地払下げ政策が始まる前に、ファールス州の貿易商人の多くは農地の購入に動いていた（Fasā'ī [6]：956等）。その背景には19世紀後半以降に国際経済に組み込まれ商業的農業が拡大し、生糸、綿花やアヘンなどの輸出が盛んになったことがある。その結果、ファールス州では、第一にケシ、次にタバコと綿花の栽培が急速に拡大した。FNを参照に調べてみると、マルヴダシュト地方とその周辺地域でも1870年代半ば以降、ケシやタバコ、綿花が栽培されていたことが確認できる[7]。もっともファサー地方と比べると穀物の割合が「換金作物」よりかなり

高かった。

「換金作物」栽培の拡大は土地の流動性を促進し、土地制度に大きな影響を及ぼした。アヘンの輸出に関わる商人を中心に土地需要が増加したが、ただ、地主とくに小地主にとってケシの栽培は高いリスクを伴う事業であり、失敗すると土地を失う危険性をはらんでいた。ケシが不作であった1882年には借金の返済に困って土地の売却を余儀なくされた地主が多く出た（Sa'idī Sīrjānī：164～165）。彼らは土地を担保にケシの種やそれを購入する資金を借りていた。

2）立憲革命とレザー・シャー

ハーレセ地払下げ政策は、一応1906年の立憲革命まで続いたが、革命後はしばらく停止された。革命勢力の中で農地改革を唱える勢力も存在し、立憲君主体制の設立後に土地制度をめぐって大胆な改革が期待された時期もあった。確かに第一回国民ショーラー議会は「トユール制度」（土地下賜制度の一種）を廃止し悪名高い慣行に終止符を打ったという功績を残したが、その後勢力争いや列強の介入によって中央政府は混乱に陥り、制度改革は停滞してしまった。逆に政治混乱や中央政府の弱体化に乗じて遊牧民や地方の豪族はその権力を拡大して、私有地を増やした。

1921年にレザー・ハーン（後のレザー・シャー）が政治の表舞台に登場すると、中央政府は徐々に地方への統治能力を回復した。レザー・シャー体制は国家の近代化を目指して行政、司法、教育など様々な分野で制度改革を実施し、また権力の中央集権化のために国家と地方の関係を刷新した。これらの政策の中で大土地所有制と直接関わる項目をあげると、まず1921年に施行された不動産及び文書登記法（1920年代から1930年代にかけて再三改正された）がある。登録法の整備によって、土地所有者の所有権は国によって保証され、さらに土地の取引手続きが明確化した結果、土地の流動性は促進された。後にみる1920年代以降のマルヴダシュト地方で起きた新興地主階級の台頭はこのような法整備を背景にしていた。

また、中央集権化政策の一環として遊牧民の定住政策が進められた。この政策は土地の購入と地主による農地の開発を促す契機となった。中央政府が弱体化している時代には、農民は遊牧民による略奪の脅威に晒されていた。これは

第3章　大土地所有制の変遷 ── 地主層の興亡からみたマルヴダシュトの100年 ──

遊牧民の移動ルートにあったマルヴダシュト地方で顕著だった。遊牧民定住化政策はこの脅威を除き治安を回復するのに貢献した。定住化が進められてもう一つの契機は1910年代後半に流行したコレラやスペイン風邪である。この流行でファールスでも多くの住民が犠牲になった。このため労働力不足が生じていたが、遊牧民が大量に農業の労働力に加わったことで地主経営が直面していた労働力不足は大きく緩和された。

最後に、レザー・シャー治世下に再開されたハーレセ地払下げ政策は土地所有制度に少なからず影響を及ぼした。1927年に地域を限定して実施されたハーレセ地の売却に続き、大恐慌の煽りを受けて財政的困難に陥ったイラン政府は1931年以降、3度にわたってハーレセ地の払下げ関連の法案を整備し積極的に国有地の売却を進めた。ファールスでは、カーゼルーン地区とサブエー地区、さらにガシュガーイー族支配下のサルハッド地区と（マルヴダシュト地方の北西の）カームフィールーズ地区のハーレセ地が売却の対象になっていたが、少なくとも1935年の半ばまではこの売却計画は順調に進んでなかったようだ（NLAⅠ: File no. 240/23072）。

2　マルヴダシュト地方における地主構成の変遷の概要

マルヴダシュト地方では、19世紀の半ば以降、大土地所有者の構成は様々に変遷し、地主の出自、社会的地位から所有規模に至るまで変化がみられた。本節では、マルヴダシュト地方の特有な事情を踏まえながらその大土地所有者の構成の変遷をたどる。

1）19世紀半ばのファールス州における地主の階級構成の概要

19世紀半ばにおける大土地所有者をファールス州[8]でみると2つに大別できる。一つは遊牧民の指導者（ハーン）層、もう一つは名士層や宗教家等からなる都市在住の地主層である。ファールス州における遊牧民の存在はイランの他の地域と比べて際立っていた。最大規模を誇るガシュガーイー族では放牧地が部族の指導者すなわちハーンの所有地であると認められていた（ラムトン：286）。しかし夏営地並びに冬営地に農地は、部族や下位集団（ティーレ）の指

導者が個人的に所有していた。たとえば1820年代から1830年代にかけて、国王によってファールス州のイールハーニ[9]に任命された「ジャーニー・ハーン」はガシュガーイーの夏営地に近く、マルヴダシュトの北西に位置するカームフィールーズ地区に多くの村を手に入れて、その土地は彼の子孫に遺された（Abīvardī：13章）。

大土地所有者のもう一つが名士層である。当時のファールス州で絶大な影響力を有していたハーシェミーエ家の子孫や長期にわたってファールス州のワジール職（行政長官）を務めたモシーロル・モルク2世はその代表的な事例である。さらにもう一つはウラマー出身の地主である。エマーム・ジョムエ家やファサーイー[10]がその代表的な例である。シーラーズのエマーム・ジョムエ家の祖先シェイフ・ホセインは18世紀の初期に現在のイラクからシーラーズに移住しそれからわずか百年あまりでエマーム・ジョムエ家の何人かが大地主の仲間入りを果たした（Fasā'ī：985～990）。その中には貿易から得られた資金を土地の購入に充てた人[11]もいた。しかし歴史的にウラマーはサファヴィー朝時代から宗教法廷の判事職やワクフ地のモタワリー職（管財職）という立場を利用して大地主になったケースが多い（ラムトン：265）。

最後に、商人層出身の地主をあげる必要がある。ファサーイーはインドやヨーロッパとの貿易で財を成した後、1850年前後に土地を購入し地主になった兄弟について記録に残している（Fasā'ī：1029）。彼によるとこの兄弟は貿易が不振になったために農地経営を行うようになったという。ラムトンは当時、商人の土地購入の動機について、経済的利益と並んで社会的威信の獲得をあげている（ラムトン：142）。

2）1870年代から1920年代までのマルヴダシュト地方の地主たち

1870年代以降の商業的農業の発展とこれに伴うハーレセ地の払下げはマルヴダシュト地方における大土地所有者の構成、所有地の規模や土地所有者の性格に徐々に変化をもたらした。既存の大土地所有者による土地の集中は1900年頃までに進んだが、しかし同時にイスラムの相続法に基づく土地の分割や王子や貴族による土地の購入は大土地所有者階級の構成を変容させた。その後、新興地主の出現と一部の既存地主の衰退はマルヴダシュトの大土地所有者階級

第3章　大土地所有制の変遷 ── 地主層の興亡からみたマルヴダシュトの100年 ──

にさらなる変化をもたらした。

（1）土地の集中と大地主層の変遷

　19世紀後半にシーラーズの近郊にはアフシャール朝初代国王ナーデル・シャー（在位1736年～1747年）によって国有化された土地[12]やザンド朝初代国王キャリーム・ハーン（在位1750年～1779年）の命令によって没収された土地[13]が存在していた。しかしこれらは1880年代に払い下げられ（Fasā'ī：958）、マルヴダシュト地方ではほとんどの土地は大地主に所有される「アルバービー地」になっていた（Edward Stack, Six months in Persia（1882）、ラムトン：174）。ハーレセ地の払下げは必然的に土地の集中を進行させた。これは既存の大地主たちが巨大な経済力および政治力を駆使し、だれよりも先にこれらの土地を手に入れたからである。すでに述べたように既存の大地主のサーヘブ・ディーワン家、ガヴァーモル・モルク家よおびエマーム・ジョムエ家が多くのハーレセ地を購入したことが資料から確認できる。

　しかし土地集中の進行と同時に、大地主層の中に様々な変化が起きていった。上記の大地主モシーロル・モルク2世は1883年12月に死去し、彼の膨大な財産が二人の娘の間に分割された。一方、ハーシェミーエ家の各分家の間の権力均衡は大きく変わり、それは彼らの土地資産の規模も反映された。第3節で詳しくみるように、ハーシェミーエ家では1880年代までに最も有力だったサーヘブ・ディーワン家は1897年の家長の死去をきっかけに弱化し、マルヴダシュト地方やその周辺にあったスィーワンド村[14]（'Ein-ol-Soltān：1441）、マシュハド・モルガーブ地区の数件の村[15]（'Ein-ol-Soltān：p.1427）そしてカミーン地区のガスロッダシュト村[16]の売却を余儀なくされた。一方、ガヴァーモル・モルク家やナスィーロル・モルク家は非常に積極的に自らの経済的および政治的利権の拡大に奔走していった。

　またガージャール朝の王子や貴族もマルヴダシュト地方の地主として名を連ねるようになった。1900年代ファールス州の総督になって、ハーレセ地を始め多くの土地を手に入れたショアーオッ・サルタネ王子については前に紹介した。彼は立憲革命後に追放され手に入れた土地を維持できなかったが、彼よりほぼ40年前にファールスの総督を務めたヘサーモッ・サルタネ[17]王子とその

111

子孫は長い間マルヴダシュト地方の大地主の一角を占めていた。彼は総督時代にマルヴダシュト地方のアバルジュ地区にヘサーマーバード村を建設した（Fasā'ī：1244）他、サフラーバード村（Fasā'ī：1041、後にファサーイーに返還される）やダシュタク村（Mortezāvī）などを含む多くの土地を手に入れた。因みに彼が1882年に亡くなった後、モシーロル・モルク2世の長女の夫であるアフマド・ハーン[18]はラームジェルド地区並びにアバルジュ地区にあった彼の土地を借り入れて経営していた（Sa'īdī Sīrjānī：219）。

1900年前後にマルヴダシュト地方の大土地所有者の中にガージャール朝の貴族の名が登場する。その一人はヘダーヤト家のサニーオッ・ドウレ[19]である。ヘダーヤト家は19世紀の半ばから20世紀の後半までに数多くの宰相、大臣、全権大使、国会議員、総督・知事や企業家を輩出した近代イランの名門貴族の一つである[20]。サニーオッ・ドウレは1897年頃サーヘブ・ディーワン家の村を購入し、マルヴダシュト地方の大土地所有者の仲間入りを果たしたが、数年後にテヘランで殺害された。ところで彼が亡くなった後もヘダーヤト家はファールスでの土地の購入を続けていった。とくに4男のアリー・ゴリーはファサー地区を中心にたくさんの土地を買い集めてファールスの代表的な大地主の一人となった（Āqelī：332）。

さらにほぼ同じ時期にタブリーズからシーラーズにやってきたハキーミー家のラヒーム・ハキーミー[21]はわずか数年でマルヴダシュト地方を中心に膨大な土地を手に入れた。ハキーミー家はサファヴィー朝時代から医師[22]の一家であり、家長のアリー・ナギー[23]が19世紀後半に当時の太子の専用医師になったことをきっかけに貴族の仲間入りをした[24]。ラヒーム・ハキーミーが義理の兄を頼りに前述のショアーオッ・サルタネ王子の元で働くためにシーラーズに移住した経緯を考えると、彼が短期間に大地主になったことは王子の存在と無関係とはいえない。後でみるように彼の2男のカーゼム[25]と3男ゴラーム・レザー[26]は後にマルヴダシュト地方の大土地所有者になる。

（2）新興地主階級

その後、マルヴダシュト地方に登場した新興地主は地主層に大きな展開をもたらした。多くはマルヴダシュト地方との繋がりが強く、地域の発展に重きを

第3章　大土地所有制の変遷 —— 地主層の興亡からみたマルヴダシュトの100年 ——

置いていた。また彼らの台頭はそれまでの土地の集中傾向を緩和させた。ところで1930年代から1940年代にかけて全国の新興地主を調査したラムトンは彼らの出自を、大地主の差配、官僚や軍人などからなる広義の公務員（官吏）、商人の3つに分類している（ラムトン：265）。1900年以降、マルヴダシュト地方に台頭してきた新興地主も概ねこの分類に当てはまるが、それぞれの事例を具体的に検証すると重要かつ興味深い特徴がみられる。

　シーラーズ出身で布地商店の息子であったデヘガーン[27]は、郵便局の局員等の職を経て（Who1923：87～88）、ガヴァーモル・モルク3世［12］[28]の土地の借地人（'Ein-ol-Soltān：1441）になり、やがてガヴァーモル・モルク5［26］世の筆頭番頭になり大土地所有者の仲間入りも果たした。また同じくガヴァーモル・モルク家の番頭を務めていたバナーノル・モルク[29]（Who1924：81）や差配のバハードロル・モルク[30]（Who1925：149）も後にマルヴダシュト地方の新興地主階級の代表的な人物となった。ガヴァーモル・モルク家との関係は新興地主の仲間入りを果たす上で、重要な意味をもっていたことは間違いない。因みにバナーノル・モルクもバハードロル・モルクもマルヴダシュト地方の出身である。

　同じく現地出身の事例は他にもある。そのバハードロル・モルクと親戚関係にあり、マルヴダシュト地方の名士一家（Fasā'ī：1553～1555）の子孫で小地主だったナスロッラー・ハーン[31]は大地主から土地を借用し、そこから得られた収入を土地購入に投下し、マルヴダシュト地域の大地主に成長した。さらに彼とその子孫はマルヴダシュト在住の最有力の名士という地位を手に入れた（ハミード・エスタフリー氏：2006年8月27日、本稿の第3節）。同じくマルヴダシュト地方在住のカーヴォーシー兄弟は、村の差配から小地主になり、続いてシーラーズ在住の新興地主の土地も借りて資金を蓄え、その資金をもとに現在のマルヴダシュト市の周辺の村で土地を購入した地域の名士となった（バハードル・カーヴォーシー氏：2006年8月25日）。

　一方、マルヴダシュト地方に進出したシーラーズ在住の新興地主もいた。そのほとんどはルーツがシーラーズではなく、何らかの理由でシーラーズに移住してきたことは注目に値する。その中に聖職者が多いことも興味深い。1900年代にマルヴダシュト地方の東部に位置するビリヤーメキ村を購入したラザ

113

ヴィー[32]はシーラーズの司法局の判事を務めていた（南里浩子氏調査メモ）。彼はその職を、ヤズドハースト村の出身である父[33]から継承した[34]（Fasāī：918, 南里浩子氏調査メモ）。同じく聖職者であったモヒオッディーン・マザーレイーは、カーゼルーン市近くのマザーレ村出身であり（ダストゲイブ氏：2006年8月22日）、すでにシャリーア法廷の裁判官になっていた伯父[35]を頼りに1910年前後にシーラーズに移住し、シャリーア法廷勤務を通じて富裕者になった（Who1924：30）後、その資産で土地を購入し地主になった。

　マザーレイーと同じカーゼルーン出身のアフマド・アリー・カーゼルーニーも聖職者だったが、「サドルオルイスラム」という称号を享受し高位ウラマーの地位を得ていた。彼もその父も、宗教家の傍ら、貿易業も営んでいて、その資金を元にカーゼルーン周辺およびマルヴダシュト地方に土地を購入した（Who1924：127～128, Fasāī：1443）。同時期、ベフバハーニー家もマルヴダシュト地方に土地の購入を始めた。ベフバハーニー家は、ファールス州の地方の出身でシーラーズ在住の大商人一家であった。「ベフバハーニー商社」を創業したゴーラム・アリー・ベフバハーニーはシーラーズのトップ・スリーに入る大物貿易業者の一人だった（Who1923：43）。当時ベフバハーニー家はすでにカーゼルーン地方やノーダン地方に膨大な土地を所有していた。

　最後の事例はマルヴダシュトの北部、カームフィールーズ地区とラームジェルド地区を拠点とするキアーニー家である。彼らは遊牧民部族のロルに属し、1910年代にブイェル・アフマディーという地方からカームフィールーズ地区に移住してきた。当時、ガヴァーモル・モルク5世の所有村だった同地区パーランガリー村とベキアン村は労働不足の問題を抱え、また村の農地が毎年のように移動中のガシュガーイー族の家畜による被害を被っていた（'Ālavī）。ベキアン村に移住して3、4年間の内に村を復活させたキアーニー兄弟の指導力を見込んだガヴァーモル・モルクは、彼らをベキアン村の村長に据えた（'Ālavī）。これをきっかけに彼らは次々と経営する農地を増やし土地も購入して規模を拡大した。その土地はカームフィールーズだけでなくラームジェルドにもあった（ジャリアン村調査；2006年8月21日）。

第3章　大土地所有制の変遷 —— 地主層の興亡からみたマルヴダシュトの100年 ——

（3）立憲革命と大土地所有者

1906年の立憲革命によって中央政府はさらに弱体化し、ガージャール朝治世下に築かれた中央と地方の関係は崩壊した。また英国を始め列強はイランに軍隊を進駐させた。こうした状況下、地方の名士は国民ショーラー議会を通して中央政府に一定の影響力をもった。事実、記述の地主の中で、ガヴァーモル・モルク4世のように手先を当選させ（Who1924：44, Who1924：147）、ガヴァーモル・モルク5世、エマーム・ジョムエ、ガシュガーイー族のソーラトッ・ドウレ、新興地主のマザーレイーやカーゼルーニー等は自ら国会議員になった。

一方、地方では中央の政府の力が及ばなくなり、主導権と勢力拡大をめぐって名士たちの間の対立も激化、時には武装衝突まで発展した。この対立の軸となったのは兵士の動員力のあるガヴァーモル・モルクとソーラトッ・ドウレであった。この対立は英国とその駐留軍や中央政府の部隊も絡んで展開したが（Nasīrī Taīyebī を参照）、既存の大土地所有者たちの陣取りとして非常に興味深い展開がみられた。つまり血縁関係よりも利害対立を軸にして同盟関係は作られたのである。例えば、ガヴァーモル・モルク4世と同じハーシェミーエ家の流れを組むナスィーロル・モルク2世は、ガシュガーイーのハーンであるソーラトッ・ドウレと手を組み、逆にソーラトッ・ドウレの兄であるサルダール・エフテシャームはガヴァーモル・モルクの陣営に入った[36]。ところでこの対立はマルヴダシュト地方の大土地所有者構成の変遷に直結し、サルダール・エフテシャームは、部族内の権力闘争に敗北するとカームフィールーズ地区にもっていた広大な土地をシーラーズ在住の商人に売却した（'Ālavī）。

3）レザー・シャー期から農地改革までのマルヴダシュト地方の地主たち

1920年代から1960年代にかけて、マルヴダシュト地方では地主層をめぐって、土地所有規模の縮小、旧来の大土地所有者の影響力の低下、新興地主層の土着化と地方への影響力の増大、という3つの変化がみられるようになった。この要因としては中央政府の政策に加えて産業構造の変化による農業生産をめぐる環境の変化があった。

(1) ソーラトッ・ドウレとガヴァーモル・モルクの排除

　中央集権的国家の建設を目指したレザー・シャーは、抵抗勢力である地方の権力層への圧力を強めた。抵抗勢力の一つは遊牧民勢力であり、また一つは経済力とともに軍事力ももつ地方の名士層であった（Abrahamian）。ファールスでは、ガシュガーイーの長であるソーラトッ・ドウレとガヴァーモル・モルク5世が抵抗勢力を代表していた。

（ソーラトッ・ドウレ）

　レザー・シャー政権は当初ソーラトッ・ドウレと協力関係にあったが、他の地域の遊牧民勢力を抑えると次いでガシュガーイーへ圧力を強めた。ガシュガーイー族の指導者たちはすでに国家権力との対峙を予期して所有地の一部の売却を進めていた。例えば先に述べたカームフィールーズ地区の重要な村であるトレソルフ村はキアーニー兄弟に売却されている（'Ālavī）。ソーラトッ・ドウレは逮捕され、1933年には337に及ぶ村が接収された。これらの村はファールス州の財務局の管理下におかれ、レザー・シャーが退位を余儀なくされた1941年までにその一部は売却されたか、定住した遊牧民に与えられた（Mehdīniyā：441〜442）。しかしレザー・シャー退位後、復権したソーラトッ・ドウレの息子たちは、土地の返却を求めて奔走し、1950年にその一部の返却が実現している（Ladjevardi：Tape2-4〜6）。

（ガヴァーモル・モルク5世）

　一方、ガヴァーモル・モルク5世の場合、政府はガシュガーイーの場合と異なる対応をとった。彼を体制内に取り込みながら、ファールス州における彼の影響力を徐々に排除しようとし、法的手続きを踏んでそれを実行しようとした[37]。そこで国民ショーラー議会は1932年6月7日に「ファールス州におけるエブラーヒーム・ガヴァーム氏[38]の土地および水利権と政府所有物との交換許可法」を可決し、ガヴァーモル・モルク5世の資産の交換の道を開いた。

　しかし資産交換には手続き上長い年月を要した。「不動産及び文書登録法」はすでに1922年に施行されていたが、登録局の設置など制度整備と登録の実施には非常に時間がかかっていた。それにガヴァーモル・モルク5世を含む当時の大土地所有者の多くは、かつて享受していた下賜地の所有権をめぐって係争の中にあった（ラムトン：188〜189）。ガヴァーモル・モルク5世の場合、

第3章　大土地所有制の変遷 ── 地主層の興亡からみたマルヴダシュトの100年 ──

特にダーラーブ地区に位置していた「バーゲロフ」という大土地が係争の対象となった。財務省はこの土地が「ハーレセジャーテ・エンテカーリ」[39]であるかどうか検証し、最終的にそれらが「ハーレセジャーテ・エンテカーリ」地として認定した（NLAI : File no. 240/13947）。現在のマルヴダシュト市の近くに位置するファターバード村のエスファンジャーン農場についても所有権に関わる決定は下されるまで3年間近く時間を要した（NLAI : File no. 230/2131）。交換手続きが長引いたことに苛立ったレザー・シャーは財務省に加えて王室省と戦争省も介入させ、1935年後半に資産交換のプロセスが漸く終了した。結果、ガヴァーモル・モルク5世だけではなく妻と子供たちもファールス州にもっていた資産のすべてを手放すことになった。

（2）その他の大土地所有者

レザー・シャー期に行われた大土地所有者の一部の排除を除けば、概して大地主層に対して友好的な政策を取り、彼らによる農業投資を奨励し支援した。既存の大地主は土地登録制度を利用し、所有権の所在が曖昧な土地までも私有地化した。また政府の遊牧民定住化政策は、労働力不足に直面していた大土地所有者が必要な労働力を確保する契機となった。さらに治安の回復や水資源開発への政府の投資も大地主による投資を促した。しかし、マルヴダシュト地方において地主の所有地の規模は縮小した。理由は相続による土地の細分化にあり、また農業経営への関心を失い土地を売却して投資先を変更したことによると考えられる。

（ラガーオッ・ドウレ）

ガヴァーモル・モルク5世の妹、ラガーオッ・ドウレ［27］はその一例である。ガヴァーモル・モルク5世には、異母姉妹も含む5人の妹がいて、その中で特にラガーオッ・ドウレの所有地はマルヴダシュト地方とその周辺に集中していた。彼女はハーシェミーエ家の流れを組む遠縁のナーゼモル・モルク[40]と結婚した。夫自身も大地主であった（Who1924 : 95）。ラガーオッ・ドウレは農地の経営にも携わり、先駆的な女性地主として今もマルヴダシュト地方の農民に記憶されている。2人には子どもがいなかったこともあり富の大部分を慈善事業に費やした。また現在のマルヴダシュト市の近くにあるバンデアミー

117

ル村を新興地主のマザーレイー[41]に(エルヤース・アミーリー氏：2005年10月2日等)、シーラーズ南方の二つの平原(それぞれ3000ha.以上)を遊牧民集団の指導者[42](Shahbāzī：615-616)に売却し、多くの土地を手放した。

(モアッデロル・サルタネ)

マルヴダシュト地方の大地主、モアッデロル・サルタネ[43]の土地は主にマルヴダシュト地方の北西のラームジェルド地区とカームフィールーズ地区に位置していた。両地区はレザー・シャー時代に水資源が開発され、モアッデロル・サルタネも荒地を開墾し農地を拡大したが、1940年代以降、その一部を手放した。彼は1940年代にポレノウ村、チャマニー村、フーティーアーバード村やジュナーバード村をデヘガーン家に売却した(ガーセム・ゴルバーニー：2005年10月3日)。また彼はラームジェルド地区のさらに北に位置するベカン平原を、前述のキアーニー兄弟の長兄[44]とその甥たちに貸与した後、売却した('Ālavī)。そしてモアッデロル・サルタネが1959年に死去すると彼の相続人である異父兄弟は、カームフィールーズ地区の重要な村であるハーニマン村をキアーニー兄弟に売った('Ālavī)。

(ハキーミー家)

モアッデロル・サルタネと同様にラームジェルド地区とカームフィールーズ地区の大地主ラヒーム・ハキーミー[45]の農地を相続した2男のカーゼム[46]と3男のゴラーム・レザー[47]は、1930年代に灌漑設備の整備と農地の開墾に尽力したようである(Mīr Momtāz)[48]。しかし彼らも1940年代から1950年代にかけて、所有地の一部を手放した。例えばカームフィールーズ地区のパーランガリー村の半分ずつをにっていたハキーミー兄弟カーゼムとゴラーム・レザーは、順に1944年と1947年にその持分をキアーニー兄弟に売却した('Ālavī)。またカーゼム・ハキーミーは大体同じ時期にホッラッマカン村をその村長[49]に貸与し、数年後彼に売却した('Ālavī)。

(エマーム・ジョムエ家)

マルヴダシュト地区やラームジェルド地区の大土地所有者エマーム・ジョムエ家は投資に失敗し土地を手放した。1920年代のエマーム・ジョムエ[50]は上記のベフバハーニー家から融資を受け、新しい事業を立ち上げた。しかしその事業が失敗すると借金を返済するためにマルヴダシュト地区に優良村ケナー

第3章　大土地所有制の変遷 ── 地主層の興亡からみたマルヴダシュトの100年 ──

レー村の半分をベフバハーニー家に、そして残りの半分をカーヴォーシー兄弟に売却した（バハードル・カーヴォーシー氏：2006年8月25日）。続いて次のエマーム・ジョムエ[51]の死去後、ラームジェルド地区の彼の所有地は1男[52]7女の子供たちの間に分割されて、やがてその一部はキアーニー兄弟の手に渡った（ハビーブ・サアディーハーニー氏：2006年8月19日、ダストゲイブ氏：2006年8月20日）。因みエマーム・ジョムエ家は、マルヴダシュト地方以外にも膨大な土地を所有していたが、機械化して近代的な農場にした一部が農地改革の対象外となった。またその子孫は市内バス会社や不動産などに投資し、都市経済を中心に事業を展開するようになった（Royce：256〜257）。ところで、既存の大土地所有者の中で、ナスィーロル・モルク2世家の農地は、彼の死後分割されたものの、一家の土地は農地改革まで減少することなく逆に増加している[53]。

（3）新興地主たちの台頭
（モハンマド・バーゲル・ハーン・デヘガーン）

　旧来の大土地所有者が様々な理由で後退していった中、新興地主層は土地購入に積極的に資金を投下していった。彼らは社会的出自が多様で、それぞれ特有な軌跡を辿っていた。ガヴァーモル・モルクとの親密な関係で土地購入に参入したモハンマド・バーゲル・ハーン・デヘガーンは1860年代の前半に生まれ（Who1923：82）、1932年頃に亡くなっている（Rāyin：95）。熱心なバハーイー教徒で、資産を献身的に布教活動に投じたことでバハーイー教徒の歴史家に高く評価されている（Māzandarānī：562）。彼が亡くなった後、息子たちも積極的に土地の購入に力を入れ、ラームジェルド地区を中心に複数の村を所有するようになった（ガーセム・ゴルバーニー氏：2005年10月3日）。さらにシーラーズにおける土地や不動産投資、製造業分野での活動によって、ファールス州では際立つ存在となった。デヘガーン家の兄弟の中でもとくにマフムードが頭角を現し、ファールス州で最初のセメント工場の起業家の一人となり、前述のヘダーヤト家のアリー・ゴリー・ヘダーヤトの支援を得て、当時イランの最大手の食産企業だった「1＆1社」のファールス州工場を創設し、同社の経営者の一人として名を連ねた。因みにデヘガーン家はヘダーヤト家と姻戚関係に

あって、アリー・ゴリーの姉とマフムードの兄は夫婦で、共にポレノウ村の所有者となっていた（ポレノウ村の土地文書）。

（モヒオッディーン・マザーレイー）

また新興地主の中でモヒオッディーン・マザーレイーは地主としての成長が際立っていた。彼はナーゼモル・モルク夫妻からバンデアミール村を購入したのを皮切りにシャムサーバード村、ドウラターバード村、サフラーバード村、グーシュカク村等を手に入れた（モハンマド・モラード・ラシャニー：2006年8月10日、アジーズ・ガーマティー：2006年8月21日）。ところでマザーレイーは新興地主として成功したものの、土地購入に当たって不正もはばからなかったことから現地では評判が非常に悪い。彼が死去し3人の息子が相続するが、その後3人の相続人はバンデアミール村やドウラターバード村を売却している[54]。

（サドル・ラザヴィー）

一方、サドル・ラザヴィー[55]は1910年代初期に相次いでビルヤーナキ村と隣接村のヘイラーバード村を購入後、1920年前半には所有地に接するエザーバード村を買い取った。これには地主[56]が流行した伝染病で1918年頃に亡くなったことが関係しているらしい（南里浩子氏調査メモ）。1930年代初期にマルヴダシュトに砂糖工場が建設されサトウダイコンの需要が生まれる見通しになった時、遊牧民の定住で労働力の確保が可能になったこともあり、ヘイラーバード村の南に接する土地を開き、灌漑設備と農民用の住宅を整備してゼイナーバード村を建設した（大野盛雄：24～27）。この時サドル・ラザヴィーの所有地は1,200ha.以上に上ったが、約10年後にはエザーバード村はファサー出身の地主[57]に売却され、その後に3分2がユーセフ・ハーン・カーヴォーシーのものとなった（モハンマド・モラード・ラシャニー：2006年8月10日）。

（ユーセフ・ハーン）

ユーセフ・ハーンは、前述のカーヴォーシー兄弟の末弟であり、兄たちとともにケナーレー村の半分を手に入れた後、この村から得られた資金を積極的にマルヴダシュト地区（マルヴダシュト市周辺）の土地購入に投下し、大土地所有者並みに所有する土地の規模を拡大した。しかし分割相続により次世代ではカーヴォーシー家持分は激減し、大土地所有者の地位から陥落した。その中で

第3章　大土地所有制の変遷 ── 地主層の興亡からみたマルヴダシュトの100年 ──

ユーセフ・ハーンの長男アクラム・ハーンと次兄のゴラーム・アリーの2男マスィー・ハーンは頭角を現した（長兄のゴラーム・レザーはすでに1918年に流行したスペイン風邪に感染し、死亡していた）。この2人は、自らの私有地を拡大しただけではなく、マルヴダシュト市の市議会のメンバーになる等、地域のリーダー的な存在となりカーヴォーシー家は地域の名士という地位をしばらく保持することができた。（バハードル・カーヴォーシー氏：2006年8月25日）。

（モハンマド・ハーン・ザルガーミー）

マルヴダシュト地方のもう一人の代表的な新興地主は部族のハーン、モハンマド・ハーン・ザルガーミーである。ザルガーミーは父親[58]の死後、バーセリー族のハーンという地位とともに1,000ha.に上るガスロッダシュト・カミーン村の農場を引き継いだ。これだけで彼は大土地所有者の一人となったが、後に妻[59]がその父親からマルヴダシュト地方のアバルジュ地区にあるバニー・ヤケー村とハーシェマーバード村（Shahbāzī：174）を相続し、ザルガーミー家は農地改革の前夜の1950年代にマルヴダシュト地方最大の地主の一つに数えられた。印象的だったのは、経験豊富な農民や地主たちが口を揃えて、彼の農業経営の能力と技術を絶賛していたことである。なお、新興地主の中で最も成功したのはマルヴダシュト地方出身のエスタフリー家であるが、これについては第3節で詳しく述べる。

上記のように1920年代以降、地主所有の土地の取引が盛んに行われた。地主の中には急成長を遂げた後に撤退を余儀なくされた地主もあれば着実に所有地を拡大して大地主の仲間入りをした地主もある。また大土地所有者でありながら規模拡大に熱心でない地主もあった。こうした地主の興亡はその背景に新しい世代の土地所有者が出現する経済社会的な環境があった。

新興の地主はその多くが村長出身である。マルヴダシュト地区のエザーバード村のバーズーバンディー[60]（ラメザーン・バーズーバンディー：2006年8月12日）やラームジェルド地区のポレノウ村のアブドッラーヒー[61]（ハミード・エスタフリー氏：2006年8月27日）や隣接するブーラキー村のゴルバーニー[62]（ブーラキー村土地取引文書）はいずれも村長の出身か村コミュニティーのリー

121

ダーであり、帰属する村で土地所有者の一人にのし上がった人たちである。また前述のマザーレイーからバンデアミール村とドウラターバード村の一部を買い取ったのはバンデアミール村の村長のヘイダル・デェイラミーであった（アリー・アクバル・オーランギー：2005年9月24日）。

村長出身以外ではアボルファズル・ダストゲイブが興味深い。彼は1940年代の終わり頃、シーラーズ在住の共同出資者[63]と一緒にタージャーバード村を買い取り、村の経営を一人で行った。砂糖工場の技師だった彼はトラクターやコンバインを導入し、養鶏所も作り、当時にして近代的な農業経営を導入した。また他の地主と違って差配に任せることはせず自ら農耕作業を監督した。彼はタージャーバード村の地主になって十年後に交通事故で亡くなるが、彼の地主としての振る舞いと独特な経営方法が農民の共感を呼んだといわれている（シアーヴォシュ・ザーレエ：2006年8月20日）。

（4）マルヴダシュト地方の地主たちと農地改革

上述のように1930年代以降、マルヴダシュト地方の大土地所有者の構成はダイナミックに変化した。しかし1962年に始まる農地改革で全国的に大土地所有制は大きく後退し、マルヴダシュト地方においても大地主たちは所有地の多くを失い、経済的地位のみならず政治・社会的な影響力を大きく低下させた。

1920年代以降、大土地所有者は国民ショーラー議会の議席の大半を占めていた（Shajï'ē）。彼らは農地改革プランが本格化する1950年代末にまず議会を通じて抵抗を試みた。1960年にエグバール内閣の下で議会に提出された農地改革法案を骨抜きにしてから可決した。しかし翌年の5月に発足したアリー・アミーニー内閣は非常に積極的に農地改革に取り組み、1962年1月に農地改革改正法案を、大土地所有者の影響力が大幅に低下していた次回議会に可決させた（Hooglund、第1章第4節）。

その間、一部の大土地所有者は、「イラン農業組合」を結成し、ウラマーと連携して抵抗を試みた（Majd）。ファールス州でも「ファールス農業組合」が設立され活動を開始したが、そこに参加したのは大概、中地主層だった。大地主層も農地改革に対して不満を抱いていたのだが、彼らの多くは体制に組み込まれており、国家と対峙すると自らの社会的地位まで危うくなると判断し抵抗

第3章　大土地所有制の変遷 ── 地主層の興亡からみたマルヴダシュトの100年 ──

に加わらなかったと思われる。加えて彼らは産業構造が大きく変わっていく中で農業以外の分野に進出して活動領域を農業以外に広げている者も多かった。

　国家権力の圧力も大きかった。当時の秘密警察サヴァクの報告には1962年10月に行われた「ファールス農業組合」の集会の主な参加者が明記されている。この名簿をマルヴダシュト地方の地主層と照合すると、ザルガーミー、モスタファー・アブドッラーヒー[64]、ジョーカール[65]、イーザディー[66]やベフバハーニー家の代表[67]しか参加しておらず、しかもこの集会後に「ファールス農業組合」の活動が止まっている（Siāhpūr）。また農地改革が実施段階に入ると地主による妨害や農民に対する嫌がらせが多発し、ラームジェルド地区では農民が1964年から翌年にかけて「他の地主も代表して妨害を働いているマルズバーン[68]」の行動を阻止するよう何度もショーラー議会に嘆願書を出している。

　ところでファールス州ではまだ武装集団の動員力が残っていた遊牧民のハーンたちの中で数人が武装抵抗を試みたが、国軍の熾烈な反撃に遭い間もなく敗北してしまった。政府もこのような事態を予測していたようで、武装闘争が始まる前にバーセリー族のハーンだったザルガーミーを前述の集会の後で逮捕し、禁固6ヵ月に処した（Siāhpūr）。彼は逮捕される前にも、釈放された後にも、武装抵抗に加わる意思がなかったようだが、1965年に全く別の事件[69]で再び逮捕され10年間も収監されることになった。

　いずれにせよ地主による抵抗が実らず農地改革は実行された。その結果、当然マルヴダシュト地方の地主層も土地を農民に解放することになった。ところで農地改革法の条項では、地主たちは所有する複数の村のうち一つの村の土地をもち続けることが可能になっていた。マルヴダシュト地方の不在地主層の中でマジード・ラザヴィーのように別の地域でもっていた村を選び、マルヴダシュト地区の全私有地を手放した地主もいたが、マルヴダシュト地方の私有地を選んだ不在地主もいた。前述のナスィーロル・モルク2世の息子たち（ガヴァーミー兄弟）の中で、長兄のアブドッラーはラジャーバード村を、次兄のアジーゾッラーはセイダーン村とガーセマーバード村を、そして三男のアボルガーセムはファールーナク村を選んだ。またデヘガーン家はポレノウ村を、アブドッラーヒー家はポレノウ村ともう一つの村を、モグベロル・ソレターン[70]はハサナーバード村を、マザーレイーの子孫はシャムサーバード村を、イーザディー

123

家はゴーデゼルシュク村を、そしてザルガーミー家はガスロッダシュト村を選択して残した（原隆一教授調査メモ、モジュデー：2006年8月）。なおエスタフリー家については後に詳細を説明する。

3　マルヴダシュト地方の地主たちの事例

以上でみてきたように19世紀の半ばから100年の間にマルヴダシュト地方の大土地所有者層はその性格も出自も大きく変わってきた。旧大土地所有者にとって土地所有は彼らの権力基盤の一つの要素に過ぎなかった。その権力基盤には政治的（中央政府、地方行政、そして場合によって外国政府との関係等）、経済的（経済活動と利権の多様性等）、社会的（他の名士との関係、権威と社会的評判等）の要素が含まれ、軍事的（兵士の動員力）要素をもつこともあった。彼らはその権力を何よりも「家」の威厳、利益と利権を守るために利用してきた。イランでは日本のように家制度がないことは周知の事実である。そこで、彼らにとっての「家」とは、広義の意味の「家」、つまり血縁関係にある親族も含む「氏族」（ペルシア語ではKhandan、TayefehおよびSelseleh）を意味する場合もあれば、狭義の意味の「家」、つまり「家族」を意味する場合もあった。ただ、彼らは思想信条という要素を完全に排除していたわけではなく、宗教心や愛国心によって「家」の利益に反する行動を取る場合もあった。

本節ではマルヴダシュト地方の地主たちは如何にして「家」の利益を拡大したかあるいは守ってきたか、3つの「家」の事例から明らかにする。本節で取り上げるのは、「ハーシェミーエ家」、「モシーロル・モルク／モアッテロル・サルタネ家」そして「エスタフリー家」である。前者の2家はシーラーズ市在住のいわゆる不在地主であり、エスタフリー家はマルヴダシュト地方出身で新興地主である。

1）ハーシェミーエ家

ハーシェミーエ家は1730年代にナーデル・シャーに指名を受けシーラーズの5つの市区の区長を務めたハージー・ハーシェムの子孫である（Fasā'ī：960）。ファサーイーによると、ハージー・ハーシェムの家系は14世紀にイー

第3章 大土地所有制の変遷 ―― 地主層の興亡からみたマルヴダシュトの100年 ――

ルハニー朝治世下でワジールを務めたハージー・アボルガーセム・ガヴァーモッ・ドウレに遡ると伝えられている、と記している（Fasā'ī：960）。またその先祖はイスラム教徒に改宗した元ユダヤ教だったという記述もある（Mostoufi1：10）。

　ハーシェミーエ家は少なくともハージー・ハーシェムの祖父の代から大地主だった。ハージ・ハーシェムの祖父[71]は1621年にシーラーズにハーシェミーエ校とハーシェミーエ・モスクを建設し、その維持費にマルヴダシュトやその南方のカワール地方に位置する数件の村の収入を充てた（Fasā'ī：960）。「タージェル」（＝商人）と呼ばれていたその祖父の名前から彼の富の源泉は商業や貿易業だったと推測できる。またファサーイーは、ハージー・ハーシェムの父親についても彼が商業で「表現し尽くせないほどの富」を築いたと記している（Fasā'ī：679）。

　ハーシェミーエ家の富と権力基盤はハージー・ハーシェムの三男、エブラーヒーム［1］の代に飛躍的に強化された。シーラーズの一区の市政長官（キャラーンタル）に過ぎなかったエブラーヒームは、ザンド朝の最後の王[72]の時代に頭角を現し、宰相に就任した。しかしガージャール朝創立者のアーガー・モハンマド・ハーンに寝返り、新国王から「エーテマードッ・ドウレ（国家の信頼を受けている人）」という称号を拝命して、ガージャール朝の最初の宰相となった。

　しかし宰相として絶大な権力を掌握すると周囲に恐れられ、1801年にガージャール朝第2代国王のファタリー・シャーに失脚させられた上失明もさせられた。この時、ハーシェミーエ家の私有地は差し押さえられた。役人によって「ハーレス地」とせず「差し押さえ地」とされたのである（Fasā'ī：681）。しかし1810年前後から国王はハージー・エブラーヒームの子孫を徐々に復権させる。その背景には1805年に勃発した対ロシア戦争である。中央政府は地方の名士との関係を強化する必要に迫られていた。1811年にエブラーヒームの4男アリー・アクバル［2］はファールス州の市政長官（キャラーンタル）に就任し（Fasā'ī：708）、同じ頃に差し押さえられていた一家の土地資産も返還された（Mostofi1：36）。さらに国王[73]はアリー・アクバルにガヴァーモル・モルクという称号を与え、彼の2男を娘婿として迎え入れ、ガヴァーモル・モ

125

図表3-1　ハーシェミーエ家の家系図

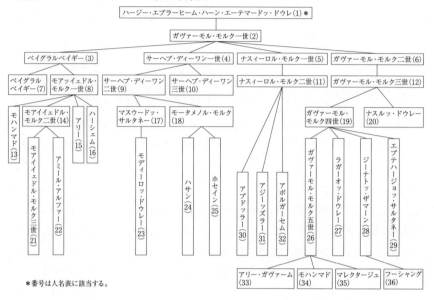

＊番号は人名表に該当する。

ルク（1世）と親族関係を結んだ。これでガヴァーモル・モルクは事実上、ハーシェミーエ家の要となり、ハーシェミーエ家は彼とその子孫を中心に発展していった。

　ところでガヴァーモル・モルク1世はそれほど意欲的な人ではなかったようで、国王[74]の許可を得て1841年ファールス州の市政長官（キャラーンタル）職を長男に譲り、すべての要職から離れて残りの人生を慈善活動に費やした（Fasā'ī：964）（ハーシェミーエ家の家系図）。ガヴァーモル・モルク1世自身は長男［3］を後継ぎとして考えていたようだが、他の息子たちもそれぞれに野心を抱き、独自の権力基盤を築いて自らの「分家」の利権拡大を目指した。その後の分家の繁栄は、家長の権力基盤の強弱と手腕によって決定づけられた。

　当初、長男のモハンマドはキャラーンタル職に加えて、ベイグラルベイギーという肩書きも貰いファールス州の行政を取り仕切るほどの権力を築いた。しかしモハンマドの長男［7］は若くして死に、キャラーンタル職とベイグラルベイギーの肩書きを引き継いだ2男［8］も1872年にそれを退き、軍書記と

第3章　大土地所有制の変遷 ── 地主層の興亡からみたマルヴダシュトの100年 ──

して太子が統治するアザルバイジャーン州の行政の官吏となりシーラーズを離れた（Fasā'ī：965）。その後も彼とその一家はテヘランを拠点とし、しばらくファールス州から遠ざかっていた。

　もちろんガヴァーモル・モルク1世の長男も大土地所有者としてファールス州において一定の影響力をもち続けたが、他の3つの分家、つまり2男ファタリー［4］（サーヘブ・ディーワン家）、3男ハサン［5］（ナスィーロル・モルク家）と4男のアリー・モハンマド［6］（ガヴァーモル・モルク家）と比べて、権力基盤が脆弱なものになってしまった。ところで後者の3分家の間の関係は主に対立の繰り返しとたまに協調の歴史であった。この3分家の家長は、経済利害や政治利権をめぐってしばしば衝突した。特に1880年代にサーヘブ・ディーワン1世がファールスの総督としてシーラーズに戻ると3分家の対立は激化した。当時のファールスの出来事を記している Vaqāye' Ettefāqiye の著者は、この3分家の家長が地方の徴税官の職や施政をめぐって衝突していることを度々報告し（Sa'idī Sīrjānī：137,156,214 等）、3人の関係を「ガヴァーミーエ家[75]の人々は常に対立しており、相手に損害を与えようとしている」（Sa'idī Sīrjānī：136）と記している。それでも3分家の利害が一致すると歩調を合わせて協力することもあった（Sa'idī Sīrjānī：258）[76]。その協力の象徴はハーシェミーエ家内の婚姻関係である。図表3-1（ハーシェミーエ家の家系図）でみられように、1850年代から比較的に最近までハーシェミーエ家内の結婚は非常に多かった。これは明らかに政略結婚であり、イスラム法に基づいて女性が相続する土地と資産はハーシェミーエ家の外に流出しないための防衛策だった。

（1）サーヘブ・ディーワン家

　ガヴァーモル・モルク1世の4人の息子たちの中で、いち早く出世し、膨大な資産と強大な影響力を築いたのは2男のサーヘブ・ディーワン1世である。彼は20歳の時、財務技術を学ぶためにテヘランの中央官庁に出向き、そこで幅広い人脈を作っただけではなく、国王の娘との結婚を通じて王族と婚姻関係を築いた。中央官庁の勤務の後、1860年以降、ヤズド州やエスファハーン州など重要な州のワジール（行政長官）を歴任し、アザルバイジャーン州時代に当時の太子に仕えた（Fasā'ī：966）。そして1881年から1889年までにファー

127

ルス州の総督を務めた。当時も彼は権力と財力に非常に貪欲だという評判だった（Shahbāzī：594 〜 595）。

　サーヘブ・ディーワン家の私有地はファールスに留まらず全国に点在していた。マルヴダシュト地方とその周辺だけでみれば、ハフル地区の数件の村（Sa'idī Sīrjānī：227,232）に加えて、当時人口が2,000人を超えていたスィーヴァンド村（Sa'idī Sīrjānī：238）、ガスロッダシュト・カミーン村（Forsat：378,855）やマシュハド・モルガーブ地区の数件の村（'Ein-ol-Soltān：1427）はサーヘブ・ディーワン家の所有地に含まれていたことが確認できる。

　サーヘブ・ディーワン1世が1896年に死去すると、サーヘブ・ディーワン家は急速に衰退していった。上記の私有地のほとんどが売却されたことが衰退を象徴している。これはサーヘブ・ディーワン1世の死去でサーヘブ・ディーワン家の権力基盤だった王室との関係が非常に薄れたためだといえる。サーヘブ・ディーワン1世は総督時代以外ほとんどファールス州に滞在することがなかったので、そこに強い権力基盤を築くことができなかった。サーヘブ・ディーワン2世［9］はアザルバイジャーン州やファールス州で地区の徴税官を務めたことがあったが、それもサーヘブ・ディーワン1世がワジールを務めていた時期と重なっていた。彼の次に家長となったサーヘブ・ディーワン3世［10］は1915年のファールスの動乱の際、反ガヴァーモル・モルクの陣営に加わるが、その後テヘランへの避難を余儀なくされた（Who1924：90）。彼には息子がなく、彼の後に「サーヘブ・ディーワン」という敬称はなくなった。また、サーヘブ・ディーワン2世の長男［17］は政治に興味をもたず、官吏としてもシーラーズの間接税局の長自程度しか出世できず（Who1924：83）、2男［18］は農業経営のみで生計を立てていた（Who1924：77）。その後、彼らはあまり政治の第一線に登場することなく、主に農地の経営とサーヘブ・ディーワン1世のワクフ地の運営に専念していった。1970年代にシーラーズの名士を調査したロイスによると、当時のシーラーズにおいてサーヘブ・ディーワン家の影響力は衰えて、ガヴァーム（ガヴァーモル・モルク）家やガヴァーミー（ナスィーロル・モルク）家と比べ物にならなかったという（Royce：254）。

（2）ナスィーロル・モルク家

第3章　大土地所有制の変遷 ── 地主層の興亡からみたマルヴダシュトの100年 ──

　ナスィーロル・モルク（1世）[5]は当初、国王の娘婿だった兄のサーヘブ・ディーワン1世、およびハムセ族の族長かつファールス州のキャラーンタルを務めていた弟のガヴァーモル・モルク2世と比べ、政治的影響力が劣っていた。しかし彼は1860年代以降、長年務めた地区の徴税官職、ファールス州の税関の官長職、および膨大な私有地や下賜地の経営等の経済活動を通じて莫大な財産を築き、徐々に政治的影響力も大きくなった。1880年代以降、財政的に困窮度を増した中央政府に対し財力のある地方の名士は発言力を強めていったのである。

　兄のサーヘブ・ディーワン1世が1888年に総督を退任しファールス州を去ると、ナスィーロル・モルク1世が州のワジール（行政長官）に任命された。彼自身も以前からこの役職を望み、その2年前に、ワジールに就任させてもらえばファールス州の税収を7万トマン増額する旨の提案を王室にしたことがあった（Saʻidī Sīrjānī：303）。彼はワジールとしてかなりの手腕を発揮し、国王直々にねぎらいの書簡ももらったが（Saʻidī Sīrjānī：330）、晩年自らそのポストを退いた（Saʻidī Sīrjānī：415）。

　ナスィーロル・モルク1世には息子がいなかったため、1893年に亡くなると娘婿のアボルガーセム[11]は称号と一切の権利を引き継ぎ、事実上のナスィーロル・モルク家の家長となった（Saʻidī Sīrjānī：438）。ところでナスィーロル・モルク2世の最初の仕事は国王が彼の義父の遺産から求めた3万トマンの「上呈」を賄って、支払うことだった（Saʻidī Sīrjānī：349）。義父と違って、ナスィーロル・モルク2世は行政の経験がほとんどなかったが、1896年にファールス州のワジール職に就任した。

　要職であるワジールに就いたナスィーロル・モルク家の家長は、漸くガヴァーモル・モルク家の家長と肩を並べることができたが、これをきっかけにガヴァーモル・モルク3世[12]とナスィーロル・モルク2世の対立が激化した（Saʻidī Sīrjānī：549）。この対立はファールスの安定に支障をきたすとされ、ナスィーロル・モルクはワジール職を解かれテヘランに召喚された（Who1923：106～109）。数年後にシーラーズに戻って再びワジール職に就任し、ガヴァーモル・モルクとの対立はさらに尾を引くことになった。1911年にガヴァーモル・モルク4世[19]とファールス州総督が衝突すると、ナスィーロル・モルク2世

は総督側の陣営に加わり、最終的にガヴァーモル・モルク陣営が勝利すると再びシーラーズを追われた。その後も短期間だが２度ファールス州の総督代理を務めるが、ガヴァーモル・モルクと太刀打ちできる力をもたなかった。

　しかしこのことは結果的にナスィーロル・モルク家には幸いした。というのもレザー・シャー体制の標的にならなくて済んだからだ。ナスィーロル・モルク２世は1924年にハムセ連合の一角を占めていたバーセリー族のハーン、パルヴィーズ・ハーン・ザルガーミーにガスロッダシュト・カミーン村の農場の３分の２を売却し（Shahbāzī：166～167）、ラームジェルド地区のブーラキー村を自らの差配ホセインアリー・モストウフィーに譲渡した。しかしそれ以外の土地は子孫に遺すことができた。文献から確認できるナスィーロル・モルク１世および２世の所有する村は、マルヴダシュト地方とその周辺では、ハラメー村、セジェラーバード村（Saʿidī Sīrjānī：246）、セイダーン村（Forsat：376～377）、ファールーグ村（Shahbāzī：644）、ファールーナク村（Āle Dāvūd：153）がある。さらに現地調査で得られた情報では、ナスィーロル・モルク２世の３人の息子はマルヴダシュト地方だけでクヘサブズ村、ガーセマーバード村、アリーアーバード村やフトゥーアーバード村も相続していた（ガーセム・ゴルバーニー氏：2005年10月３日、アジーズ・ガーマティー氏：2006年８月21日）。因みにナスィーロル・モルク家は多くの公共施設も建設し後世に遺している。その中には、美しい建造物として国際的に評価されているシーラーズ市のナスィーロル・モルク・モスクも含まれている。

　ところでナスィーロル・モルク２世の息子たち[77]は、1979年の革命までに地方の名士という地位を維持していったが、それぞれ異なる軌跡をたどっていった。長男のアブドッラー・ガヴァーミー[30]は家長という役割を果たすようになった（Royce：254）。彼は最初に遠縁の女性と結婚して、そして彼女と別れてから前述のガヴァーモル・モルク５世の妹ラガーオッドウレ[27]の養子と結婚し彼女の資産も手に入れた（Shahbāzī：608）。シャフバージーはアブドッラーとのインタビューから得られた情報をもとに推計すると、彼は1940年代から1950年代にかけて、2000年代の半ばの価格で、年間1000億リアルの収入があった[78]（Shahbāzī：616）。

　２男のアジーゾッラー[31]は、兄と違って、政治的野心をもっていた。彼

第3章　大土地所有制の変遷 ── 地主層の興亡からみたマルヴダシュトの100年 ──

も2度結婚した。一度目はシーラーズの著名なウラマーの娘、そして二度目は上記のヘダーヤト家の女性が相手だった（Royce：254）。アジーゾッラーは、1950年代の初期の政治動乱期にモハンマド・レザー・シャー国王の支持者として活動し（国民ショーラー議会議事録：1955年7月28日）、その後

写真3：左からモアッイエドル・モルク2世、ソーラトッ・ドウレ・ガシュガーイー、ガヴァーモル・モルク5世、モハンマド・バーゲルデヘガーン、モハンマド・モサッデグ、ナスィーロル・モルク2世（1921年、シーラーズ）

1950年代半ばに2年間シーラーズ市長を務め、1960年代から国王の副官となり、そして1970年代に第24回国民ショーラー議会の議員に選ばれた。

　3男のアボルガーセム［32］はまた全く別の道を歩んだ。彼はスイスで医学博士を取得し、革命前にパフラヴィー大学（現在のシーラーズ大学）の副学長も務めたことのある学者である。結婚相手もイラン近代史で多くの学者や文化人を輩出した名門のナフィースィー家の女性である。なお2000年代半ばに、彼はシーラーズで医師として仕事を続けていることを確認している。

（3）ガヴァーモル・モルク家

　a）ガヴァーモル・モルク家の軌跡

　ロイスが1970年代にシーラーズで調査を行っていた際、多くの人に「レザー・シャーが登場する前、ガヴァーモル・モルクはここの王だったよ」といわれたと記している（Royce：253）。恐らく20世紀初期においてガヴァーモル・モルクに対するファールスの住民の感覚はこの通りだったであろう。しかしガヴァーモル・モルク家がそこまでの権力を得るまでに数十年間が必要だった。

　ガヴァーモル・モルク2世［6］は、20代の頃、重要度の低い地区の徴税

131

官の職しか得られなかったが、大きな転換点となったのは、1862年、32歳の時にダーラーブ地区の徴税官の職並びにハムセ連合部族の部族長の職を得たことである（Fasāī: 967）。その後、ガヴァーモル・モルク家はダーラーブ地区の土地を大量に所有するようになり、その地区をファールス州における活動の拠点の一つにした。他方、ハムセ部族の部族長になったことによってガヴァーモル・モルク2世は兵士を動員し私兵団を形成する能力を得た。都市在住の名士が私兵をもつことは全国的にみても稀なことだった。さらに1872年にガヴァーモル・モルク2世の長男［12］がファールスのキャラーンタル職を与えられると（Fasāī: 968）、ガヴァーモル・モルク家による兵士の動員と武装団の形成が政治的にも正当性も得られた。

　ただ、全くのよそ者だったガヴァーモル・モルクが5つの異なる部族から構成されていた官製部族のハムセを完全に服従させることは不可能だった。そこで各部族の特定の有力集団の指導者（ハーン）と一種のパトロン・クライアントの関係を結んで従わせようとした。つまり、ハーンたちの勝手を許す代わりに必要な時に兵士を提供し命令に従ってもらうという内容の合意を認めさせた。この合意はしばしば破られたが、1920年代までにその関係は壊れることがなかった。

　もっともガヴァーモル・モルクとハムセ部族の関係は、「家」の利益を最優先する名士と中央および地方権力との関係という枠組みで捉えるべきである。ガヴァーモル・モルク家はファールスのキャラーンタルとして治安と秩序の維持を任務にしていたものの、その職務を非常に恣意的に遂行するだけではなく、「家」の利益を守るために職権を濫用することも度々あった。仲の悪い総督を陥れるために、意図的に遊牧民窃盗団の取締りを遅らせたり、遊牧民に使って地方で混乱の手引きをした（Sa'idī Sīrjānī: 419）。あるいは狙った土地を手に入れるために遊牧民にその村を襲わせ、農業生産を妨害することもあった（'Ein-ol-Soltān: 1441）。しかし国家に刃向うことがほとんどなかった。基本的に地方の名士と中央の関係は国家の統治力によって決定づけられていた。国家が強い時には完全に服従したが、国家が弱体化すると服従を装っても「家」の利益を優先した。1880年代のガヴァーモル・モルク3世の時からガヴァーモル・モルク家は経済力も政治力もそして軍事力も急速に拡大した。一方、中央政府

第3章 大土地所有制の変遷 ── 地主層の興亡からみたマルヴダシュトの100年 ──

は財政的に困窮し弱体化の一方を辿っていった。その過程でガヴァーモル・モルク3世 [12] は政府の決定に抵抗するようになった。こうした事例は1899年の政府による農産物の課税率を引き上げの際にみられた。ガヴァーモル・モルク3世は黒幕となってシーラーズ住民を扇動し抗議運動を起こして政府に増税策を廃止させている (Sa'idī Sīrjānī：589～590)。政府もたまに反撃に出て彼をテヘランに召喚してたしなめることもあったが、国王自身は彼をねぎらったり (Sa'idī Sīrjānī：380,484)、宰相は総督の横暴から彼を守ったりして (Sa'idī Sīrjānī：405)、おおむね友好的な態度で接した。

　立憲革命を機に中央政府の統治力が大きく低下すると、野心的なガヴァーモル・モルク4世 [14] は、英国の支援を得ながら積極的に「家」の政治力を強め経済力を拡大することを図った。この過程でライバル勢力と2度軍事的に衝突したが、最終的にこの闘争を制し、国家の統治権が及ばないファールス州において絶対的な権力者となった。敢えていえば、当時ガシュガーイーのハーンだったソーラトッ・ドウレのみがガヴァーモル・モルクに挑戦できる兵士動員力をもっていた。ガヴァーモル・モルク4世は1916年に馬から転落して亡くなり、後を継いだガヴァーモル・モルク5世 [26] は英国の支援も受けガヴァーモル・モルク家の支配力の維持に成功した。こうしてガヴァーモル・モルクは、レザー・ハーン（後のレザー・シャー）がイラン政治に現れる前夜、ファールスの「王」となった。

ｂ）ガヴァーモル・モルク家の経済基盤と経済活動

　シーラーズの学者フォルサトは1893年にガヴァーモル・モルク家について「ファールスではこの一家が作った建造物のない場所は少ない」と記している (Forsat：375)。フォルサトはファールスにおけるガヴァーモル・モルク家の貢献を褒めたたえるためにこのような表現を使ったが、それは必ずしも根拠のない褒め言葉ではない。実は19世紀末にガヴァーモル・モルク家の経済的利害の領域はファールス全土にわたっていたといって過言ではない。ガヴァーモル・モルク家の最大の経済基盤は私有地であれ下賜地であれ、一家が保有する農地であった。しかし一家の経済活動は、農業に留まらず、流通も含む国内商業、国際貿易業や金融業など多岐にわたっていた。また物資や商品の流通をコントロールし市場操作を行ってまで利益の追求を徹底していた。

133

オルソンは、ガヴァーモル・モルク家は当時のシーラーズの多くの名士と同じように、1870年代以降に盛んになったアヘン輸出の事業に参入して莫大な利益を得たと述べている（Olson 1981：156）。彼はさらにガヴァーモル・モルク2世は「インドとの貿易で築いた富で徐々にシーラーズを支配下に置くことができた」（Olson 1981：153）というが、これはやや誇張されている評価といえる。その後もガヴァーモル・モルク家が国際貿易に携わっていったことはほぼ間違いないだろうが、事業の具体的な内容に関して情報を得られてない。

　ガヴァーモル・モルク家が公職のシーラーズ貿易商人の長官（ライーソットッジャール職）の職を手に入れることに非常にこだわっていたことも興味深い（Sa'idī Sīrjānī：188,312）。ガヴァーモル・モルク家は、国際貿易を営むと同時に数件の茶屋（喫茶店）や当時の物流に必要不可欠な施設である隊商宿（キャラバンサラーイ）も等経営していた（Sa'idī Sīrjānī：193、Forsat：442）。この種の事業は利益率が非常に低かったが、恐らく当時有望な投資先が少なかったため商店経営などにも携わるようになったと思われる。一方貸金業のような利益率もリスクも高い事業に出資したこともあった。しかし事業が失敗すると権力を使って他の出資者より先に出資分を取り返すなどリスクを低く抑えるのにその地位を利用した（Sa'idī Sīrjānī：263）。凶作の年に一般住民は食糧不足に直面しているのに、さらなる値上げを期待して小麦を出し渋ったり（Sa'idī Sīrjānī：245）、数カ月後に今度商品の値段が下がると商店の経営者に値下げしないように強要したり（Sa'idī Sīrjānī：258）、利益追求に冷酷な一面ももっていた。

　この冷酷な一面は徴税の場面でも度々示していた。地区の徴税官は契約に基づいて政府に支払う金額と徴税した金額の差額を自分の利益としていたため、法外な金額を税金として徴収する徴税官は少なかった。しかしガヴァーモル・モルクのように長年同じ地区の徴税官を務める人は、地区の経済が崩壊しないことにも配慮せざるを得なかった。それでも、地方の住民はガヴァーモル・モルクの横暴な税の徴収に対して訴訟を起こししばしばシーラーズやテヘランまで足を運んだ（Sa'idī Sīrjānī：22,28, 等）。

　以上のようにガヴァーモル・モルク家の経済基盤は徐々に多様化していったが、やはり彼らにとって最大の収入源は農地の経営だった。20世紀初期、ファー

第3章 大土地所有制の変遷 ── 地主層の興亡からみたマルヴダシュトの100年 ──

ルスを調査したフランス人のデモルニーはその報告書で、ガヴァーモル・モルクがファールスの3分の1を所有していると記している (Beck：80)。これはにわかに信じがたい数字だが、その土地資産の大きさを如実に物語っている。ガヴァーモル・モルク家の土地は主にダーラーブ地区、サルヴェスターン地区やファサー地区に集中していたが、マルヴダシュト地方やその周辺も多くの村が彼らに私有されていた。1880年代から1890年代にかけて、つまりガヴァーモル・モルク3世の時代に、ガヴァーモル・モルク家はこの地域で私有していた村の中で、コルバール地区 (Sa'idī Sīrjānī：88)、ベイザー地区 (Sa'idī Sīrjānī：164)、カヴァール地区とカフル地区 (Sa'idī Sīrjānī：180)、それぞれ数件の村、さらにバヴァーナート村 (Sa'idī Sīrjānī：199)、カヴィーミー村 (Sa'idī Sīrjānī：228)、デヘノー村 (Sa'idī Sīrjānī：378)、ガヴァーマーバード村 (Forsat：378)、バンデアミール村 (Āle Dāvūd：186)、スィーワンド村とその近くにあった比較的に小さいワキーラーバード村、ラフマターバード村とホセイナーバード村 ('Ein-ol-Soltān：1443) を確認できる。確認できない村も数多くあるに違いない。因みガヴァーモル・モルク3世時代にこの一家はシーラーズ市内やその周辺に立派な館と広い土地からなるイラン式庭園を複数所有していたが (Forsat：836)、そのいずれも現在シーラーズの観光名所となっている。

c) レザー・シャー時代とその後のガヴァーモル・モルク家

前述のように1920年代後半に国王レザー・シャー・パフラヴィーは中央集権的な国家体制の樹立を目指して、遊牧民のハーンと一部の地方名士の影響力を排除することに乗り出した。そして最終段階でガヴァーモル・モルク5世はその標的となった。実は1920年代末までレザー・シャーとガヴァーモル・モルクは協力関係を維持していた。ガヴァーモル・モルクはレザー・シャー体制の改革に対して異議を唱えなかった代わりに体制内に迎え入れられ、国民ショーラー議会の議員[79]になる手配をしてもらった。1927年にファールスを訪問したイギリス人のノルデンは、武器所有禁止法が施行されてから国中の部族長の中でレザー・シャーの親友であるガヴァーモル・モルクの部隊のみが武器の保有を許されたと述べている (Oberling：166～167)。しかし国王とガヴァーモル・モルクとの「親密関係」はあまり長く続かなかった。1929年にガヴァーモル・モルクはハムセ部族の族長職から解任され (Cronin：18)、議会の議席

135

もはく奪された。その上身柄が拘束され、2度とファールスに足を踏み入れないという条件で釈放された（Oberling：166〜167）。

　レザー・シャー体制はガヴァーモル・モルクとファールスの一切の関係を断ち切るための法的な手続きを採った。以前に指摘したように、国民ショーラー議会が1932年6月7日に「ファールス州におけるガヴァーム氏の土地および水源権利と政府所有物との交換許可法」を可決し、ファールスにおけるガヴァーモル・モルクの資産は他の地域にある資産と交換されることになった。ところでガヴァーモル・モルクは私有としている一部の土地が法律上、彼の私有地として認められるかどうかの検証作業や土地・不動産の価格決定等に時間がかかり、交換作業は漸く1935年後半に完了した。

　ところでイランの国立図書館の資料局に保管されているガヴァーモル・モルクの資産交換に関する資料の中に彼の土地資産に関する詳細な資料は含まれてないが、税務局作成の「1923年のエブラーヒーム・ハーン私有地課税額確定書」という一枚の手書き資料は保管されている。この資料ではガヴァーモル・モルク5世の34件の村が記されている。34件の村の内、8件はダーラーブ地区に、そして7件はサルヴェスターン地区に位置していた。マルヴダシュト地方とその周辺の村をみると、シャムサーバード村、エマーダーバード村、ガヴァーマーバード村、そしてファーフアーバード村のエスファンジャーン農場（全てマルヴダシュト地区）、アリーアーバード村（カミーン地区）、ベカン村（カームフィールーズ地区）の名前が記されている。さらに隣接するコルバール地区の1件の村、ベイザー地区の2件の村そしてカヴァール地区の4件の村もそこに明記されている（NLAI：File no. 240/18599）。

　ガヴァーモル・モルクの資産交換が完了して間もなく、レザー・シャーは彼との関係を修復させた。国王の長女と次女の結婚相手探しはそのきっかけとなった。王妃たちの結婚を機にレザー・シャーはガージャール朝時代の慣行を復活させたのである。つまり王族と名士（貴族）との間に婚姻関係を作り、王族に対する彼らの忠誠心を強めようとした。そこで次女の結婚相手にガヴァーモル・モルクの長男、アリー・ガヴァーム［33］を選んで、その旨をガヴァーモル・モルクに伝えた。そしてこの結婚を契機にガヴァーモル・モルクも1939年に国家航空局の初代長官に就任し完全な復権を果たした。ところで長

第3章 大土地所有制の変遷 —— 地主層の興亡からみたマルヴダシュトの100年 ——

男だけではなく、ガヴァーモル・モルクの長女［35］の結婚相手もレザー・シャーによって決められ、ホラーサーン州南部の大地主の長男、アサドッラー・アラムと結婚させられた。アラムは生涯パフラヴィー朝第2代国王モハンマド・レザー・シャーの側近中側近として仕え、彼の存在はガヴァーモル・モルク家の権力基盤の一つとなった。

レザー・シャーが退位して2年後にガヴァーモル・モルクの長男とアシュラフ王妃は正式に離婚したが、この離婚はガヴァーモル・モルクのその後のキャリアに全く影響を及ぼすことがなかった。彼は1950年にファールスからセナー（上院）議会の議員となった。これはガヴァーモル・モルクがレザー・シャー退位後にファールスにおいて一定の権力基盤を回復させたことを意味する。長男のアリー・ガヴァームも1960年前後に2度シーラーズから国民ショーラー議会に当選した。ガヴァーモル・モルク5世は1970年に81歳の生涯を終え、妻と子孫も9年後の革命の際イランを去った。

2）モシーロル・モルク／モアッデロル・サルタネ家

モシーロル・モルク2世[80]は19世紀の後半にシーラーズ在住の大土地所有者の代表的な人物であった。彼は30年近くファールスのワジール職を務めたこともあり、ハーシェミーエ家と太刀打ちできるほどの権力を有した時期もあった。ワジールはそれほど政治的な権力を伴わない要職だったが、彼の場合は30年間という長きにわたってワジール職を務め、総督の次に力を有していると評価されていた（Forsat：439）。

モシーロル・モルク2世は在任中に土地資産を拡大したがこれは長年ワジール職にあったことと無関係ではない。彼の父親、モシーロル・モルク1世[81]も同じくファールスのワジール職を歴任したが、ファサーイーによれば、公職を解かれた時「貧しい生活」を強いられていた（Fasā'ī：1070）ことから、俸給以外に主な収入源がなかったと推測される。モシーロル・モルク2世には息子がなく、一人甥のアフマド[82]（Fasā'ī：1072, Sa'idī Sīrjānī：203）と地方出身の中地主で彼の番頭を務めていたモアッデル[83]（Who1924：60～61）を娘たちの婿として迎えた。文献ではモシーロル・モルク2世の土地資産（Sa'idī Sīrjānī：46,53,73,86）やイラン式庭園（Forsat：838,859）についての記述がい

137

くつもある一方、彼がワクフとして多くの隊商宿（キャラバンサラーイ）（Forsat：825）、モスクなどの宗教施設（Forsat：728,822）や橋および生活用水貯蔵施設を建設し後世に遺していることも確認できる（Forsat：439）。

　彼が死去するとその資産は2人の娘に分割され、一部の遺産が国王に「上呈」を支払うために売却された（Sa'idī Sīrjānī：212）。長女のベイゴム[84]はマルヴダシュト地区ハージー・アーバード村の3つの農場を貸与した（写真1）。また1889年に夫のアフマドが死ぬと彼の借金を支払うために一部の土地の売却を余儀なくされた（Sa'idī Sīrjānī：350）。ところでハージー・アーバード村はもともとエスタフリー家の祖先によってワクフされた土地であり（写真2）、ハミード・エスタフリー氏によれば、土地が不正にはく奪され、これを祖先が総督に訴えた結果、その管理権がエスタフリー家に戻ったという（ハミード・エスタフリー氏：2006年8月27日）。この村の管理権をめぐる経緯の詳細は必ずしも明確でないが、モシーロル・モルク2世の子孫がハージー・アーバードの経営権を失ったことはほぼ間違いない。因みにベイゴムと夫のアフマドの間には子供がなく、彼女の死亡後、その資産は再婚相手の連れ子に渡った（Who1924：55）。

　妹のビービー[85]にも子供がなく、すでに相続資産のすべての権利を夫に委譲していたので（写真1）、彼女が1891年に亡くなると全財産が夫のモアッデルの手に渡った。そして結局、その資産は彼と第2夫人の間に生まれた一人娘のものとなり、さらに彼女からも長男のロトフアリー（モアッデロル・サルタネ）[86]に移った（Who1924：60～61）。

　モアッデロル・サルタネはヨーロッパに留学していたが20代で帰国した後、マルヴダシュト地区のザンギーアーバード村やファターバード村などモアッデル家の所有地の経営権を取得して徐々に地域の有力者としての地位を固めた。モアッデル家の土地資産は、ラームジェルド地区、カームフィールーズ地区、ハフラク地区、ベイザー地区などマルヴダシュト地方の全域だけではなくその周辺地域も点在し、その規模はガヴァーモル・モルク家やナスィーロル・モルク家に匹敵するほどであった（'Ālavī, ハミード・エスタフリー氏：2006年8月27日等）。

　彼は1930年代、他2人の大地主と一緒に「モサッラス（三角）社」を設立し、

第3章 大土地所有制の変遷 —— 地主層の興亡からみたマルヴダシュトの100年 ——

ドイツから輸入したトラクターを農作業に導入した。農業経営者として革新的な一面ももっていたが（ハミード・エスタフリー氏：2006年8月27日）、後にラームジェルド地区のポレノウ村やチャマニー村等を売却する等、農業経営に対する熱意が徐々に冷めていったようである。

モアッデロル・サルタネは政治的な野心も抱いていて1930年代はじめに2年間シーラーズの市長を務めた（Roknzāde4：487）。その後シーラーズ選挙区から国民ショーラー議会の第10議会から14回まで、そして第16回に当選した（Shajī'ē4）。1940年前半に反共活動にも関わり、1945年にトゥーデ党（共産党）を支持していたマルヴダシュト砂糖工場の労働組合との闘争を指揮したといわれている（Azimi：128）。また1948年にハジール内閣で副首相兼、宣伝・出版局の局長を務めたこともあった。1953年のモサッデグ政権崩壊後、国王党派に一時拘束され、それ以後は政治から身を引いた。

ところでモアッデロル・サルタネには大地主や政治家の顔に加えて、詩人やジャーナリストとしても活躍し、文化人として評価が高かった（Roknzāde4：487）。ロトフアリー・モアッデロル・サルタネには子がなく、所有地の大部分をワクフにしていたので、相続人になった異父兄弟は土地を分割せずワクフとして管理してきた。その管財人となった弟のモハンマド・アリー・モアッデルは2011年に亡くなった。因みに彼も革命前に一度国民ショーラー議会に選ばれたことがあった。

写真1：ハージー・アーバード村や所有地の譲渡に関するモシーロル・モルク2世の相続人が交わした契約書

3）エスタフリー家（マルヴダシュティー家）

マルヴダシュトの新興地主の中でエスタフリー家は特別な存在である。祖先は16世紀にサファヴィー朝の軍事エリートだった。マルヴダシュト地方における大土地所有者としての歴史も19世紀初頭に確認できる。祖先は一度大地主としての地位を失ったが、数代後に再び地域の大地主として復活し、シーラーズで経済活動を行うようになった。またシーラーズを経由せず中央と独自のパイプを築き、地域振興のために尽力した。

エスタフリー家の祖先、アッラヴェルディー・ハーンは将軍としてサファヴィー朝の大王シャー・アッバースに仕え、1594年にファールス州の総督に任命された（Fasāī:447）。息子のエマームゴリー・ハーンも同じく将軍職にあり、一時ファールス州の総督を務めたこともあった。しかしシャー・アッバースの代位シャー・サフィーに恐れられたからか、1629年に総督と将軍職を解任され、ファールスから追放され殺害された（Fasāī:474）。エスタフリー家の祖先が再び頭角を現したのは、エマームゴリー・ハーンの孫の代、ラビー・ハーン・マルヴダシュティーである。ラビー・ハーンはザンド朝とガージャール朝の闘争でガージャール朝に寝返った前述のハージー・エブラーヒーム・ハーンを支持したことにより、その代償としてマルヴダシュト地区の徴税官の職を得た（Fasāī:650, 1553）。次いで、長男のモハンマド・ラフィー・ハーンはその職を引き継ぎ、1846年に死ぬまでその職にあった（Fasāī:1553）。その後、弟のアブドルホセイン・ハーンは徴税官の職を代任して、13年間この役目を果たした（Fasāī:1555）。因みに、アブドルホセイン・ハー

写真2：モハンマド・ラフィー・ハーンによるハージー・アーバード村の5つの農場をワクフにする石碑

第3章　大土地所有制の変遷 ── 地主層の興亡からみたマルヴダシュトの100年 ──

ンは前述のバハードロル・モルク・マルヴダシュティーの祖先に当たる。

　ところでラビー・ハーンとその息子たちは復権してから大きな土地資産を築くことができたようである。マルヴダシュトの北東に位置する、イランの有名な遺跡ナグシェ・ロスタムの岩壁に1831年に彫られているワクフ文書では、モハンマド・ラフィー・ハーンがハージー・アーバード村の5つの農場をワクフにすると記されている（写真2）。ところで前にも触れたが、この村と農場はモシーロル・モルク2世の遺産として長女に相続された文書も残っている。したがってモシーロル・モルク2世がワクフされた土地を不正な方法で手に入れたとしか考えられない。ハミード・エスフリー氏によるとマルヴダシュティー家（エスタフリー家）はモハンマド・ラフィー・ハーンの孫であるホセインゴリー・ハーン（1900年頃死亡）の代でハージー・アーバードのワクフ地を復権できた（ハミード・エスタフリー氏：2006年8月27日）。しかしエスタフリー家の土地資産を拡大し、大土地所有者の仲間入りを果たすことができた立役者はホセインゴリー・ハーンの息子、ナスロッラー[87]である。ナスロッラーは20代の頃、前述のモアッデロル・サルタネの母親からザンギーアーバード村とファターバード村を貸与され収穫量を増加させた結果、資金力も増やし土地の購入に乗り出した。また農業経営面でも前述の「モサッラス社」の一角を占め、農業作業の機械化に力を入れた。エスタフリー家の土地資産は彼の代で最大規模になり、マルヴダシュト地方のみならず、アルサンジャーン地区、デヘビード地区やシーラーズ周辺まで34の村（一部また全部）に及んだ。

　ナスロッラー・ハーンが築いた家族の経済基盤は農業の分野だけではない。シーラーズ市の不動産、隊商宿（キャラバンサラーイ）、イラン式庭園、病院、マルヴダシュト地区内の橋、シーラーズ—エスファハーン間の郵便事業等まで経営は多角的であった（ハミード・エスタフリー：2006年8月27日）。一方、ナスロッラー・ハーンは政治的な野望がなかったが、政治的行動を恐れていなかったようにみえる。例えば、1918年には反ガシュガーイー同盟を指揮したガヴァーモル・モルク陣営に加わり（Nasīrī Taīyebī：130）、また英国の駐留軍を攻撃しその武器を奪ったこともあった（Who1923：110）。ここから遊牧民のハーンではなかったナスロッラー・ハーンに兵士の動員力があったことが窺える。またナスロッラー・ハーンの孫によると、彼は1930年前後に国王レザー・

141

シャーと会い、バンデアミール村に建設される予定だった砂糖工場の建設場所を変更するように要請し、認められた（ハミード・エスタフリー氏：2006年8月27日）。因みに、ナスロッラー・ハーンの代に戸籍登録法が施行され、以前マルヴダシュティーとして知られていた一家の苗字は正式にエスタフリーに変更された[88]。

　ナスロッラー・ハーンの死後、資産は2人の娘と2人の息子の間で分割され、エスタフリー家の影響力は一定程度に減少した。しかし長男のアブドルホセイン（1909年〜1984年）は貿易業を営むためにシーラーズに移り住み、姉妹と共に所有地の経営を弟のゴラームホセイン（1915年〜1982年）に託したことで、ゴラームホセインはマルヴダシュト地域においてエスタフリー家の家長となり、一家の権力基盤を引き継ぐことができた。ゴラームホセインは2度マルヴダシュト市議会の議長を務め、また1950年代に2度国王モハンマド・レザー・シャーの弟たちと会って地域振興への支援を求めた。さらにマルヴダシュト市初の小型発電所建設にも投資し、マルヴダシュト地方の発展に貢献した。

　ところで農地改革を契機にエスタフリー家がもっていた中央政治とのパイプは壊れることになった。というのも、長男のアブドルホセインは、当時農地改革の推進役だったアルサンジャーニー農業相の前で農地改革を強い口調で批判し、この演説がきっかけでエスタフリー家は当局のブラックリストに載ったからである（ハミード・エスタフリー氏：2006年8月27日）。

　ナスロッラー・ハーンの死後に農地の一部を売却していたエスタフリー家は農地改革の結果、土地を所有していた20に及ぶ村の大部分を失った。兄のアブドルホセインにはハフラク・オリアー地区のハサナーバード・トレ・キャミン村のみが残され、1984年の彼の死により娘たちに相続された。一方、弟のゴラームホセインは、農地改革の前に所有地の一部を妻と子供たちの名義にしていたので、マルヴダシュト地方のハフラク・ソフラー地区に集中するギャシャク村、ファーヴァンデー村、ハサナーバード・ラヒーサー村、ハーレダーバード村、ハサナーバード・シュール村、そしてサールイー村、計2,300ha. にのぼる土地が手元に残った。1960年代の政治権力とのパイプの切断や所有地の大幅縮小、1979革命後の所有地の一部占拠や没収、エスタフリー兄弟の死と子孫の外国移住などによりエスタフリー家の影響力は大いに弱まった。エスタフ

第3章　大土地所有制の変遷 —— 地主層の興亡からみたマルヴダシュトの100年 ——

リー家末裔のハミード・エスタフリー氏が農業経営を引退すれば、200年以上続いた地主としてのエスタフリー家とマルヴダシュトの関係に終止符が打たれることになる。

おわりに

　本稿では19世紀半ばから1960年代の農地改革に至る大土地所有制の変容過程を扱った。ガージャール朝におけるハーレセ地払下げ、1906年の立憲革命、そしてレザー・シャー期の改革を経て、イランの大土地所有制は制度および構造的に大きく変化した。マルヴダシュト地方でも19世紀末まで、土地は都市シーラーズに居住する権力層によってほぼ独占されていたが、その支配力は徐々に失われ、地元出身の新興地主層に入れ替わった。しかし、1960年代に実施された農地改革によって地主制そのものが廃止された。この改革で旧地主は近代化することで土地の全面的な譲渡を免れ、農場経営を通して農業生産の担い手になったが、1979年革命後のいわゆるイスラム農地改革の結果、この農場経営もまたその多くが農民に再分割された。この一連の変化はきわめてダイナミックなものであったといってよい。

　さて地主制は地主が農民を支配し農民を従属的かつ貧困状態に留めたことで批判されてきた。20世紀の初頭に政治の舞台に登場した進歩主義勢力は農地改革の必要性を訴えた。また20世紀後半の2度の農地改革が、歴史的に大土地所有者と同盟関係にあった国王とウラマー層の手で行われたことは大変興味深い。これは大土地所有者層の多くが貧困に喘ぐ農民の生活向上に無関心だったことと関係がある。農地改革とその後の農政による政府の支援は裕福な農民層の誕生という歴史的な成果を遺した。

　しかし、歴史的出来事は時代と共にその評価が変わることがあり、農地改革も多分にそうした側面をもっている。農地改革で農民は農地を手に入れたが、イラン革命後の人口急増と分割相続また売買による土地移動によって農地の細分化が進み、農村の危機と農業の生産性の低下が問題になった時から、農地改革に対する否定的な評価が多くみられるようになった。筆者が2000年代半ばに訪れたマルヴダシュトの農業局の役人が、「大地主の排除が間違いだった」というのを聞きひどく衝撃を受けたのを今も覚えている。この主張の賛否はと

もかく、イランにおける土地の零細化がもたらす現代の農業問題については農場制との関係で土地制度の変遷の歴史的経緯を今一度たどってみることが必要かもしれない。

第3章 大土地所有制の変遷 ── 地主層の興亡からみたマルヴダシュトの100年 ──

表 ハーシェミーエ家の人名表

1. ハージー・エブラーヒーム・ハーン・キャラーンタル（エーテマードッ・ドウレ）（1745年～1801年）
2. ハージー・ミールザー・アリー・アクバル・ガヴァーモル・モルク1世（1788年～1865年）
3. ミールザー・モハンマド・ハーン・ベイグラルベイギー（1812年～1852年）
4. ハージー・ファタリー・ハーン・サーヘブ・ディーワン1世（1821年～1896年）（3度結婚。最初の妻、ファタリー・シャー国王の娘）
5. ミールザー・ハサン・ハーン・ナスィーロル・モルク1世（1822年～1893年）
6. ミールザー・アリー・モハンマド・ハーン・ガヴァーモル・モルク2世（1829年～1883年）
7. ミールザー・アリー・ハーン・ベイグラルベイギー（1835年～1867年）
8. ミールザー・アフマド・ハーン・モアッィエドル・モルク1世（1837年～1894年）
9. ミールザー・ホセイン・ハーン・サーヘブ・ディーワン2世
10. ミールザー・マフムード・ハーン・サーヘブ・ディーワン3世（ミールザー・モハンマド・ハーン・ベイグラルベイギーの娘と結婚）
11. ハージー・アボルガーセム・ハーン・ナスィーロル・モルク2世（ハーシェミーエ家の子孫。ナスィーロル・モルク1世の娘と結婚）
12. モハンマド・レザー・ハーン・ガヴァーモル・モルク3世（1852年～1908年）（ナスィーロル・モルク1世の娘、コーカブッドウレと結婚）
13. ミールザー・モハンマド・ハーン
14. ミールザー・タギー・ハーン・モアッィエドル・モルク2世（1874年～1923年）（サーヘブ・ディーワン2世の娘と結婚）
15. ミールザー・アリー・ハーン
16. ミールザー・ハーシェム・ハーン
17. ミールザー・ハサン・ハーン・マスウードッ・サルタネ（サーヘブディーワーニー）（1870年生まれ）
18. ミールザー・アリー・アクバル・ハーン・モタメノル・モルク（サーヘブディーワーニー）（1873年生まれ）（モアッィエドル・モルク2世の娘と結婚）
19. ハビーボッラー・ハーン・ガヴァーモル・モルク4世（1868年～1916年）（2度結婚：ガシュガーイーのハーンの娘、ラガーオッ・ドウレと弟の未亡人サーヘブ・ディーワン2世の娘、ラガーオッ・サルタネ）
20. モハンマド・アリー・ハーン・ナスルッ・ドウレ（1872年～1911年）（サーヘブ・ディーワン2世の娘、ラガーオッ・サルタネと結婚）
21. アフマド・モアッィエドル・モルク三世（ガヴァーミー）
22. ロトファリー・アミール・アルファー（ガヴァーミー）（1905年生まれ）
23. ミールザー・モスタファー・ゴリー・ハーン・モディーロッ・ドウレー（サーヘブディーワーニー）
24. ミールザー・ハサン・ハーン・サーヘブディーワーニー
25. ミールザー・ホセイン・ハーン・サーヘブディーワーニー
26. エブラーヒーム・ハーン・ガヴァーモル・モルク5世（1889年～1970年）（叔父のナスルッ・ドウレの娘、ファクロッ・サルタネと結婚）
27. ラガーオッドウレ・ガヴァーム（ホルシード・コラー）（ハーシェミーエの子孫、遠縁のナーゼモル・モルクと結婚）
28. ジーナトッ・ザマーン（ハーシェミーエの子孫、遠縁のフルーゴル・モルクと結婚）
29. エブテハージョッ・サルタネー
30. アブドッラー・ガヴァーミー（1921年生まれ）（2度結婚。2度目遠縁のバルーチェフル・ガヴァーミーと結婚）
31. アジーゾッラー・ガヴァーミー
32. アボルガーセム・ガヴァーミー
33. アリー・ガヴァーム（王妃アシュラフと結婚。3年後に離婚）
34. モハンマド・レザー・ガヴァーム
35. マレクタージュ（アサドッラー・アラムと結婚）
36. フーシャング・ガヴァーミー

【注】
1） モストウフィーはアーガー・モハンマドがこれらの土地を「購入」したと記しているが、にわかに信じがたい。
2） ラムトンがハーレセ地の払下げ政策を比較的に評価しているのに対して、国家の財務に精通していたモストウフィーはこの政策を批判している
3） 都市に在住する富裕層である。土地所有を最大の権力基盤とするが、多くの場合、土地に加えて経済的、政治的また社会的に独自の権力基盤を築いており、中央権力からある程度独立していた。また私兵を抱える能力をもつ者もあった。
4） ガージャール朝の統治の方法について、ラムトンは「ガージャール時代には、統治者たるハーンとその家族による統治という、セルジューク時代の慣行がある点では復活した。再び、地方の統治権は王族に与えられた―この慣行はサファヴィー時代にほとんど廃止されていた―」と説明している（ラムトン：138）。
5） 当時ブーシェフルはファールス州の一部だった。
6） 「Fārs-nāme-ye Nāserī」(以下 FN)はミールザー・ハサン・ファサーイーによって1870年代から80年代にかけて、当時のファールス州の歴史、地理、政治と社会について書かれた大著である。
7） アバルジュ地区 p.1243、アルサンジャーン地区 p.1251、ベイザー地区 p.1279、ラームジェルド地区 p.1343、カミーン地区 p.1461、コルバール地区 p.1453、マルヴダシュト地区 p.1528。
8） 当時のファールス州の領土は現在よりはるかに広く、現在隣接している州の領土もそれに含まれていた。19世紀末のファールス州の地図に Fasā'ī：896～897 を参照できる。
9） 部族の長。当初ファールス州のすべての遊牧民を束ねる役職だったが、後にガシュガーイー族のみに限るようになった。
10） ファールスナメ・ナーセリーの著者ハージー・ハサン・ファサーイー。
11） シェイフ・ゼインオルアーベディーン（Fasā'ī：988）。
12） マルヴダシュト地区の「アーテシー・セイエド家」のワクフ地（Fasā'ī：598）。
13） アルダカン地区のアーガー・ファズオッラー・モストウフィーの7つの村（Fasā'ī：1066）。
14） 購入者ガヴァーモル・モルク3世。
15） 購入者サニーオッ・ドウレ。
16） ガスロッダシュト村を買い取ったのはナスィーロル・モルク1世であるが、数年後にナスィーロル・モルク2世はこの村をバーセリー族のハーン、パルヴィーズ・ハーン・ザルガーミーに売却した（Shahbāzī：166～167）。
17） モラード・ミールザー・ヘサーモッ・サルタネ。

第 3 章　大土地所有制の変遷 ── 地主層の興亡からみたマルヴダシュトの 100 年 ──

18)　ミールザー・アフマド・ハーン・ジアーオル・モルク。
19)　モルテザー・ゴリー・ハーン・サニーオッ・ドウレ（1856 年～ 1911 年）。財務大臣や第一回国民ショーラー議会の議長を歴任。
20)　ヘダーヤト家の家系について 'Āqelī : pp.300 ～ 338 を参照できる。
21)　称号モシール・ダフタル 1 世。
22)　20 世紀の半ばまで医師のことをペルシア語でハキームといっていた。
23)　ミールザー・アリー・ナギー・ハキームバーシー。
24)　ハキーミー家の歴史や家系について http://hakimi.50webs.com/ を参照できる。
25)　称号モシール・ダフタル 2 世。
26)　称号モグベロル・ソルターン。
27)　モハンマド・バーゲル・ハーン・デヘガーン。
28)　大括弧付きの数字は、ハーシェミーエ家の家系図やハーシェミーエ家の人名表に該当する番号である。
29)　ミールザー・ダヴード・ハーン・バナーノル・モルク。
30)　ショクッルオッラー・ハーン・バハードロル・モルク・マルヴダシュティー。
31)　ハージー・ナスロッラー・ハーン・マルヴダシュティー。
32)　アター・サドル・ラザヴィー。
33)　ミールザー・アブーターレブ。
34)　南里氏の調査メモによるとミールザー・アブーターレブの父、アターはザンド朝末期の混乱時、シーラーズの総督に攻め込まれ、これに抵抗して命を落とした。ガージャール朝のアーガー・モハンマド・ハーンは、アターの功績に報いるため、彼の幼い息子アブーターレブをシーラーズに呼び寄せ養育させた経緯がある。
35)　セイエド・ジャーファル・マザーレイー（Who1924：24）。
36)　ただしこの同盟関係も非常に流動的で必要に応じて組む相手を変えることも珍しくなかった（Nasīrī Taīyebī）。ナスィーロル・モルクについて（Who1923：106 ～ 109, Who1924：70 ～ 72）、サルダール・エフテシャームについて（Who1923;126, Who1924： 6）。
37)　1920 年代の半ばにレザー・ハーンが国王となってから徐々に国民ショーラー議会が形骸化し、レザー・シャーの意思を法制化する機関と化した。
38)　1925 年に「称号廃止法」が可決され施行された以降、少なくとも公式文書では「ガヴァームオルモルク」が使われなくなった。
39)　「ハーレセジャーテ・エンテカーリ」とはガージャール朝時代に譲渡権と共に生涯間や特定期間、私人に譲渡されていたハーレセ地のことである。1931 年の法律によりハーレセ地の保有者は 10 年分の借地料を支払うことにより土地を買い取ることができるようになった（ラムトン：244 ～ 245）。

40) モハンマド・アリー・ハーン・ナーゼモル・モルク。
41) セイエド・モヒオッディーン・マザーレイー。
42) ハビーブ・シャーバージー。
43) ロトファリー・モアッデル。
44) シーラリー・キアーニー。
45) モシールホマユーン1世。
46) モシールホマユーン2世。
47) モグベロル・ソルターン。
48) モムターズはモシールホマユーン2世が、1930年代半ばにラームジェルド地区の地主たちを集めて、河川の浚渫とダム建設のために委員会を設立したと記している (Mīr Momtāz : 18)。
49) ダビーリー。
50) シェイフ・モハンマド・アリー。彼は二度国民ショーラー議会の議員に選ばれた。
51) シェイフ・アボルガーセム（アミーロッシャリアー）。
52) ジャマール・エマーミ。
53) その詳細について第3節を参照できる。
54) イスラム・ショーラー議会にグーシャカク村の住民は1952年に村の地主であるバーゲル・マザーレイーの横暴な態度と不条理な行為に対して議会に陳情している文書は保管されている。
55) アター・サドル・ラザヴィー。
56) ナーゼモッシャリアー（エマーム・ジョムエ家）。
57) ジャラール・マンスリー。
58) パルヴィーズ・ハーン・ザルガーミー。ナスィーロル・モルク2世からガスロッダシュト・カミーン村を購入。
59) ビービー・パリーチェール。
60) アリー・バーズーバンディー。
61) モスタファー・ゴリー・アブドッラーヒー。
62) アリー・モハンマド・ゴルバーニー。
63) ハージ・ゴラームホセイン・モッタヘド。
64) 前述のモスタファー・ゴリー・アブドッラーヒーの息子モスタファー。
65) 前述のモスタファー・ゴリー・アブドッラーヒーの娘婿。
66) 前述のバナーノル・モルクの孫 (Mīr Momtāz)。
67) モハンマド・アリー・ハーン・ベフバハーニー。
68) ハージー・ナスロッラー・マルズバーン。彼は1940年代以降地主の仲間入りをしたマルヴダシュト出身の中地主。

第3章　大土地所有制の変遷 ── 地主層の興亡からみたマルヴダシュトの100年 ──

69) 1964年に前述のガシュガーイーのハーン、ソーラトオッ・ドーレーの甥に当たるバフマン・ガシュガーイーなどヨーロッパ在住の遊牧民数名は遊牧民の力を借りて革命を起こそうと密かにイランに入国してファールス州で武装闘争を始めた。彼らの闘争はあまり広がらず敗北し、指導者のほとんどはイランを脱出したが、モハンマド・ハーン・ザルガーミーは死刑回避を条件にバフマンと政府の間に仲介し彼を投降させた。しかし結局、国軍はバフマンの身柄を抑えることに成功し、彼を軍事裁判にかけて処刑した。バフマンの処刑に憤慨したモハンマド・ハーン・ザルガーミーは批判の先先をモハンマド・レザー・シャー向けて後、逮捕され15年の禁固刑に処される。彼は10年後に、ファールス州を訪れない条件に釈放された。ところで釈放から3年、革命運動が盛んになると彼は所有地のガスロッダーシュト村に戻り、そこから積極的に革命運動に参加した。しかし革命勝利の直後に彼とイスラム体制との間に確執が生じて、結局彼は1980年12月に革命防衛隊の隊員に暗殺され、命を落す。
70) ゴラーム・レザー・ハキーミー。
71) ハージー・モハンマド・アリー・タージェル。
72) ロトファリー・ハーン・ザンド。
73) ファタリー・シャー。
74) モハンマド・シャー（在位：1834年〜1848年）。
75) Vaqāye' Ettefāqiye の著者はこの三家がガヴァーモル・モルク1世の子孫だったゆえに、彼らを一括して「ガヴァーミーエ」と称している。
76) 1886年にガヴァーモル・モルク2世とサーヘブ・ディーワン1世は、シーラーズで商品の価格をコントロールするために協調して商店の店主に商品の価格を下げないように圧力をかけたことがあった（Saʿidī Sīrjānī：258）。
77) エスタフリー氏（2006年8月27日）によるとアブドッラーはアジーゾッラーとアボルガーセムの腹違いの兄である。そしてナスィーロル・モルク2世はアボルガーセムが生まれる前になくなった。
78) これを2000年代の為替レートで換算するほぼ100万米ドルとなる。
79) 第6回から8回までの国民ショーラー議会。
80) ミールザー・アボルハサン・ハーン（1811年〜1883年）。
81) ミールザー・モハンマド・アリー（1764年〜1846年）。
82) ミールザー・アフマド・ハーン・ジアーオル・モルク。
83) ハージー・ミールザー・モハンマド・モアッデル。
84) アーガー・ベイゴム・ソルターノル・ハージエ。
85) ハージエ・ビービー・アーガー。
86) ロトフアリー・モアッデル（モアッデロル・サルタネ）（1898年〜1958年2月27日）。

87) ハージー・ナスロッラー・ハーン・マルヴダシュティー（1876年〜1946年12月5日）。
88) エスタフルは現在のマルヴダシュト市の近くに立地していた古代イランの都市である。「エスタフリー」（＝エスタフル人）を名字にしたナスロッラー・ハーンは、当時エリートの中で流行していた古代イラン主義に同調する向きもあったと推測できる。

第二部

第4章

遊牧民定住村40年のあゆみ

南里浩子

はじめに

　イラン南部ファールス州の州都シーラーズ市の北40キロの地点に、マルヴダシュト平原がある。この平原はザーグロス山地に沿って北西から南東に長く伸びる谷平野であり、長さ約100キロ、幅約20〜30キロにも及ぶ広大な面積をもち、その真ん中をコル川が流れ塩の湖に消える。その中心部をエスファハーン市とシーラーズ市を結ぶ幹線道路が横切り、その真ん中の道路沿いにマルヴダシュト市がある。

　この平原の二つの農村に焦点を当てて地域に暮らす人びとがどのような歴史をたどり、現在どういう状況を生きているのか見ていく。第一節で二つの村の歴史を、第二節ではK村を取り上げ、村社会とそこに暮らす家族の営みを、最後に第三節では二つの村からマルヴダシュト市に移住していく人びとの背景を解説したい。

1　農民が生きてきた激動の20世紀

　大まかに言えば、南部イランの農村の変化は、①19世紀〜1920年代　遊牧民の定着　②1920、30年代〜　地主による農場経営　③1962〜4年〜　パフラヴィ国王による農地改革と近代化政策　④1979年のイラン革命によるイラ

ン・イスラム共和国の樹立、1981～88年のイラン・イラク戦争とホメイニー政権基盤の確立の時代　⑤1990年代からの戦後およびホメイニー師後の経済復興の時代、という主として5つの時代区分として見ることができる。

1）遊牧民から農民になる

（1）2つの農村（K村とP村）

マルヴダシュト平原のちょうど真ん中にあるマルヴダシュト市から上流25キロ地点にP村、下流28キロ地点にK村がある。人口規模はK村の方が大きく、2003年統計で160世帯727人、P村は2007年統計で100世帯504人であった。どちらの農村からも車で30分前後でマルヴダシュト市に出ることができ、朝の便で村を出て町での用事を片付けて夕方の便で戻ってくることが楽にできる位置にある。

K村とP村の位置関係は似ているが、上流部分に位置するP村の方がマルヴダシュト谷平野の中でも北部の米作地帯からエスファハーン地方に山から抜ける道路に続き、広い農村地帯を網羅する交通網があり、道路沿いには化学工場や食肉加工工場といった工場や聖戦農業省の支部などの公的施設もある。道

図表4-1　マルヴダシュト平原の2つの村

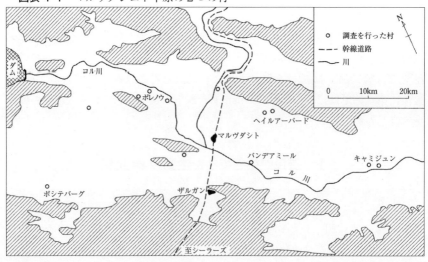

第 4 章　遊牧民定住村 40 年のあゆみ

路の交通量ははるかに多い。一方、K 村に続く道路の先は 2、3 の農村があるのみで下流の塩砂漠へ至る道であり交通量も少ないローカルな道である。

（2）遊牧民定住の村

　K 村も P 村も遊牧民が定着した人びとが中心になって農村の住民を構成している。P 村住民の遊牧民的出自はガラゴラーグというトルコ系の小部族である。P 村がある一帯は、かつてガシュガーイーとハムセの境界地帯（遊牧ルート）であった。彼らはマルヴダシュト平原の P 村周辺を夏営地とし、南のフィールーザーバードに近いガシュガーイー冬営地に隣接した土地を冬営地として遊牧をしていたという。彼らは 1928 年マルヴダシュト地域の有数な地主の一人エスタフリー氏の勧めで、首長（キャドホダー）を中心にした 10 数家族が核になって P 村に定着する。当時のパフラヴィー朝初代国王レザー・シャーの遊牧民定住化政策に従ったものである。

　K 村の場合はロル系のラシャニー遊牧民というルーツをもつ。伝承によれば彼らはもっと早いガージャール朝（1779 ～ 1925）初期にラフマト山の山麓部に定着していた。ユルトと呼ぶ住居群に数 10 家族が親族を中心に集まって住

P 村の近くを通る遊牧民の隊列（1972 年）

遊牧民の羊の群れ

んでいた。ここは冬の住まいで、石と泥で固めた壁に葦で葺いた切妻型の屋根をもった住居クーメに住み、夏には平原に広がる牧草地に移動して黒ヤギの毛で織ったテントに暮らしていた。半定住的な牧畜生活であった。やがて一帯の農地で農業経営をしていたシーラーズ在住の地主の雇農となって農業に携わるようになる。

（3）「ガルエ」の生活

　雇農時代の生活の象徴が、ガルエという大型住居である。これは地主が雇農のために用意した住居で、K村の場合、80m × 80 m = 6,400㎡の面積をもつが、ここに農地改革直後の1964年の時点で38家族が住んでいた。2つの耕地区、各20人ずつの雇農、計40人のための住まいとして用意された。地主は雇農に対しユルトの住居を引き払い、この住居に住むことを強制した。各家族の住居は間口5m×奥行3mの小さな一部屋（15㎡）とその前庭だけであり、前庭では女たちが遊牧民独特の薄いパンを焼き、絨毯を織っていた。この前庭は夜になると放牧から戻ってきたヒツジ・ヤギが休む場所となる。生活用水は女たち

第4章　遊牧民定住村40年のあゆみ

図表 4-2　ガルエの図（大野『アジアの農村』から）

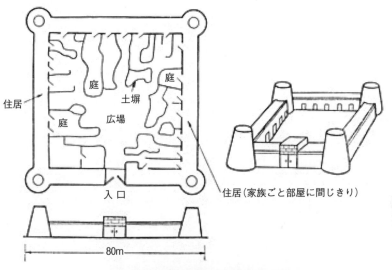

K村の地主（手前）と3人のキャドホダー
（1917年頃）

が数人連れ立って、カナートの水源まで毎日何往復も通って運んでいた。P村の場合10年後に地主は村の農業経営権を2人の人物に売る。その一人がP村にもガルエを建設するが、ガルエに入らない住民は自前で作った別集落に住んでいた。P村の場合は地主が何回も変わりかつ複数の地主の共同所有であったため、雇農の管理も緩かったようである。

（4）民族集団の希薄化

K村の場合、住民の母体はラシャニー遊牧民であったが、時代が下るにしたがってさまざまな出自をもつ人びとが移住してきた。4つのユルトに住む人びとはおおよその人数でラシャニー系27家族（48％）、ダーラーブからの移住民のロル13家族（23％）、その他雑多な人びと16家族（29％）が住んでいた。ガルエ時代になると、地主の意思で雇農が選別されたため、新たに東のトルコ系の住民が加わり民族の混淆が一層加速し、ラシャニー系18家族（33％）、ロル10家族（19％）、トルコ系8家族（15％）、その他18家族（33％）となる。

一方P村の場合、民族集団の混淆はK村ほどではなかった。もともと遊牧民トルコ系のガラゴラーグが集団として定着したという背景があり、他は主に個人として定着した民族集団が加わったが、割合は多くない。1972年の時点での構成は、ガラゴラーグ31家族（58％）、バーセリー11家族（21％）、バーダキー6家族（11％）その他ガシュガーイーなど5家族（10％）という内訳になっている。定着生活に入るにしたがって混住状態が進み、異民族間の交流や婚姻で融合し、言語は国語のペルシャ語化が進み、一般的には民族集団の希薄化が進行していることが分かる。しかし一方で、K村の異なる民族集団が拮抗

図表4-3　両村の民族構成

村の住民構成	主流集団	その他		
K村	ラシャニー系	ロル	トルコ系	その他
（ヨルト時代）	48％	23％	―	29％
（1964年）	33％	19％	15％	33％
P村	ガラゴラーグ	バーセリー	バーダキー	その他
（1972年）	58％	21％	11％	10％

する構成とＰ村の一つの民族集団を核にした構成は、後に説明するように、女子の教育に対する態度など、両村の傾向に違いももたらした要因の一つになっていると考えられる。

2）パフラヴィー朝・第二代国王時代

（1）農地を得た農民 ── 農地改革

　農地改革はパフラヴィー朝第二代国王モハンマド・レザー・シャーの「白色革命」と呼ばれた近代化政策の一つであり1962年から1964年にかけて行われた。旧態依然たる地主と雇農という古い土地制度を解体し、農地を地主の手から耕作者の手に返し自作農民が主体となる近代的な農業を目指すという名目で実施されたが、実は中央集権化を目指した国王が地方の豪族などから経済的基盤を奪う目的があったと言われている。

　農地改革は、①1962年、第一次段階　単独の地主オムデ・マーレクが全所有する農村が対象　②1964年、第二次段階　複数地主が共同所有するホルデ・マーレクの農村という二段階で実施されたが、①で適用された農村は全体の1割〜2割に満たないと言われ、大半の農村は②の形で適用された。①の場合、一つの農村を全所有するだけでなく、複数の農村を一人の地主が所有しているような場合で、農地解放は一つの農村を残して他は全部の土地を農民に譲渡するというものであった。②の場合は、地主の収穫の取り分に応じて、例えば2：1で分益をしていたならば、その比率で地主と雇農の間で農地を分割するという①に比べてかなり後退した解放となった。

　Ｋ村とＰ村は、Ｋ村は①、Ｐ村は②と農地改革においても対照的な事例である。これはその後の2つの村の将来に大きな影響を及ぼすことになる。Ｋ村はある意味、例外的な幸運に恵まれたと言えるかもしれない。

　Ｋ村では約500ha（他に未利用地約1,000ha）の土地がすべて51人の農民の所有となり、Ｐ村では全農地の3分の1の約300haだけが36人の農民の土地となった。その結果、Ｋ村では一人の農民に対して平均して約10haが、Ｐ村では約8haの土地が農民所有の土地になった。Ｐ村の地主3家族にはその二倍の約600haの農地が残り、機械化による近代的大農場経営が始まる。

（2）学校教育と女子の問題

　農地改革で解放した農村に、政府は「兵隊先生」を送り込んで初等教育を始める。すべての18歳以上の男子に兵役の義務を課し軍事訓練や国境警備に送るが、一部には農村地域において初等教育を担当させ兵役義務の肩代わりにした。識字化運動の一環であった。これによってほとんどの農村に小学校ができて、初等教育が始まったことは画期的であった。

　K村では1962年、農地改革の年にさっそく新制小学校が開校した。この小学校の一期生のうち年長者は1954年生まれの当時8歳の男児であった。したがって村の識字者か非識字者かは男性の場合1954年生まれを境にきれいに分かれている。P村の場合、1964年に農地改革を迎え、小学校の開校はその2年後の1966年であった。K村から遅れること、4年であった。P村では1956年生まれの男性から識字者が現れるという点ではK村に少し遅れるが2つの村にほとんど違いはない。

　明らかな違いが見られるのは女子教育においてである。男女共学が建前であったが、K村の場合、通学するのはほとんどが男子のみであった。例外的に数人の女子が通学したというが、年齢が上がり高学年になるといずれも親によって止めさせられていた。P村ではすべてではないが多くの女子も入学している。1960年生まれの女性から小学校教育を受けた第一世代の女性となっていて、その後さらに高等教育にも進んでいくきっかけになったと見ることができる。一方K村の場合には、1975年生まれの女性ぐらいから識字者が現われる。この年齢は1979年のイラン革命後の新政府によるイスラム的男女別学の初等教育を受けた世代である。P村に遅れること15年である。

　この両村の違いはたまたまなのか、理由があるのか。あるとすれば、2つの理由が考えられる。一つは、K村より相対的に貧しかったP村では教育に望みをつなぐことしかできず、その結果が全体として教育に対する熱心さとして現われたということ。もう一つ考えられるのはP村の住民構成である。彼ら自身も自分たちの村は一つだと強調する。一つの民族集団を核として構成され、他集団が少ないこの村では女子を外に出すことにもK村ほど神経質になる必要がなかったことが考えられる。

（3）土地なし村民（非農民）が増える

K村では、1962年の農地改革によって51人（在村46人）の自作農民が出現し、P村では、1964年の農地改革によって36人の自作農民が誕生した。

K村では、農地改革直後の1964年大野氏が収集した家族データを見ると、農民家族が46家族のほかに、8家族の非農民家族、合計54家族がこの村に住んでいた。農民と非農民の割合は、この時点で85％−15％であり、非農民の割合は多くない。その非農民はポンプ番人などよそ者のほかに、乗合自動車の運転手をしている男性などがいた。他には、農業の兼業として小規模な商店が2軒、10代の少年7、8人が牧童として働き家計の助けをしている程度であった。また女性の織る絨毯も臨時収入として見逃せないものであった。

10年後の1974年になると、全家族数は91家族に増え、農民数は固定されていたので変わらず農民家族は44家族（48％）で、非農民家族が47家族（52％）となり、人口増加がそのまま非農民家族の増加となり、48％−52％と逆転していた。ペルセポリス遺跡の番人と近くの電報局の職員が公的機関に雇われ、

キャドホダー一家（1974年）

やがて村を出てM町に移り住む。村内では、乗合自動車業の運転手2名（一人は共同出資、もう一人は自家用車）、キャドホダー一家の1人の息子は製粉所を経営していた。この村にはキャドホダー一家を中心に農業機械がいち早く導入され、すでにトラクター2台、コンバイン3台があった。トラクターやコンバインの運転手という仕事も増えていた。それ以外の大部分の非農民は、一時的な建設現場の臨時労働やペルセポリス近くにできたレンガ工場での肉体労働で日当を稼ぐ賃労働者であった。

P村の場合、農地改革6年後の1972年の調査による家族データでは、全54家族中、農民家族は34家族（63%）で、非農民家族は20家族（37%）であった。地主の農場に労働者や牧夫として働く遊牧民定着家族4、5家族も加えると、非農民家族は25家族として、42％ほどになる。P村の場合、こうした非農民家族の戸主や若者は上流のダム建設による開発工事のための道路やカナル工事などの建設現場が彼らの日当を稼ぐ場所となっていた。K村に比べると、村内に昔ながらの収穫などの臨時農業労働以外、労働の機会が生まれておらず、村外の建設現場が唯一の労働の機会であった。当時のオイルマネーによる国家の開発、建設ブームがこうした農村から溢れ出ようとしていた人びとをかろうじて支えていた。

（4）農業公社と女子中学校

イランの農村地域における新たな変化は、マルヴダシュト地域の場合K村ではなくP村において生じた。1973年、P村は農業公社（第2章参照）の一部として統合されることになった。これは政府の農地改革後の農業政策の転換によるものだった。旧地主の近代的農場や農村資本家による生産力重視の農業を優遇する政府が、小規模で効率の悪い農民の農業に対して打った新しい一手だった。マルヴダシュト地域全体では9つの農業公社が設立され、P村は他の6つの農村と合併しR農業公社の農場となった。農場の土地は地主の農場を除いた農民の土地が併合されたため、各村に分散しておりモザイク状になっていた。全体で、約1,876haの面積、247名の持分所有者から構成された。

P村の36人の農民は株持ちとなってそこからの毎年の配当は保証されていた。その上で、契約労働者や臨時の賃金労働者として働けば、その賃金が加算

された。また農場内の事務所の雑役、夜警、羊管理などの単純労働、あるいはトラクターや車の運転手などの農業外の熟練労働者の仕事もあった。しかし問題はこうした就業の機会はわずかであったということである。農場は外から来た専門の知識や技術をもった役人や技師などが徹底した合理化、機械化で運営しており、労働者は農民全体の30～40％ほどでまかなわれた。すなわちP村農民の60～70％（25、6人）と非農民全部（25人）が、実質的に農場での就業機会から排除されることになった。そういった人びとは近隣に建設中であった食肉加工工場や少し離れた化学肥料工場などに労働者として流れることになった。

　P村において、農業公社が彼らの生活に与えた大きな影響のもう一つの点は、農業公社の農民の新集落の団地（シャハラク）がP村のすぐ側に作られたということがあった。将来的には全農民250家族が住むことになるもっとも広い面積を占める住宅区が一番奥まった所にあり、入り口近くに事務所、集会所、農産物倉庫、生産資材倉庫、農業機械場および修理所、保健所、協同組合の売店、共同浴場、マスジェド（礼拝堂）、小学校、中学校、家畜舎、農業技術者等、役人グループの住宅といった主要施設が作られた。R農業公社の場合、その他に、絨毯織工房や保育所、図書館も備えられていた。農民の住宅は石造りの堅牢なもので3部屋からなり、水道だけでなく電気も敷設されていた。それまでの泥とワラの日干しレンガを積み上げて作った粗末な住宅から見ると憧れの近代住宅であった。1978年には全250軒のうちの90軒のみが完成したが、まず抽選で当たった各村から15家族が競うように入居した。

　さらにこの団地に作られた中学校が、もともと教育熱心であったP村の、とくに女子教育に果たした役割は大きかった。1970年代初めから旧P村の小学校最初の卒業生の男子数名がマルヴダシュト市の下宿に住んで中学に通学していた。P村の場合女子で村内の小学校に通う者は珍しくはなかったが、さすがにマルヴダシュト市の中学に進学する者はいなかった。そこに1978年団地内に女子も通える中学校ができたのである。現在の団地に公立の保育所があるが、そこで働く1966年生まれの41歳の女性Sさんは、旧P村の小学校を修了した後、1978年に団地に移住しそこに設立された中学に入学した第1期の女子中学生であった。3年の学業を終えた後、1983年村内の公立保育所に保育士と

して採用されたれっきとした公務員である。彼女の例はその年代としてはP村でも珍しい事例であるが、P村の女性の教育レベルの高さを象徴する事例である。

3）農村経済の興隆とイラン革命

(1) 2つの村の分かれ道

　1979年のイラン革命前夜の農村の状況は、P村では農業公社の設立という外的な力による大きな変化を被っていたのに対して、K村では少しずつではあったが農業の改革も進み農業外の経済も発展しつつあった。キャドホダーは農地改革後、地主のいなくなった農村で事実上の指導者として農民を束ね、村社会を牽引していた。それだけでなくキャドホダー自らが機械化による近代的な農業を推進し農業外の経済活動に対しても積極的に投資し経営者となっていった。ランドローバーによる村とマルヴダシュト市をつなぐ乗合自動車業を手始めに、村の耕地でのトラクター賃耕業やコンバインによる遠方での請負収穫業を始めたのも彼だった。しかし、10年後の1974年には村全体で、2台のトラクター、3台のコンバイン、2台の乗合自動車に増えていたが、このうちコンバイン1台はキャドホダーと非農民の共同所有、もう1台は別の農民家族の三兄弟の共同所有、乗合自動車の1台はその家族の3男所有の自家用車だった。このようにキャドホダー以外に台頭する農民や非農民が出現し始めていた。かつては乗合自動車の運転手であったF氏はコンバインを共同所有するまでに上り詰めていた。現在77歳、村に農地も購入またマルヴダシュト市には投資のための広大な敷地も所有している村の富裕層の一人である。非農民で初めて財を成した出世頭であった。

　一方P村では、農地改革においてK村よりも不利な条件で解放された結果、経済的にも余剰を生み出すまでに至っていなかったと思われる。またそこに行く前に政府によって農業公社に統合されてしまった。農業公社の存在は、非農民のすべて、農民の半分以上を村外に排除するような政策の上に成り立っていた。キャドホダーは農地改革の時点で失職していたが、一家は他の農民より豊かで隣村に農地を、マルヴダシュト市に宅地を購入していた。そして農業公社を見限ってマルヴダシュト市に移住する道を選ぶ。

第 4 章　遊牧民定住村 40 年のあゆみ

（2）イラン革命の影響

　1978 年 1 月、宗教都市コムでの抗議デモに対する弾圧に端を発した、国王政権打倒のうねりは一年の間にまたたく間に全国に広がり、1979 年 2 月に亡命先フランスからのホメイニー師の帰国によってイラン革命が成就した。K 村では、若者たちや仕事でマルヴダシュト市に関わることが多い人びとは革命の熱気に影響されてマルヴダシュト市でのデモ行進に加わる者たちもいたというが、それはほんの少数の人びとでほとんどの人びとはラジオのニュースに耳を傾け日々の動向、今後の行く末をじっと見守っているだけだった。一方 P 村の場合は、農業公社の団地に移り住んだばかりの年であった。国王政権が倒れたことによって農業公社の幹部であった役人や技師たちは職務を投げ出して一斉に逃走してしまったという。農業公社の事実上の崩壊である。その結果人びとは農業公社が設立される以前の農村単位に戻った。団地の 90 軒に入居した他村の農民たちは順次、住居を売って自分の農村に戻っていった。それを購入して入居してきたのが、P 村の農民でくじに外れた家族やもともと入居する権利をもたなかった土地なし村民家族たちだった。

　P 村の場合、農業公社の解体だけで済まなかった。村民は農地改革で解放を逃れた旧地主の農地を占拠するという実力行使に出た。（第 2 章参照）革命を機にこうした村民による旧地主の土地の奪取・占拠という行為はこのマルヴダシュト地域一帯だけでなく全国に広がっていた。こうした騒動に対する革命政府側の対応にも混乱があり未決着のまま長い議論が続いたが、紆余曲折を経て 1986 年に法案が通過して決着する。P 村の場合、地主の土地は、地主 3 家族に各 60ha（計 180ha）を残して、非農民 28 人に各 8ha（計 224ha）、農民 36 人の子弟に各 4ha（計 144ha）が割譲され、農民の土地はかつての 297ha と合わせて、665ha もの広いものとなり、これまで土地をもたなかった非農民はほとんど農民となった。ただ土地の条件から言うと、新農民 28 人の土地は用水路から遠い旧農民の土地に比べると生産性は高くないという。

　K 村でのイラン革命の影響は P 村のようなドラスティックなものではない。しかし、K 村のキャドホダーは隣村に土地 50ha を持つ小地主であったため、その村人による土地占拠騒ぎに巻き込まれたようであるが、最終的には在地の小地主であることで土地を奪われるまでには至らなかった。ただ革命的な雰囲

165

気はK村においてもそれまで徐々に揺らいでいたキャドホダーの権力の土台を一気に突き崩しその地位から追い落とす。農村の政治は革命政府機関の推す農村イスラム評議会にゆだねられ、初代議長にはにわかに発言力を増したセイエド（預言者モハンマドの子孫）の家系の男性がなった。

（3）イラン・イラク戦争

1980年9月、革命後の動揺が続くイランに突如、隣国イラクが軍事侵攻する。イラン・イラク戦争の勃発である。それは、1988年8月まで8年の長きにわたって続くことになる。国境付近や大きな都市では直接に攻撃の危険にさらされるが、マルヴダシュト市のような小さな町や農村ではそうした危険はなかった。しかし村々からも多くの若者が戦地に赴き次々と犠牲者が出る。P村とK村ではそれぞれ一人の若者が戦死し、村の墓地に『殉教者』として3色のイラン国旗がはためく墓に眠る。2つの村をくらべてみると、イラン・イラク戦争への対応の違いとしてP村の方がより積極的だという点に気づく。P村は地主の土地奪取や占拠という行為に表れた「革命的」な熱気がそのまま愛国心につながったものなのか、あるいは若者の多くが都市で暮らしていたからなのか、K村のように兵役義務として戦地に行った者たちだけでなく、多くの若者が志願兵として積極的に戦争協力をしていることである。村内で教師をしているある男性は兵役義務として戦地に行った後に二度にわ

K村の『殉教者』の墓（1982年　享年21歳）

たって志願兵として前線に行ったという。負傷して現在、身体障害者となっているが傷痍兵として認定され補償金を得ている。P村の唯一の戦死者も兵役ではなく志願兵として戦地に赴き死亡した17歳の少年だった。

　K村の『殉教者』である青年は1982年、21歳の時、兵役中に負傷して入院中であった病院が被弾したための死亡であった。彼は村の墓地に埋葬され、その墓が、シーア派イスラム教のもっとも重要な宗教行事であるアーシュラーの行進の際に立ち寄る重要な拠点になっている。戦死者の遺族は国から手厚い補償や手当てを受けるだけでなく、大学受験、メッカ巡礼への優先権、起業する際の融資や補助金などさまざまな面において優遇されている。K村では『殉教者』一家がキャドホダー失職後、村の中心人物となり敬意と尊敬を集めるようになった。

（4）養鶏場経営──戦時下の特需

　1970年代後半の経済成長は急激な食料需要を引き起こしていた。そういった社会状況を引き継いだ新政権は1980年に突入したイラン・イラク戦争によってさらに深刻な食糧問題に直面する。主要食料品のクーポンによる食糧配給制度を導入する一方で、食糧増産のための施策を始める。とくに蛋白源として手軽にできる鶏肉生産のために全国の農村地域で養鶏場経営（食肉用のブロイラー生産）を奨励し援助した。そしてこれはK村の住民にとっては大きなビジネス・チャンスとなった。

　これに最初に着手しK村の第1号の養鶏場を建設したのがS氏であった。最初に乗合自動車業で頭角を現した土地なし村民の出世頭F氏に続く二番手とし

て躍り出た。75年に、マルヴダシュト市と州都シーラーズ市の間を往復する組合経営のマイクロバスによる経営を手始めに、次に大型トラックを購入し運送業を始めた。革命直後、彼は土地なし村民であることから革命政府の機関に働きかけ山麓部の未利用地（国有地）を入手する。そして大型トラックを売り払い兄たちの資金協力も得て、鶏舎、井戸、発電機といった設備を整え1万羽もの鶏の飼育を始めたのは1979年の冬であった。S氏はF氏とは違って小学校に行って読み書きを覚え兵役にも行って正式の運転技術をマスターした、農村を越えた世界でネットワークを築き処世術を身につけてきた次世代の資本家であった。

養鶏場経営は、非常に収益率の高い事業であったため、K村ではキャドホダーを初め我も我もと養鶏場経営に飛びつき1982～3年頃、最終的に20軒以上の農家が農地の一部に養鶏場を建て経営を始めた。それが可能になった背景には地主制時代から続く農地の割替制度がくずれ始め、農民が各自固定した農地を持てるようになっていたこと、また国王時代には厳しかった井戸の掘削の規制が取り除かれたことがあった。

政府からの融資で建物を建て、安い価格でヒナ／餌代も借りて鶏を飼い政府が高値で買い取ってくれた。さらに3ヵ月で次の飼育にかかることができたので年に3回の収入があったというからかなりの収益率である。しかし1990年頃、政府は経済の急迫から雛の輸入ができなくなり援助を終える。その結果、収益率が急降下し場合によっては赤字を出すようになった。K村では潮が引くようにみな養鶏場経営から撤退していった。1980年代の10年間は、K村にとって戦争特需による養鶏場ブームの黄金時代であった。

4）戦後復興に向けて

（1）土地制度の改革と農地拡大

K村の農業に2つの新しい変化が訪れる。一つは、農地の固定化である。それまでは地主時代の遺制である、多数の土地片の分散、割替制度、農民グループによる共同耕作といった農業制度に縛られ農民の自由な農業経営を阻んできた。それが時間をかけて徐々に、初めはグループでの農地固定化、そして最終的には農民個人の農地の固定化へと、それも均等な分割がやりやすい耕地区か

ら徐々に全体に広がっていき、最終的には90年代初期に全農地の固定化は終了した。これによって農民は各自自分の耕地片を所有するようになり、農地の分割や売買が可能になった。それはまた相続や売買によって細分化し農業が零細化する可能性を生み出したことになる。

　大きな変化のもう一つは、K村の南に広がる広大な未利用地における変化である。カナートの水が枯れてから実質上農地としては放置され、塩が噴き出してところどころ白くなった広大な土地は長いこと家畜の放牧地としてしか利用できない土地であった。それが90年代初めにコル川上流のダムから下流の平野の真ん中を走る大きな灌漑用水路が完成し配水が始まることになり、農地に生まれ変わることになった。全部で1,000haにもおよぶ広大な土地は、農民33人にその所有権があり各自30ha近くの農地を手に入れることになった。

　P村の場合は、もっと遅れて農地の固定化が起こる。1986年のイラン革命土地改革では非農民が得た農地は初めから個人に固定した耕地片として譲渡されたが、約300haのもともとの農民が農地改革で得た旧農地はずっと割替耕地制度のままであった。1995年になってやっと政府の測量技師が派遣され36人の旧農地も固定化することになる。

（2）経済志向のK村

　K村は戦後経済の復興の中でもたらされた農業生産の向上の他に、農業外の経済活動においても積極的な活動が行われていた。K村の農業外の経済活動は、以下の3つの分野において目覚しい活動が見られた。①牧畜、養鶏、酪農といった家畜関連　②マイクロバスや自動車による乗合自動車業や白タク業、大型／小型トラックによる運送業などの交通輸送関連　③トラクターやコンバインなどの大型農業機械による賃耕業や収穫請負業また機械そのものの売買である。

　①の家畜関連では、ヒツジ・ヤギの牧畜は伝統的な生業であったが、ある意味時代遅れになっている。初等教育制度の導入で学童期の少年を牧童として使えなくなったこと、また未利用地に農地が拡大していくことで放牧地が減ったことがある。牧畜からもうかる養鶏へ、その養鶏が下火になってから現在、酪農に熱い視線が注がれている。人口増加が著しい都市の食料として安価な肉としての肉牛、また大量生産できる牛乳や乳製品のための乳牛の需要が高まって

いるからである。昔ながらの農家の厩舎で乳牛を数頭飼って畑で取れた飼料や雑草を与え、乳を搾り牛乳業者に売るという小規模な酪農と牧場型の厩舎をもち搾乳機や消毒器具などの近代的な設備を備え、数10頭から100頭以上の乳牛を飼育している規模の大きな酪農場経営とがあるが、今注目されているのは後者である。

②交通輸送関連は、モータリゼーションの波に乗って60〜70年代に急成長した分野である。K村の乗合自動車業はそれを象徴している。しかし農民でさえも個人で自家用車を所有することが夢ではなくなる70年代末には、K村では乗合自動車の定期便は廃止になった。一方P村では長年、外部の業者が1日1往復の便でマルヴダシュト市と農村をつないでいたが、数年前から1時間に1本の割合で大型バスの運行が増便され近隣農村を結んで今も住民を運んでいる。K村では大型／小型トラックを利用した物の運搬をする輸送運搬業者もおり、村内や近隣で小麦などを運ぶ運送業と、北はテヘランから南はペルシャ湾岸まで全国規模で物を運ぶ長距離の大型トラックの運送業者もいる。

③トラクターやコンバイン等、大型農業機械による賃耕業や収穫請負業はK村ではずっと花形業種であり続けた。日本と違って耕地面積の広いイランの農業には大型トラクターや大型コンバインが活躍する。一般の農家はこうした農業機械を所持せずトラクター業者やコンバイン業者に耕作や収穫を依頼して料金を支払う。K村では農地改革前に地主がトラクターを導入し、改革後の農村ではキャドホダーがいち早く購入した。コンバインは1970年代前半というかなり早い時期にキャドホダーに続いてF氏やS氏が共同経営者となる。2008年のK村でトラクター15台、コンバインは13台もあった。トラクターは広い耕地を持つ農民の自家用あるいは村内や近隣での賃耕業を営み活動の範囲は限られているのに対して、コンバインは全国の広い地域を対象にしている。アフワーズなど南の暖かい地方の小麦の収穫から始め、だんだん北上してきて北の地方、コルディスタンなどでの収穫を終えてから、次は夏のトウモロコシや米の収穫までほぼ6ヵ月間、全国規模で移動しながら仕事をしている。

(3) 教育志向のP村

P村の住民が他の村々に比べて、教育レベルが高いということに気づいたの

第 4 章　遊牧民定住村 40 年のあゆみ

は地元出身の教員がいるということ、そして何よりもその数の多さを知ったことがきっかけであった。革命後、新政府が全国のとくに農村地域で教育の普及に努めてきたということは識字率の増加、学校建設数の増加、教育内容の充実を見ても明らかである。その過程で農村の小中学校に地元出身の教師を優先的に派遣してきた。したがって農村には地元出身の教師が集まることになるのだが、実際にはどの農村を見ても地元出身者の教師を見ることがなかった。K村のように教師はほとんど都市出身者で農村に住むことなく毎朝乗合タクシーで通勤して来ていた。そういった政策があってもなかなか地元から教師になれる人材を輩出してこなかったというのが実情である。

しかし、P村では現在7人の教師がこの村の出身者である。さらに、この村の出身者でマルヴダシュト市や他村で教師をしている、あるいはしていた者も入れると30人もいたのである。さらに驚いたことに、その中には、10人の女性の教師も含まれていた。教師という職業に就くためには、少なくとも教職専門の短大レベルの資格が必要である。

図表4-4は、二つの村の男性戸主の学歴をくらべたものである。非識字者こそP村の割合が高いが、K村では小学校卒と中学1年以上がほとんど（65％）を占める一方、P村は45％しかない。高1以上の高学歴者を見てみると、K村はわずか2％であるのに対してP村は18％を占める。しかもその18％、13人の内訳は、ディプロム（高校4年を修了した後に試験を受けて得られる資格）取得者7人、短大卒4人、大卒者2人である。一方K村では3人の高1以上のうちたった一人のディプロム取得者がいるだけである。

1962年K村で、1966年にP村で始まっ

K村女子学生

図表 4-4　K村とP村の男性戸主の学歴

	非識字者	小学校	中学1年以上	高校1年以上	不明	合計
K村	47人 (32%)	65人 (43%)	33人 (22%)	3人 (2%)	2人 (1%)	150人
P村	27人 (37%)	17人 (23%)	16人 (22%)	13人 (18%)	0 (0%)	73人

た初等教育の機会に違いはなかった。そしてその卒業生たちの一部が70年代初期にマルヴダシュト市での中学校、高校に進学するようになったのも同様である。親元を離れて少年たちだけで町の下宿屋に住み、料理、洗濯など身の回りのことを全部自分たちでやりながら勉強をするという経験はどちらの村の男性からも聞いている。しかしその後、短大に行ったり、学位を取ったりということを聞くのはP村だけである。第3節で説明するように、こうした高等教育がP村の若者を村外に、都市へと押し出していくことになる。

　一方K村の場合、そうした高等教育に全く関心が向かなかったのはなぜなのか。多くの若者にとって村内に手っ取り早く稼げる仕事が目の前にあり、キャドホダーや非農民のF氏やS氏のような成功者のモデルを見ていれば、長い期間、地味な勉学を続け資格を得るというモティベーションが湧かなかったとしても不思議ではない。一方、相対的に貧しいP村では村内で自立して生きていく仕事は限られ、父親に事業を興す資本があったわけでもない。結局村を離れざるを得なかったとも言えるだろう。反面、K村では目先の利益を追い隣人との競争にあおられるあまり、近代国家における教育のもつ価値や企業や役所などに勤めることの長い目で見た時の経済的な価値にあまりに無自覚であったという点は否めない。ある農民が、昔ある工場の仕事で臨時ならば正規の3倍の日当が手に入るからとそちらを選んだものだと自嘲的に話してくれたことがあった。

2　農村は変わる──豊かになったけれど

　マルヴダシュト平原の農村の村社会とはどのようなものか、ここでK村を事例として村社会の実態を紹介する。これまでも述べてきたように、K村は遊牧民定住の村である。しかし、定着からかなりの時間が経過しており遊牧民的な社会組織は失われたと見ていいだろう。遊牧民は全員が移動牧畜によって生計を立てていた集団であり、放牧地を経済的な基盤にした部族社会を構成していた。定住することによってそのような社会構造は変質していく。K村の場合、定着時期が早く異集団との混住が進み、その後地主に雇農としてガルエに住まわされることで地主主体の農業を基盤にした共同体に包摂されていった。部族の下位集団（ティーレとかオウラドと呼ばれる集団）は祖先のルーツや親族の絆の中に多少のアイデンティティやプライドという形で輪郭は残っているものの実体は失われていったと考えられる。したがって、村社会（農地と集落）という一つの境界線の中で農業を中心とした生計を営む構成単位となっているのは家族である。まず村社会の全体像を示し、その後で家族という単位と女性の生活について解説する。

1）村落社会

（1）村社会と経済

a）村の施設

　K村は、全部で約1,500haという広大な耕地に囲まれ、中心部に集落をもつ村である。耕地は3つの耕地区に分かれ1つ目のA耕地が山麓部の扇状地の先端部分にあり、なだらかに南に下って2つ目のB耕地そしてもっとも南に1,000haにもおよぶ3つ目のC耕地と続く。これら耕地の境界が5つの隣村との境界線となっている。人びとの住む居住地区はA耕地とB耕地の間にあり、各家が壁を接して身を寄せ合うように集まった集村形態の集落である。2003年の保健所の資料で、164家族727人という住民が住んでいた（図表4-5）。

　かつての集落は1929年に地主が建設したガルエのみであったが、農地改革後に地主がいなくなると、手狭なガルエの住まいを放棄してガルエの外へと居

図表 4-5　K村周辺の地図

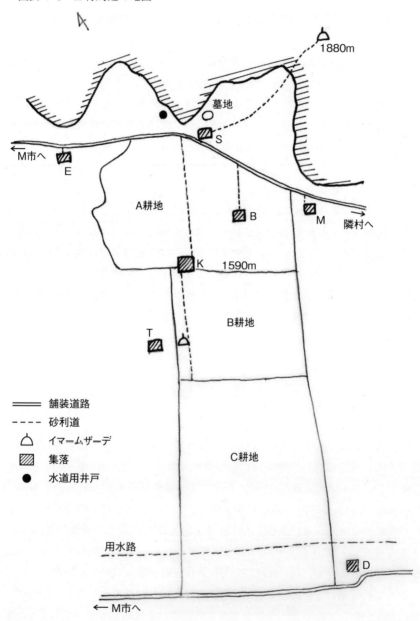

174

第4章　遊牧民定住村40年のあゆみ

図表4-6　集落図

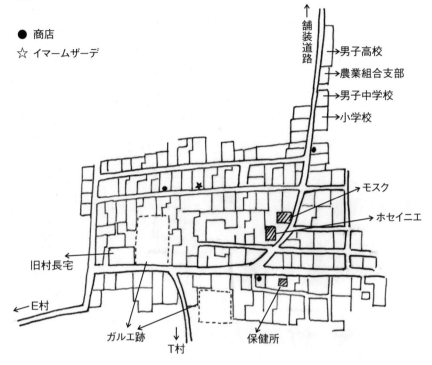

住区が広がっていった。1974年までにすべての住民がガルエの外に住居を建てて引越し、ガルエ部分をドーナッツの穴のようにして周りに広がった居住地区となっていた。図表4-6は2003年のK村の集落図である。約150軒あまりの住宅が、村の入り口から続く大通りだけでなく、新たに作られた2つの通りに沿って立ち並んでいた。急激な人口増加が新しい住宅建設に拍車をかけているが、一方で都市に移住していく人びとの波も跡を絶たなかった。

　公的な施設として、村の入り口付近に農業協同組合支部（兼店舗）、3つの学校（男女小学校、男子中学校、男子高校）、居住地区のほぼ中心部にモスクとホセイニエがある。さらに住宅地の一角に保健所がある。他に村はずれの山麓部に墓地と遺体洗い場、またもう少し西よりの扇状地には水道用の共同井戸が掘られている。私的な施設としては、店舗が3軒（野菜や乳製品、缶詰などのちょっとした食料品や日用雑貨、ガソリンなどを売る）、ちゃんとした店舗

175

はないが客の必要に応じて屠殺する肉屋（牛肉、羊肉）、鶏肉屋などもある。車で売りに来る行商も多く、また住民自身が頻繁にマルヴダシュト市に足を運ぶようになった今日では村内の商店の需要は大きくない。理髪店が一軒あり、新参者によるパンク修理店も現われた。また近年になって、美容院、女性のための洋品店、サンドイッチ屋、写真屋などの小さな店がオープンしてはあぶくのように数ヵ月で消えていくというような現象も見られた。失業中の若い人たちが生きていく手立てを試行錯誤で模索している様子が窺える。耕地の中には、養鶏場が20数ヵ所（使われていないものが多い）、酪農場が4軒、個人用の井戸は無数に掘られている。

b）村の公的な活動

地主がK村を所有していた時代すべてを決めるのは地主であった。それは農業に関する事項だけでなく村人が起こした事件や争いなどの紛争解決においても地主が主導権を握っていた。1962年の農地改革後は、かつて地主の差配であったキャドホダーがそのまま村長となって村の政治の実権を握る。

イラン革命後、キャドホダーが失職した後の村の政治はイスラム政府の機関が指導・監督する農村イスラム評議会にゆだねられる。最初の評議会は5人で構成され、議長になった男性はセイエドの家系で宗教熱心な人物だった。彼がすぐさま取り掛かった仕事がモスクの建設だった。1985年から政府の農村聖戦隊の管轄下に置かれるようになる。98年までの13年の間に、①水道用の深井戸の掘り下げ工事　②耕地の区画整理　③男子中学校、男子高校の建設　④幹線道路の舗装工事　⑤電線の敷設工事　⑥農業組合K村支部の設置といった事業を行なった。1998年に

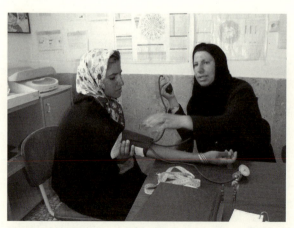

K村の女性保健士

は初めて住民の選挙によって議員を選び、4年の任期で交代するという新体制が始まる。その後の活動は、政府に高校の校長・教頭の招聘とホセイニエの建設計画であったが、ホセイニエは人びとの寄付を集め3期目に入った2006年3月に完成した。

　もう一つ重要な公的な機関は保健所である。イラン・イラク戦争後の重要な政策転換として人口の抑制政策があり、その活動を担う機関として全国の農村地域に保健所が設置され始めたのは90年代初め。K村には1993年から保健士による保健活動が始まり、事務所の建物ができたのは3年後の96年だったという。村出身の高卒以上の学歴をもつ女性（K村の保健士は中卒）が一人選ばれ、マルヴダシュト市の保健所支部の教育機関の指導・訓練を経て、現在K村を中心に他2村も含めて活動している。仕事の内容は村人の健康管理に係るものだが、とくに女性の妊娠、避妊、乳幼児の健康管理、地域の衛生管理、病気の初歩的な治療などが主な仕事になるという。

　診察室と事務室の2つがあって、ズボンに長めのコート、そして髪の毛をしっかり包むマグナエを身につけた女性公務員スタイルの保健士の女性は午前と午後の決まった時間帯に事務机に坐って人びとの応対に当たっており、そこは常に村の女性たちが気楽に相談にやってくる場所となっている。また管轄の隣村2つには月1回の巡回訪問をし女性たちに避妊薬を配ったり乳児の体重や身長を測ったりしていた。

　c）人びとの懐ぐあい

　K村の人びとの経済の中心は農業である。この村は土地面積が広く生産規模が大きいことが特徴である。全耕地面積は当初、A耕地が198ha、B耕地が308ha、新たに農地化されたC耕地は924haあり、合計1,430haの耕地面積であった。農民の人数は、A耕地に18人（各11ha）、B耕地とC耕地を両方持っている者28人（各39ha＝11ha＋28ha）、そしてC耕地だけ所有している者5人（28ha）の合計51人になる。

　3つの耕地区には水の条件や土壌の質によって、A耕地は土壌も水質もよくもっとも生産性が高い。B耕地は土地にも水にも塩分があり生産力は劣る。C耕地は排水施設の建設で土壌の塩害は解消され、ダムからの水も良い水だが供給量がまちまちで夏作まで回らないことも多いという。こうした条件によって

小麦生産量で1ha当たり5トン〜10トンの幅があるという。生産力の大きさは、BとCが同じ価値でAがその2倍ほどの価値があるのではないかと思われる。

A耕地の農地所有者の平均的な収穫量と収入を出してみる。まず1ha分の収穫量として小麦が7トン取れ、2005年の政府の買い取り価格1,800リアル／kgで売却して1,260万リアル、夏作にトウモロコシが5トンの収穫を買い取り価格1,400リアル／kgで売却し700万リアルで合計1,960万リアルの収入になる。ここから2、3割の諸経費分を差し引くと約1,400万リアルになり、A耕地区の所有者は11haだから約1億5,400万リアル（日本円に換算すると約220万円）もの高収入になる。当時入社したばかりの工員の月給が手取り約140万リアル／月（年収約1,680万リアル）、勤続20年近い熟練の工員が約400万リアル（年収約4,800リアル）と言われており、後者に比べても3倍以上もの数値である。もっとも手間のかからない小麦とトウモロコシを栽培しただけでもこのような高収入が得られることが分かる。

とにかく農業はもうかる仕事だった。近年の農業生産技術の改良にともなう生産力の向上があり、またイラン革命後の新政権が「被抑圧者のための政治」を掲げ主要農産物を高値で買取ってくれることが大きい。小麦買い取り価格は2003年の1,500リアル／kgから毎年上昇し2007年には2,000リアル／kgを越える価格となっていた。ほかにも農民に農業関連の補助金や融資をふんだんに支給し、小麦の完全自給率達成を目標にした農業振興策など農民優遇政策がその中心にあったからである。

（2）儀礼と食事接待
a）メッカ巡礼と人びとへの饗応

90年代初めから2008年までにK村でメッカ巡礼を果たした人は4人の個人と5組の夫婦、合計14人であった。メッカ巡礼には2種類あって、一つは巡礼月に行なわれる犠牲祭の全行程、全儀礼に参加する正式な巡礼で一ヵ月を要するものと、もう一つは巡礼月以外の時期に自由に参加するもので15日の日程の巡礼ツアーであるが、前者には1人と1夫婦が参加し他の人びとは後者に参加していた。

第4章　遊牧民定住村40年のあゆみ

　その内訳を見てみると、まず土地なし村民でありながら養鶏場経営で財を成したＳ氏兄弟、それから元キャドホダーの弟、2003年以降になって彼らに続いたのが豊かな農民家族の老夫婦たちである。振り返ると農地改革直後の1964年にはメッカ巡礼に行った者は皆無で、イラン国内のシーア派の巡礼地マシュハドの第８イマーム・レザーの聖廟に参詣した者でさえキャドホダー兄弟ともう一人の農民の３人のみであった。かつてはマシュハドに参詣することが豊かさの証であり憧れの的であった。74年くらいから参詣者が増え始め今ではマシュハド参詣と合わせてテヘランの北のカスピ海岸に車で回る４泊５日ぐらいの小旅行が夏の家族旅行の定番にさえなっている。

　メッカ巡礼はイスラム教徒として一生に一度は果たしたい五行の義務の一つであり特別の価値がある。白い死装束を着て神の館に足を踏み入れることは、とくに人生晩年にある人びとにとってありがたいご利益となる。Ｋ村でもメッカ巡礼は最大級のビック・イベントになっている。巡礼に行く人びとは前もって村で多くの人びとから子ヤギや子ヒツジ、砂糖、食器類などのお祝いの贈り物を受ける。当日、村から盛大な見送りを受けて出発し、巡礼月なら一ヵ月、

メッカ巡礼を果たした老夫婦の祝宴にて

それ以外なら15日間の日程で戻る。出発時と同様、家族はシーラーズ空港で迎え親族や親しい友人などはマルヴダシュト市まで迎えに車で集合する。そして一緒に村に戻り村で人びとの盛大な歓迎を受ける。家の壁には一面にハジ巡礼を祝う垂れ幕が掲げられている。村の入り口と家の門という境界でヒツジ1頭ずつ屠殺し、それがその後に行われる祝宴の料理に出される。祝宴の規模はさまざまだが、15日ツアーの場合、2日間に渡って初日は村内の人びと400人に夕食、2日目は村外の人びと700人に昼食という具合にかなりの人数が招待されていた。

　2006年にある老夫婦が、旅行代金が一人600万リアルで、2人で1,200万リアルとそれと別にお小遣いとお土産代として600万リアルを持って行った。お土産は女性にはチャードルの生地やブラウスやスカーフ、アクセサリーなど、男性にはシャツやズボンなどの衣類が多く、4、5個のカバンいっぱいに詰め込んで持ち帰ったという。帰宅後の祝宴にも、ヒツジやウシの肉、米、その他の食材の代金、また料理人を雇う費用、それからビデオ屋に記念のビデオを撮影してもらう費用もある。合計すれば祝宴の費用だけで1,000万リアルはかかっているだろうと言う。すべてを合計すれば、3,000万リアル近くになる。彼はC耕地に16haを持つ農民である。それほど豊かな農民ではないが、半分ぐらいに小麦を作付けて5,000～7,000万リアルの収益を上げている。夏作は水が多い年には配水されるが、あまり当てにはならない。1年の農業収入の半分ぐらいを投じたことになる。また彼の場合はマルヴダシュト市の家電工場に労働者として30年近く勤めて定年退職を迎えたばかりでもあったので、ただの農民より安定した収入もあった。おそらく退職祝いも兼ねていたのかもしれない。

　b）村のリーダー

　前述したように、村の政治は今日、農村イスラム評議会にゆだねられている。現在は4年任期の選挙制になっており議長を含め5人のメンバーからなっている。村全体に関わる建物や工事などに村人から資金や寄付を集めたり政府からの借入金などを配ったり公共の仕事の陣頭指揮を取っている。また村人の小さなトラブルなどにおいても仲裁の役割を果たすこともあるが、それほど大きな権限を持っているわけではない。期限付きのリーダーであり住民から不満が出ると途中でも解任された。

第4章　遊牧民定住村40年のあゆみ

　かつては、村のリーダーとしてキャドホダーがいた。彼は地主時代同様に農民全体を統率して共同井戸の維持など村の農業全般のために働き、また政府機関と渡り合って農村に道路や共同浴場を建設してきた。それだけでなく村人の争いや離婚などの家族内の不和などさまざまなトラブルの相談にも応じ解決に当たってきた。そういう意味では村落内の秩序と公正を司る倫理的支柱とも言える指導者であった。イランの新年にあたるノウルーズの元旦の朝には村内の男性はすべてキャドホダーの家に年始の贈り物──ある者は子羊であったり、ある者は鶏であったり──を持って挨拶に訪れた。そしてキャドホダー家ではその日の昼食に羊肉や鶏肉をいくつもの大釜で炊いたトマト味のシチューと大皿に盛られたご飯が村人全員に提供された。これが新年の恒例の行事であった。村人がそれ相応の貢物をキャドホダーに献上しキャドホダーが食事で饗応することでキャドホダーと村人が縦の絆で、また村人全員が上座にいるキャドホダーを前に横並びに坐って共に食事をするということで横の絆で結ばれていることが確認される儀礼であった。

　革命後にキャドホダー職がなくなると、彼の家を訪れる者もいなくなり同時にこの元旦の行事もなくなった。その空白を埋めたのが、『殉教者の父』の家だった。イラン・イラク戦争もたけなわの1982年春、一人の農民の次男が戦地で死亡した。彼は『殉教者』として村の墓地にひときわ目立つ立派な墓に埋葬された。墓のそばには三色のイラン国旗が翻る。いつからか村の人びとは正月の元旦にこの青年の父親を訪れるようになった。午前中を中心に三々五々家を訪れては年始の挨拶をし、他の人びととも挨拶を交わす。キャドホダー宅の大広間に一堂が会する賑わいもないし、贈り物や食事の提供があるわけではないが村人は集まりお茶を飲みながらよもやま話に興じる。

　この『殉教者』の父が2004年に巡礼月に正式なメッカ巡礼を妻とともに果たした。当時15日間の巡礼ツアーが一人500万リアルであったが、年に一度の正式な巡礼は30日で3倍の1,500万リアルである。この旅費だけでも3,000万リアルであるが、彼が食事に招待した人びととの人数たるや桁外れである。5日間に渡って祝宴は続いた。1日目は親戚300人、2日目は村中の人びと900人、3日目には村の西側の村々から600人を招待。4日目にはマルヴダシュト市とその近隣から500人、最後には彼の出身地であるトルコ系の東側の村々か

181

ら250人と、2,600人にも及ぶ人びとを招待するという一大饗宴を開いたのである。まさしく『殉教者の父』として面目躍如の晴れ舞台であった。

食事招待の風景

c）モハッラム月とアーシュラー行事

　メッカ巡礼で人びとの尊敬を集めるまでいかなくても、豊かになったことで人びとに食事を提供してもてなすという行事は急速に増えた。願掛け（ナズル）による食事会（ソフレ）への招待がそれである。願掛けとはある願い事を込めてイマームやイマームザーデ（イマームの子孫）に祈願することである。それは病気の快癒や交通事故の回避、子宝を授かること、子どもの健康あるいは大学受験の合格でも何でもいい。それが叶ったらその返礼として何々をしますという約束をして実行するものである。その約束は何でもよく、イマームザーデに小さな絨毯を奉納するとか山の中腹にあるイマームザーデ廟まで裸足で歩くというものもある。そして多いのが食事の提供である。

　村ではイスラム暦セハッフム月から次のサハル月の2ヵ月間に第3代イマーム・ホセインの名前で願掛け成就の食事会（ソフレ）が盛んに開かれていた。件数は20〜30人にもおよび、連日のように昼食に夕食にとどこかで食事会が催されていた。村内、村外を問わず100〜200人の男性が招待され、女性は身内だけであくまで男性中心の饗応の場でありまた経済力を誇示し威信を示す機会である。

　モハッラム月と言えば、もう一つ第3代イマームのホセインが殉教した10日の行事、アーシュラーがシーア派にとっては何よりも重要である。モハッラム月の食事会が一家の主である成人男性が主役の行事であるとすれば、アー

第4章　遊牧民定住村40年のあゆみ

アーシュラーの哀悼行進

男たちの鎖打ち

シュラーの哀悼行進は村の若者の晴れ舞台である。若者たちは早朝モスク前に集合。一団は首のないホセインを表わす人形や何本かの幟を先頭にして、数10人から100人近くの男たちがそれに続いて行進していく。この一行には、太鼓やスピーカーを乗せたピックアップ車が従い、荷台に立った男が殉教の語りや詩を吟じる。これに合せて若者たちはイマームザーデやモスクの前で各自が持った細い鎖を束ねたもので「ヤー、ホセイン」と掛け声をかけながら背中を激しく打つ。こうして殉教者イマーム・ホセインに対する哀悼と悔悟の念を表わす。

　午前7時ごろ村を出発する。途中いくつかの場所、小さなイマームザーデや墓地などに寄りながら300m登った山中にあるイマームザーデを目指す。イマームザーデ前の広場で他の5つの村の集団と合流し全体で鎖打ちをする。殉教の時刻である昼前に僧侶のロウゼ（語り）が始まり耳を傾ける。そしてその瞬間のクライマックスを一行の激しい鎖打ちと観客のすすり泣きで迎える。そ

れが済むとそれぞれの集団と見物客は一斉に山を下り、各村に戻る。

　ここで大事なのは女性たちの役割である。この男性の一団をエスパンド（邪視を払う香料になる植物）を炊きバラ水を振りまいて見送ると、先回りしてイマームザーデで出迎えて、鎖で背中を打つ男たちを遠巻きに見守る。みな黒いチャードルに身を包んだ女性たちで若い娘たちが多い。男女が交わる機会のない村の生活の中でお互いを意識し観察できるまたとない機会である。若い男たちも張り切る。

　2005年のアーシュラー行事の時トラブルが起こった。アーシュラーの前日（タースアー）、隣村との境にあるイマームザーデの前で両村の集団が合同で鎖打ちをしていた時、隣村の男がK村のある女性の写真を盗み撮りしていたという。K村の男たちからそういう訴えが上がり「明日のアーシュラーにはあの村の集団をK村には入れるな」という強硬な声が高まった。このままにしていれば若者たちは実力行使に出かねない不穏なものを感じた評議会議長は、その日の夜、先回りして隣村に赴きアーシュラー当日の一行の行進コースを変更しK村を迂回して村に戻って欲しいと依頼したという。隣村の集団の誰も理由も分からないまま指示通りいつもとは違うコースでK村を迂回して帰還した。

　本来ならば、隣村の集団は山から戻ってくる時K村まで行動をともにしてK村のモスクの前で一緒に鎖打ちをして、やがて隣村の一行は「さようなら、さようなら」と声をかけ、見送る方は、「ようこそ（いらっしゃいました）、ようこそ」と返答するという村同士の友好が演出される場面があるのだが、この年はそれがカットされただけでなく翌年はアーシュラー前日の隣村の境にあるイマームザーデまでの行進もなくなったという。実際に何があったのか明らかでないし大した問題ではないと言う人は多かったにもかかわらず調停がこじれたらしい。

　K村の村人同士はルーツも異なるばらばらの集団の寄せ集まりであり村内ではさまざまな利害がぶつかり合ってトラブルや争いが生じやすい現状だが、女性の問題を通して村落の一体性が意識されていることが分かる出来事だった。

　d）葬儀と法事

　村人の通過儀礼のうち結婚式と葬儀・法事は村全体に関わってくる儀礼である。しかし結婚式は現在では招待状による親族中心のものに変わってしまった。

第4章　遊牧民定住村40年のあゆみ

葬儀および法事だけが今も個人や親族を越えた村社会全体に関わる重要な儀礼となっている。これに参加することが村社会のメンバーとして互いの同郷意識を確認する重要な場面となっている。

　かつては人が亡くなると村のどこかの泉で、後には遺体洗浄所で洗われて墓地に埋葬された。現在では多くがシーラーズやマルヴダシュトのような都市の病院で亡くなりマルヴダシュト市の墓地の遺体洗浄所で洗浄されてから村の墓地に運ばれてくるようになった。村人はそこまで迎えに行き、多くの車が霊柩車用の救急車に随行して村の墓地に戻る。「死者は必ず生まれた土地に埋葬されるべきだ」としており、マルヴダシュト市などに移住した者でも死ねば必ず村の墓地まで運んでくる。葬儀や法事への参加だけでなく村の墓地への埋葬を通して村との絆が維持されることになる。未婚の娘以外の村中の人びとが墓地に集まり埋葬を見守る。男女別々のグループになって死者への祈りを捧げた後あらかじめ掘ってあった穴に村人が手伝って埋葬する。その後、村の故人の家で会葬者に食事を振舞う。

　人が亡くなると、村中が40日間の喪に服する。その間は結婚式を挙げることができない。死者の親族ならば1年は結婚式を挙げられない。葬儀の後の法事は、3日目、7日目、40日（忌明け）、4ヵ月10日目、1年目で終りになる。近代的で合理的な考えの持ち主であったキャドホダーは法事を簡略化するよう勧め、現在は3日と7日が同じ日に行われ、4ヵ月10日目は身内のみになっている。だから重要な法事は、3日と7日が同日に、40日の忌明け、1周年の法事の3つである。こうした法事はハトムと呼ばれ、A3サイズのビラと封筒に入れたカードを数百枚用意し周知される。ビラはマルヴダシュト市や近隣の村々のモスクなどの公的な場所に貼られ、カードは個人に届けられる。当日は大体午後4時ぐらいから男女の朗誦師が別々の席に呼ばれ読経、祈祷をあげる。2時間ぐらいの読経の後、全員が墓地

モスクの壁に貼られた法事の告示

に参拝してお開きとなる。食事は出されない。40日の忌明けの法事の場合、墓地から戻った親族は故人の家に集まって喪服（女性は黒の服装に黒のスカーフ、男性は黒のシャツ）を脱ぎ普段の服に着替える。玄関の前の壁に掲げていた黒色の忌中の垂れ幕を下ろす。

　葬儀や法事は村中が参加する。結婚式は食事が出される招待だから招待状が来なければ参加しないが、葬式や法事は半ば義務である。知らせを受ければよほどのことがないかぎり参列する。遠方でも時間を作って顔を出すだけでも参列しようとする。それは金持ち、貧乏人に関係がなく、例えマルヴダシュト市に移住していても同じ村の出身者であることの証であり果たさなくてはならない義理だと感じているようだ。

（3）変化と葛藤
a）イスラムと村生活

　K村には現在、宗教施設としてのモスクとホセイニエがある。モスクは79年のイラン革命後に新設された農村イスラム評議会が取り組んで真っ先に建設したものである。ホセイニエはモスクとは違って主にアーシュラー行事が行われるための建物で2006年に完成したばかりであった。モスクは第一義的には1日3回の礼拝が行われる場所であり、毎日門は開いているが数人から10人ほどの男性が礼拝に訪れる以外にはいつも閑散としている。ホセイニエが完成する前は、ここでアーシュラー前の行事、1日～9日までの男たちの鎖打ちと僧侶によるロウゼ（祈り）が執り行われるほか、ラメザーン月の断食の一ヵ月の間、僧侶による礼拝が行なわれ、とくに19日、21日、23日の重要なガドルの日には多くの人びとが集まり祈りを捧げた。日常的には地方選挙の演説会や融資のための説明会などが開かれ公民館的な役割をしたり、葬儀や法事に集まる場に利用したりしていた。

　常駐する聖職者はいない。毎年ラメザーン月の1ヵ月間とモハッラム月の10日間、政府からコムの聖職者が各村に派遣されて宗教行事を執り行っている。かつてはモスクもホセイニエもなく礼拝する姿を見ることは稀で断食をする人もほんの少数であった。政府の国を挙げてのイスラムの強化は効果を挙げているとも言えるだろう。メッカ巡礼に行くことで以後は村の礼拝に積極的に

第4章　遊牧民定住村40年のあゆみ

参加するようになり、ラメザーン行事に参加することで断食への意識も高まりかつてはほとんどいなかった断食を実行する人びとも増えている。また家の中で男たちが昼や夕方の礼拝をする姿を見ることも多くもなった。

アーシュラー行事に関しては、実は昔から盛んであった。土地に根ざし村社会に根ざした宗教行事であった。ただ革命前と大きく違うことは、墓地に寄り、村の『殉教者』（イラン・イラク戦争戦死者）に敬意を表してその墓に参るようになったことである。また、哀悼行進の先頭を行く人形や旗、幟の中にもその写真が掲げられるようになった。これが国の指導であるかどうか不明だが、第３代イマームの『殉教』がイラン・イラク戦争の戦死者＝『殉教者』と結びつき、村の中でも殉教者の父が村の権威として認められるようになったこととも関係があるかもしれない。新しく建設された２階建ての大きなホセイニエの壁面にはこの『殉教者』の大きな写真が掲げられていた。

アーシュラーの哀悼行進において殉教者の墓が重要になったということはこの村に限ったことではなく、他の村々においても見られる現象である。マルヴダシュト市に近いある農村はＫ村のように近隣の５〜６ヵ村でその中心のイマームザーデに集結していたものだが、革命後はそれを止め自分の村の墓地と近くのイマームザーデのみに行くようになったと語っていた。地域の農村間の結びつきよりも『殉教者』を通して各村と国家との結びつきの方が強化される結果になったとも言える。やはり戦争はナショナリズムを強化する大きな契機になることが分かる。

　ｂ）人びとの妬みとトラブル

村落はかつてのような地主制下の農業におけるような共同体規制はほとんどなくなったが、水道や一部の耕地区での灌漑は共同井戸によるものであり、また生活の場である集落のさまざまな問題に関して人びとの協力が欠かせない。農村イスラム評議会が村民の生活のための公共の活動を行ないモスクやホセイニエではラメザーン月やモハッラム月に村中の人びとが参加する宗教行事も盛んになった。また前述したような願掛けの食事会、他にも結婚式や葬儀や法事など多くの機会に互いを招待し合い慶事や弔事を通しての交流は非常に盛んである。

一方で、かつての住居がガルエの中に密集し門もない開放的なものであった

ものがガルエの外に個別の住居が建てられるようになると、一戸一戸が塀と門で隔離されるようになった。さらに都市的あるいはイスラム的な男女隔離の文化が浸透すると各戸がより閉鎖的な単位に変わっていった。70年代には門はあるものの、その戸はいつも開いていてだれもが中庭に入り家の中の人に気楽に声を掛けることができた。しかし再調査で訪問した2003年には門はいつもしっかりと閉じられており、インターフォン越しにしか中の人と連絡できなかった。若い女性たちが着飾って踊る結婚式が村人総出の村の行事で、村人であればあるいは村人の知り合いであればだれでも参加でき男女がともに花婿の家で見物できていたものが、村内でも招待状をもらった者だけ参加が許され、また男女別々の席で祝われるという閉鎖的なものになってしまった。

　村の経済に急激な変化が訪れ、農業も農業外の経済活動も活発になり人びとにさまざまなチャンスが訪れると村人の間の競争意識も高まってくる。収益が上がるとなると養鶏場やコンバインへと飛びつき、小麦だけからアルファルファ栽培やトマト栽培へと、誰もが他人に遅れまいと雪崩を打って駆け込んだ。多くの人びとはそうして財産を築き、さらにそれを他に投資して事業を広げ収入を上げようとしてきた。当然のことながら人びとは誰がコンバインを買ったとか、誰が都市に住宅を購入し移住するらしいなどの話に耳をそばだてる。噂は人の口から口へと伝わり他人の言動に神経を尖らせる。

　ある農民はマイクロバスを購入して近隣の中学・高校通学者を運ぶため送迎バス業を始めた。好調なのでもう1台を購入して別の路線でも始めることにしたが、そのバスをなかなか村内に持ってこなかった。人びとの妬みの目を恐れてのことであった。しばらく村外にある知人の工場の駐車場に置かせてもらって様子を見ながら村に持ってこようとしたのである。生き馬の目を抜くような村社会でこうした他人の成功に対する羨望、妬み、嫉妬を非常に気にしている。邪視と呼ばれる宗教現象である。隣人が買った新しい車を羨ましいと思いながら見た眼の威力は災いや不幸をもたらすと考え恐れる。人の邪視を避けるためのさまざまな呪術をしたり護符を身に付けたりすることも多い。災いや病気などの不幸、例えば交通事故などが起きた時にはすぐさまヒツジを屠殺してお祓いをしその肉を近隣や貧者に配る。またさらなる不幸を招かないようにと願掛けをして人びとに食事会に招待する。人の妬みの力を信じる民間信仰は、ある

第 4 章　遊牧民定住村 40 年のあゆみ

意味、富の平準化に役立っているとも言えよう。
　そうした超自然的なものだけでなく、実際に村人間にはトラブルも多い。畑の境界線を接する隣人が自分の畑にはみ出して排水溝を掘ってしまったことに怒って訴えた例、自分の畑の一部に小さな塀を築いたが通行の邪魔になると隣人が訴えた例、自分の家の中庭に井戸を掘ろうと準備をしたら隣家から他の井戸の水が減るからと訴えられた例などの訴訟事件は、外部の者にはなるべく不祥事を隠そうとする村社会でも私の耳に入った例である。若者同士による刃傷沙汰も多くひどい怪我をさせてしまい損害賠償を要求されたり、タブーになっているが過去には相手を死亡させてしまったり、また若妻が自殺してしまった事件も2件あり両家族間の長年の確執になっていた。

2）家族と女性の生活

(1) 家族と暮らし
a) 住まいの変化と豊かさの追求
　村人の住まいはここ数世代の間に大きく変化してきた。大きく言えば、①テント（夏）とクーメ（冬）②ガルエ③古いタイプの住居④新しいタイプの住居である。①②は遊牧時代と雇農時代に対応し、③④は農地改革後の農村での住居の変化である。
　①②の住まいにおいては、テントおよび冬の家屋クーメとガルエ内の一部屋は昼間食事を取り夜は寝るだけの最小限のプライバシーを保つ機能をもつものだった。牧畜や農業の仕事はもちろん外の仕事で、家屋の前庭は夜、家畜の寝場所に使われた。また女性の家事のほとんども屋外でなされた。料理もお茶も家屋の外の壁際のカマドで用意された。パン焼きも乳製品作りも絨毯織りも屋外の仕事だった。トイレはなく屋外で自由に用足し入浴は近くの泉でという具合であった。
　農地改革後、自作農民となった村人はガルエを出て自由に自分たちの住まいを建設する。③の段階は60～70年代である。まず自分の家の中庭を広く取って周囲に塀を築く。そして門のところに鉄の扉が付けられた。住宅は一段上の土台の上に建てられ、当時はやりの屋根つきのベランダ（エイワーン）がありそれを3部屋か4部屋で囲んだものである。まだ入浴設備はなかったが中庭の

①遊牧民のテント

②ガルエの中の住居

隅に自前のトイレを作った。やがて共同浴場が建設され共同の水道も引かれ遠くの水路まで水を汲みに行くという手間がなくなった。煙の出るカマドで調理しパンを焼く台所は母屋とは別の所に作られた。後にはプロパンガスのガス台が入る。ウシやヒツジなどの家畜の畜舎は住宅に接して裏庭などに作られた。

80〜90年代から今日まで、豊かになった農民は新しいタイプの住宅④を建設するようになる。新しい住宅には一段上に石膏タイルを敷き詰めた屋根のないベランダがありその奥に大きな四角い家屋が建てられた。何と言っても部屋の広さが特徴である。広い客間には数10人が壁を背に並んで食事を取ることができる。おそらく豊かになるとともに、前述したように多くの人びとを食事に招待するという機会を持つようになったためであり、また持ちたいと願うようになったためでもあろう。

④新しいタイプの住宅間取図（図表4-7）では住宅の真ん中の玄関口で靴を脱いで中に入る。玄関口からの通路は小さめのホールに突き当たる。家族は日

第 4 章 遊牧民定住村 40 年のあゆみ

常ここで食事をし、テレビを見る。ここから部屋は左右に大広間とそれより狭い居間（冬の部屋とも呼ぶ）に別れる。奥に納戸のような小部屋を備えていることもあるが、基本的には個室はない。納戸のような小さな部屋に洋服や布団を納めていてそこで女性が着替えたりすることはあるが、どの部屋もみんなの部屋であって自由に行き来する。部屋はどれもマルヴダシュト市から買ってきた機械織りの大きな絨毯が敷き詰められている。女性たちの織る絨毯は小型でサイズが合わなくなったためである。

③古いタイプの農民の家

④新しいタイプの農民の家

夜は客間に夫婦、ホールに男の子ども、居間に女の子どもと3つに別れて寝ている。昼間は男も女も絨毯の床の上に胡坐をかいたり片膝を立てたりして坐っている。食事の時はビニールのテーブルクロスを床に広げ周りに坐って、朝食はパンとチーズと紅茶、メインの昼食にはご飯料理やヨーグルト、付け合せのサラダ、飲み物などの食事、夕食は昼食の残り物とパンなどで済ます。食卓やソファーといった家具は全くない。子どもたち用の勉強机などのものもない。部屋はだだっ広く

191

図表 4-7　K村農民の家間取図(新しいタイプの家)
　　　　　土地面積 600㎡／建物面積 120㎡

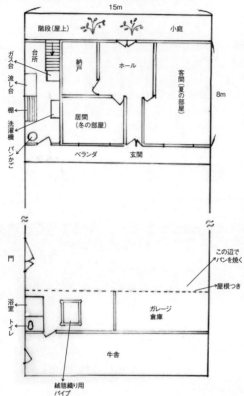

何もないという印象である。

新しいタイプの住宅の中には、台所を家屋の中に作っているものもある。一層進化した、都市型の住宅の形である。また台所の水場は地面に作られ女性がしゃがんで調理や洗い物をするスタイルから、立って仕事ができる流し台へ進化していった。台所が屋内にあると冬の寒い時期、外に出て冷たい水で家事をしなくていいから楽だという女性の声を聞いた。村の住宅も暮らし方もますます都会の生活に近づいていることが分かる。しかしトイレは水洗ではないし不潔だというので未だに屋内に作ることはない。

1985 年に電線がK村まで引かれ電気が来ると、さまざまな家電製品が村の暮らしの中にどっと入ってきた。テレビ、冷蔵庫、洗濯機、クーラー、掃除機、オーディオ・セット、ビデオ再生機、ビデオ撮影機等々、どの農民家族も買えない物はないといった購買力であった。2005 年頃には携帯電話も持ち始め、フランス製の 1 億数千万リアル以上する自家用車ももつようになっていた。シーラーズ市の大学教授が村を訪れた時、訪問した農民の家に置いてある車を見て、「私と同じ車を持っている！」と驚いていたものだった。

　b）農地の細分化と将来の不安

K村の農民は、当初 A 耕地（11ha）の 18 人、B 耕地（11ha）＋ C 耕地（28ha）所有の 28 人、C 耕地（28ha）のみ所有の 5 人の合計 51 人であった。各農家は

第4章　遊牧民定住村40年のあゆみ

11ha以上の余裕のある農業規模をもち政府の農民優遇政策にも支えられて豊かな暮らしを実現してきた。しかし今、その広い農地がどんどん細分化されようとしている。1990年代初めには農地が固定化し個人財産となったことで農地は所有者の判断で分割することも売却することもできるようになったからである。

　売買に関しては、集落に近いA耕地やB耕地は彼らの生活の本来のより所であり村落の基盤であるという意識も強いのであろう、村内で多少の売買はあるものの村外者に売却している例はない。一方C耕地は、全930haのうち半分近くの48％を占める約450haが人手に渡っており、しかもその多くは村外者である。C耕地所有者33人の売却分を見てみると、全28ha売却2人（6％）、20～24ha売却6人（18％）、10～19ha売却19人（57％）、9ha以下売却3人（9％）、売却なし3人（9％）という内訳で、10～19haの売却者がもっとも多い。手元に残った農地は平均で14.5haとなってしまった。かなりの人がまとまった現金が手に入ることの魅力に抗えなかったことが分かるが後悔している人も多い。

　農地が分割される契機となるのはまず父親の死亡による遺産相続によるものである。遺産相続は正式にはイスラム法（男2：女1）が適用されるべきなのだが、とくに農地に関しては男子のみの均分相続が主流である。51人のうち14人がすでに死亡し農地は子どもたちに分割相続されている。A耕地では3人の農民から9人の相続者に分割され、2haが1人（11％）、3.5haが6人（67％）、4.5haが2人（22％）となっている。平均で3.6ha／人である。一方、B／C耕地では両方の農地があるということと、C耕地の面積が広いのでA耕地より広い面積が残されている。11人の農民の全所有面積222haの土地が27人の相続者に相続されている。平均で8.2ha／人ほどである。3～5haが6人（22％）、6～8haが5人（18％）、10～12.5haが15人（56％）、24haが1人（4％）で、10ha前後を相続した人がもっとも多く半数以上に上る。

　一家が農業だけで余裕をもって暮らしていくにはA耕地で5haの農地と一本のポンプ井戸があれば十分だとある農民が言った。概算で年間の農業収入が5,000万リアルぐらいの額になる。生産力から言うとB、C耕地ではその二倍の面積が必要だろう。してみると、A耕地の9人の相続者全員、B／C耕地の

11人の相続者（40％）はその水準以下であることが分かる。

　これまで遺産相続として農地を分割相続した息子たちは前の世代の家族であり子どもの数が多い方ではない。男児のみの数、平均2.5人である。これからは子沢山の農民の高齢化が進み、さらに土地の細分化が加速することが予想される。さらにイラン・イラク戦争中に出生したベビーブーム世代が成人する時期に差し掛かっている。私の滞在中の5年間にも新たに5人の農民が亡くなった。農民の子どもの数は平均で7.61人である。そのうち、男児は4.12人である。平均で見た場合でも4人の息子に農地が分割されるということになるので、11haほどの土地が2.75haほどの小片になってしまう計算になる。これは農業だけで食べていくのに窮する規模である。次世代はこれまでのような豊かさはもう保証されないだろう。

（2）女性の生活

a）パンを焼き、絨毯を織る

　かつて農業は雇農同士の共同労働であったが、現在は農家単位の仕事である。しかし、かつてと同様、農業は男の仕事である。播種から収穫まで農作業はすべて農家の戸主男性か息子たちによって担われている。女性はほとんど畑に行くことさえしない。女性たちの仕事は家の中の仕事である。子どもの面倒を見ながら、料理、洗濯、掃除などの家事をこなす。都会の主婦と違うところは、すべての農家がそうではないが、数頭のウシやヒツジ、また鶏など家畜を飼っていることである。乳を搾りヨーグルトやバターを作り、鶏の卵を取る。また何かの時に家畜を殺して料理に使うが屠殺するのは男の仕事である。

　農家でありながら自家用の農作物はパンを焼く小麦だけで、トウモロコシ（主に飼料用や油脂用）もおやつ程度である。最近、中庭の中に花壇を持つ者はハーブなどを育て薬味に利用する人も出てきていた。しかし、それ以外の野菜はすべて購入する。村内の商店にはジャガイモなど多少の野菜は置いてあるし、村々を車で巡回する八百屋もある。あるいはマルヴダシュト市に出掛けた時に男性が他の買い物とともに買ってくる。この村は雇農時代からずっと商品作物中心の農業であったためである。

　女性が行なう家事の中でもっとも重要な仕事はパンを焼くことである。彼ら

第4章　遊牧民定住村40年のあゆみ

のパンというと、都市や古い農村で見られるタヌール（タンドール）と呼ばれるパン焼き窯で焼いた厚手のパンではなく、クレープのように薄く伸ばした生地を鉄板で焼いたパンである。台所が屋内に設置されるようになっても、パンは大判の鉄板で焼くので普通のガス台では代用ができない。だから今でもパン焼きは屋外の中庭で、雨の降る冬の季節は屋根のあるガレージや台所脇の納屋などで行なう。かつては家畜の糞などの燃料を用いたが、現在は火加減の調節もでき煙の出ないパン焼き用ガス器具が出回り便利になった。女性たち

小枝や家畜の糞でパンを焼く女性（K村、1964年）

娘と母と祖母がガス器具でパンを焼く（2005年）

が粉をこねダンゴを作ってそれを麺棒のような棒で薄く伸ばして焼く田舎のパンを、村人たちは皆、町のパンより美味しいという。

　もう一つの家事は家畜のミルクから作る乳製品作りで、ヨーグルト、バター、ドゥーグ（乳飲料）、固形ヨーグルト、チーズなどをどの家庭でも作っていた。牧畜民本来の重要な食料の生産であった。代々伝えてきたヨーグルトのタネからヨーグルトを作り、それをヒツジの皮袋に入れて撹拌してバターを作り、さ

195

らに高級品のローガン・ヘイワーニー（バターオイル）を作った。しかし現代こうした面倒な作業を行なう女性は村でも少なくなり、村の商店でも工場で作られた低温殺菌された乳製品が並んでいる。

　また、もう一つの大事な女性の仕事は伝統的な絨毯織りである。K村の女性は昔から伝統的な絵柄の絨毯を母から娘へ、姑から嫁へと伝えて織ってきた。村の女性たちはいつも羊毛の束をもち紡錘用の独楽をもちくるくると回しては紡錘棒に糸を巻きつけていた。そして暇さえあれば中庭にしつらえた水平の織り機にしゃがんで絨毯を織っていた。乳飲み子を抱えながら、隣家の女性が訪ねてくればおしゃべりをしながら、常に手を動かして一目一目毛糸を織り込んでは、鉄製の櫛状の打ち具でトントンと織り目を打ち締めていく。

　昔は所有するヒツジの毛を刈り、糸に紡ぎ、さまざまな植物から染色して、最後に絨毯として織っていくという手間のかかる作業であった。そこからまずもっとも面倒な染色の作業が町の化学染料に置き換わった。そして今はヒツジの毛の束を紡錘棒で糸を紡ぐという作業も年老いた女性以外にはもう見られない。現在は絨毯商人から染色した毛糸を買い、織り機を仕立て数ヵ月かけて絨毯として織り上げるというものである。

　ファールス州の遊牧民系の絨毯は、赤を基調とした左右上下対照の幾何学模様の絨毯が典型的なものである。もともと小型でテントの中で地面に敷いた実用的なものであり、まだ農民の家が狭かった時代にも生活必需品であった。娘の結婚の際には、持参品の中の一つとして必ず母親や娘たち自身が数枚織り準備をした。また昔から絨毯の需要は大きく商品として売れる物であったので、女性たちの絨毯織りは貴重な現金収入をもたらす仕事として期待されていた。しかし現代では村の伝統的な絨毯は商品としての価値を失っている。

　2003年頃訪れた時はギャッベ（もともとはガシュガーイー遊牧民の一グループが織っていた絵柄）というシンプルな民芸調の絨毯が海外マーケットで人気を博しK村でもこれなら買ってくれると女性たちは盛んに織っていたが、2005年にもなるとブームは去り買い付け商人は来なくなっていた。絨毯を織る女性たちは若い人ほど減っている。中学、高校など高等学校に行くようになると勉強に追われて絨毯を織る機会も少なくなり、また興味も失われていった。家にいて結婚を待つだけの場合ちょっとしたお小遣い稼ぎに絨毯織りをするが、

第 4 章　遊牧民定住村 40 年のあゆみ

民族服の姑と嫁が並んで織る（K 村 1974 年）

女性たちによる絨毯織り、隣家の主婦 2 人で織る（K 村 2005 年）

母親のように全体の配置や毛糸の使い方など全部が頭に入っているような織り方はできなくなっている。母親の織った物を方眼紙に写し取ってそれを見て織るという織り方をしている。70 年代に一時、都市風の垂直式の織り機を都市の絨毯業者が持ち込み農村女性の労働力を使って生産を始めようとしたこともあったが結局、それも定着しなかった。

b）女性を縛るナームースィ

　未婚の女性はその行動を厳しく規制されている。妻たちが村の路地で行商の車を取り囲んでジャガイモやニンジンを買っている時も戸口から顔を出して眺めているだけでそれ以上出ることを控えている。お向かいの隣人の家に行く時さえも母親は娘に黒いチャードルをちゃんと着ていけとうるさい。私が写真を撮ることを拒否することも多い。

　女性は結婚前の純潔と結婚後の貞操を守らなければならないという強い観念、強い規範があり、それを守ることが保護者である男性の名誉の観念と結びついているとされていることは中東社会共通の認識である。イランではナームースィと呼ばれるものである。トルコ語起源のナームースという言葉から来ていて、ナームース（名誉）とは男にとっての、姉妹、母親、娘などの女性親族や配偶者を意味し、ナームースィと言った時、自分にとってのナームースを守らなければならない男の名誉心、義務感を表す。男らしさとは、ナームースィに対して強い信念、激しい感情（ゲイラト）を持つことであるとされ、加害者に対しては復讐を遂げなければならない強い義務感をともない、ナームースィとゲイラトは対として語られることが多い。

　したがって男性は家族内、親族内の女性に対して名誉が傷つくことになるような事態になることを非常に警戒し恐れる。K村で保護者が見知らぬよそ者の若者である兵隊先生が教える小学校に娘を出そうとしなかったことも、高学年になったら止めさせたことも、そして革命後の男女別学で女性の教師によって教えられる新制小学校には娘を通わせるようになったこともすべてこのような女性を巡る観念、規範に根ざしている。

　娘は結婚前には決して性交渉を行なってはならないことになっている。結婚式の初夜に初めて性交渉を行ない、処女であったことを血の付いたハンカチによって自分の両親、親族、婿側の両親、親族に証明する慣行があり、処女でないことが分かると離婚されることもあったという。現在でも結婚前にはたとえ入籍を済ませていても性交渉を行なうことに関して厳しい目があるが、親によっては入籍後は黙認し規制が緩くなってきている部分もある。しかし結婚式前の妊娠は不名誉なことで本人だけでなく家族や親族の名誉に傷が付く。未婚の娘の妊娠ともなると大変な不祥事になり警察沙汰の事件になる。

第4章　遊牧民定住村40年のあゆみ

かつては娘の親族が相手を殺す復讐事件となっていた。昔を知る老女が語ったところによると、娘が家畜の放牧に出ている時にある男とそういう関係になり妊娠してしまったという。その2人の兄は娘から相手を聞き出し相手を待ち伏せ殺害したという。その娘はどうなったのか、当時は卑しい身分のジプシーとして移動しながら鍛冶屋などの仕事をしていた集団がいて、そういった人びとに託したのだろうと語った。現代になってやはり未婚で妊娠してしまった娘がいて、相手の男は警察に捕まり1年刑務所に収監され、娘はシーラーズ市に移住してそこで結婚したという。こうした不祥事でその家族や親族も不名誉を被り娘は村を離れるしかないが、いわゆる名誉殺人として娘を殺すということは昔も今も農村では聞いていない。

c）親戚付き合い

女性は結婚によって実家から婚家へ生活の場所を移し、未婚の娘から一家の主婦へと変わる。村外から婚入してくる女性もあり村外に婚出していく場合もあるが、結婚の結びつきの多くが以前からの家族の結びつきの上にさらに結ばれるものが多くほとんどが親戚間での結婚である。村内でも村外でも親族・姻族間の関係は密接で、交通が便利になった今日では人びとの間の交流はより頻繁になっている。日常的にも女性たちは実家と婚家の間を頻繁に往来し、母親や姉が妊娠した娘や妹のパン焼きを手伝ったり、年老いた母親のためにお正月前の大掃除の手伝いに行ったりしている。そうした日常的な往来とは別に、女性たちが親族同士で集まり交流しお互いの関係を再確認する典型的なものが結婚式や葬式などのハレの行事においてである。

葬式と3つの主要な法事（3日7日忌、40日忌、1年忌）は結婚式と同様に親族が主役となって活動する機会である。親族が集まり親族の行事を執り行なうだけでなく、村社会の行事として女性たちは女性たちの席で役割を果たさなければならない。葬式の会葬者や法事の参列者の接待も男女別々に行なわれる。それはまた村の女性たちが親族だけでなく他の村内の女性たちや他村やマルヴダシュト市に住む女性たちと交流する場である。葬式では金持ちならば会葬者に食事を提供しなければならない。今では料理は料理人を雇うが、女性客へのもてなしは遺族の中の嫁や娘などが担当する。法事は大体夕方に行なわれ食事の提供はないが、大勢の参列者を読経が行なわれる場所に案内し飲み物な

女性の朗誦師

ど接待しそれが済めば墓地に行く。その前にも集まった親族のために昼食を作りまたお墓に持っていくお供え物の菓子ハルワー（小麦粉と砂糖を油で熱して作る伝統的な菓子）を作りその他にもケーキやキャンディや果物、花輪を買ってきて用意するのは女性親族や嫁たちである。

　葬式や結婚式という儀礼の中で親族というカテゴリーが表われる。とくに葬式においては喪に服するという形で男性ならば黒いシャツ、女性ならば黒い洋服と黒いスカーフという形で可視化されている。それらの人びとは『喪の主人』（サーヘベ・アザー）と呼ばれ、故人から見て２、３ポシュト（親等）離れた父系出自の親族が中心となる。まずは故人の①兄弟姉妹が遺族の筆頭に挙げられている。この配偶者たちも喪に服する。②故人の娘や息子とその配偶者、③故人の配偶者とその親族（故人の姻族）で、④は①の子どもたちつまり故人にとっては甥や姪に当たる人びと。⑤は②の子どもたち、つまり故人の孫たちとなる。①と②はその配偶者も喪に服するが、③と④と⑤はその配偶者までは喪服を着ることはないと言う。男性の場合、黒いシャツを着るか着ないかのどちらかであるが、女性の場合、黒いスカーフと黒い服装という組み合わせと、黒いスカーフだけ、あるいは全く黒い物を身に着けないかの３通りがあり、故人との関係によって使い分ける。

（３）変化の中で
ａ）都市生活への憧れ
1960年代、農地改革後でも主要な交通手段はロバであり、マルヴダシュト

市に行くのは一日がかりの仕事であった。やがて乗合自動車が運行するようになって農村とマルヴダシュト市は急速に近いものになっていった。

　町が近いものになるとともに村の生活も家族の生活も変化していく。ガルエの中の一部屋から独立した中庭を持つベランダ付きの３部屋の家屋へ、さらにベランダをなくして大広間を持つ大きな住宅へと住居はどんどん都市の影響を受けるようになった。1985年に村に電気が入ると一気に消費文化がなだれ込むようになる。豊かさを背景にあらゆる家電製品が村の中に持ち込まれた。その中でも何と言ってもテレビの影響は大きかっただろう。都市で作られたホームドラマがそのまま農村の家庭に入り、都市の新しい家族像がモデルになっていく。親は読み書きができなくても子どもは当たり前のように学校に行きさらに村を離れて中学、高校へ、そして今日ではＰ村に遅れてはいるが、Ｋ村でも大学を目指すことも珍しくなくなった。教育の重要性が認識され、さらに子どもの教育費の重圧にあらためて気が付かされている。子どもが６人、７人と多い中年夫婦からは子どもが少なければよかったと後悔の言葉をよく聞いた。マルヴダシュト市に移住し４人しかいない夫婦でさえももう少し少なければよかったと嘆いていた。

　Ｋ村では、1992年から保健婦による活動が始まり現在はほとんどの家族に避妊がいきわたり、とくに若い夫婦は子どもの数は１人か２人で十分だと考えている。自分の親世代の子どもが多く、それが家計の大きな負担になっていることをじかに目にしているからであろうし、テレビドラマなどで都市文化の影響を受けているせいでもあるだろう。彼らの家族観は、親の決めた相手と結婚するのではなく自分で見つけた相手と恋愛結婚をして、親家族とは別世帯で暮らし２人ぐらいの子どもに高い教育を受けさせるというものである。いわゆる近代家族の家族像が浸透していることが分かる。そしてそのためにはぜひともマルヴダシュト市に住みたいと考える。

　b）夫婦間の葛藤

　近代家族というものは、夫と妻が愛によって結びつき愛の証としての子どもが１人か２人かいるという自由と愛が強調されがちであるが、実は夫婦が対等であるというのは見かけだけのものに過ぎない。親世代から自由になったかもしれないが、実は伝統的な女性への規制がなくなったわけではなく、むしろ存

201

在感を増したイスラムによって強化されている。

　村社会に限ったことではないが、女性を外に出すことに対する警戒感が非常に強く、若い男性であっても依然としてナームースィに強く囚われている。結婚すると夫はまず妻が就学中であれば学校を止めさせ、さらに仕事に就くことには断固反対する。村社会で結婚すれば農家の主婦しかないがマルヴダシュト市に移住しても極力外に出さないようにしている。それは村人が妻を働かせなくても十分な収入を稼げる甲斐性ゆえのプライドも関係している。例えば、妻が商品価値のない伝統的な絨毯を織ることには趣味としてなので寛容だが、現金収入を得るためのギャッベという織物を織ることは夫が許さないと語る女性がいた。

　このように村人の多くは、かつてからは考えられないような高収入を得られるようになり、どんな高価な物でも買える豊かな生活が現実のものとなったことで自信とプライドを持つようになった。それを意味するもう一つ目立った現象は、二番目の妻を娶る男性が増えたということである。K村でもかつてもいなかった訳ではないが妻が病気で家事ができないといった理由で貧しくても2人の妻が共同生活をしているような家族であった。豊かであったキャドホダーなど妻は一人であった。それが近年二人目の妻を娶る事例が増えている。マルヴダシュト市で不動産屋を経営している男性が代表格で、経済力の象徴あるいは男性の甲斐性の証のようなものとして表われている。2003年の時点で村在住者だけで4人、マルヴダシュト市に移転した者も含めると6人の男性が二番目の妻と結婚している。

　二番目の妻を迎えることは妻の意向とは関係のない所で進められ、ある日突然、夫が別の女性と結婚するということが知らされることになる。イラン革命以前のパフラヴィー朝王制下の家族法では複数の妻との結婚は禁止されてはいなかったが、一応第一の妻の了承という条件が付けられていた。革命後は王制下の法律は一切無効となるとともに、複婚はイスラム的な慣行として、あるいは男性中心主義的な政治において黙認されているのが現状である。また離婚権は夫側にあり妻の意思で離婚することもできない。たとえ離婚しても離婚女性は実家に戻りさげすまされた存在として生きることしかできない。不動産屋の最初の妻はいつも暗い顔をしていた。夫は二番目の妻の方にばかり行き、彼女

の方には寄り付かないということだった。また2人の妻が顔を合わせるといつも激しい喧嘩になるという。

　こうした家族の中の夫婦間の不平等と女性への抑圧が、村人が豊かになったがゆえに顕在化しているように思われる。若い妻の自殺がこの村で3件、かつてはK村と一つであったB村も入れると5件も起こっている。いずれも夫婦間のトラブルで起きている。私が滞在中に起きた1件はまさしく夫が二番目の妻を迎えると言ったことから悲観しての自殺だったという。幼子を入れて3人の子どもを残しての焼身自殺だった。もう1件は夫のナームースィの感情が夫婦喧嘩の原因となったものだった。遺族が怒りと悲しみを込めて説明してくれたところによれば、妻が村内の実家の手伝いに行っていたものを疑い、どこに行っていたのだとなじった上に彼女をひどい言葉で侮辱したことが原因だったという。これが原因で両家の対立、争いになり訴訟も起きている。この夫は村にいられなくなってマルヴダシュト市に出て親戚の女性と再婚した。もう1件の例でも元夫はマルヴダシュト市に移転した。

3　「可能性」を求めて──都市へ都市へ

1）K村とP村の動き

（1）新しい町──マルヴダシュト市

　マルヴダシュト平原の中心にあるのがマルヴダシュト市である。この市は1935年にパフラヴィー朝初代国王レザー・シャー（在位1925-41）がファールス州で最初に建設した砂糖工場が礎になっている。1934年の設立当時この都市は砂糖工場を中心にしてその周りに工員の住宅があり、その人びとを目当てにした商人などが集まり始めた小さな集落に過ぎなかったという。最初の調査で訪れた1972年には、歴史のない新興の町にありがちな、薄汚れ殺伐とした雰囲気の田舎町だった。しかし、2003年に再訪した私たちが見たマルヴダシュト市は目を見張るような繁栄振りを謳歌する姿であった。雑然とした雰囲気はそのままだったが、市街地は大きく膨張、大通りには種類と数を増したきらびやかな商店が延々と続き、そこに群がる人びとで溢れていた。このマルヴ

ダシュト市の方が儲かると、州都のシーラーズから商店主たちが続々とマルヴダシュト市に押し寄せ出店していた。イランの正月にあたる春分の日の前になると、農村地帯からの買い物客が大通りの歩道から車道に溢れ、片側三車線の車道に並ぶ車の渋滞は一層ひどくなっていた。

　農村とマルヴダシュト市とのつながりはこの工場に納める原材料のサトウダイコンを通して始まった。1962年の農地改革後から農民はサトウダイコンだけでなく農産物のすべてをここに売りまた主要な生活用品すべてを購入するようになった。その後マルヴダシュト市はオイルマネーを背景にしたパフラヴィ国王の開発投資と周辺農村の経済成長とともに急速に拡大成長する。地図上で見る市街地は70年代から現在まで5倍以上に拡大している。人口は約15万人と言う。さらに昼の人口は夜の人口の何倍にもおよぶとは人びとの言である。人口増加は、かつては遊牧民定着によるものであり、近年は周辺農村部からの人口流入によるものである。

（2）村からの移住者――K村とP村の違い

　二つの村の人口の推移を見ると、K村は1974年の時点で91家族479人であったものが、2003年保健所の統計で164家族727人と、数だけを見れば、家族数で1.8倍に人口で1.5倍に増えている。K村の場合、この30年間に転入してきた家族は7家族のみで、農地もなく細々と暮らしている。一方転出して行った家族は近年になってマルヴダシュト市への移住で急速に増えている。人びとは30家族ぐらいだと言う。個人として転出していった者は結婚による女性の転出が多く、男性の個人としての転出が少ないのがこの村の特徴である。

　一方、P村の場合を見てみると、1972年には54家族291人であったが、2007年保健所の統計で、108家族492人となっている。家族数で2倍、人口で1.7倍の増加であり、K村の増加率を上回っている。実はこれは転入家族が多いためである。108家族のうち28家族(136人)26％が他村からあるいはガシュガーイ遊牧民の定着という形で新しい住民が加わっている。その背景にはP村住民の若い男性の個人転出者が非常に多いという事情がある。そのため農業の後継者が減り農業労働者や借地農業の需要が高くなったためと考えられる。元の住民の家族は80家族で、1.5倍、人口は356人で1.2倍の増加率となる。

P村の青年にどのくらいの人びとが移転して町に行ったのか尋ねてみると、「年輩の人たちの世代で40％、若い人の世代で70％ぐらいが転出した」と即座に答えた。現地の人びとはそのような実感があるのだろう。

　実際にどのぐらいの割合の人びとが村から転出していったのか統計を出してみる。それは70年代に取った両村の家族データを元にしてその家族がその後どうなったかを聞き取ったデータから集計した。

　K村の場合、よそ者家族と不明者をのぞく77家族を対象とした。人口の合計が434人であったが、そのうち44人が死亡し、さらに新たに生まれた者が243人で、2003年の時点では合計633人がK村在住および転出者の人数となる。それを親世代と子ども世代に分けて在村者と移転者の人数を出し移転率を示したものが図表4-8である。

　一番下の行に、全体の在村者と移転者の割合が示されていて、7割の人が村に残り、3割の人が転出したことが分かる。移転者の割合は子ども世代が多いが、これはもともと人数が多いことによる。どの世代の男女とも移転者より在村者の方が多く8割を占めている。ただ子ども世代の女性の転出率が高いのは

図表4-8　K村住民の移転率

住民	現存者	在村者	村外移転者	移転者に占める割合	
夫	62人(100%)	51人(82%)	11人(18%)	6%	13%
妻	77人(100%)	64人(83%)	13人(17%)	7%	
男児	267(100%)	214人(80%)	53人(20%)	29%	87%
女児	227(100%)	123人(54%)	104人(46%)	58%	
計	633(100%)	452人(71%)	181人(29%)	100%	

図表4-9　P村住民の移転率

住民	現存者	在村者	村外移転者	移転者に占める割合	
戸主(男)	31人(100%)	24人(77%)	7人(23%)	3.5%	9%
妻	37人(100%)	26人(70%)	11人(30%)	5.5%	
男児	161(100%)	78人(48%)	83人(52%)	43%	91%
女児	156(100%)	63人(40%)	93人(60%)	48%	
計	385(100%)	191人(50%)	194人(50%)	100%	100%

結婚による転出である。

　同様に図表4-9はP村の在村者と移転者の割合を出した表である。P村は72年当初56家族291人であった。62人が死亡し、新たに156人が増加した。合計385人が対象である。全体の移転率は5割で、半分の人びとが移転していったことが分かる。そして親世代に比べて子ども世代の移転率が高く、とくに男性の移転者が在村者を越えて52％に上っている。これはK村の20％と比べると大きな違いになっている。

（3）移住者たちの職業と学歴

　以下の表に表わしたのは、両村の男性都市移住者の職業の種類別の人数と割合である。K村からの都市移転者、約60人のうち職業の分かっている者47人について、P村の場合は同様に72人のうち就学中と兵役中の者を除いた職業に就いている者65人について分類したものである。これで見ると一目瞭然で二つの村の出身者の移住の目的と傾向が分かる。K村では農業・酪農や商店経営、コンバイン経営などのような自営業と労働者が目立つのに対して、P村では企業や役所・学校などの職員や教員の割合が高い。

　第1節で見たように、P村はK村に比べて教育レベルが高く、特に高卒以上

図表4-10　K村とP村の男性移住者の職業

職種	会社員	教員	公務員	弁護士／医者	農業／酪農	自営業	熟練／半熟練労働者	計
K村	3人（6％）	1（2％）	4（9％）	1（2％）	13（28％）	11（23％）	14（30％）	47人（100％）
P村	22人（34％）	15（23％）	12（19％）	2（3％）	4（6％）	0（0％）	10（15％）	65人（100％）

図表4-11　P村男性都市移住者の学歴

学歴	小学校	中学校	高校中退	高卒資格	短大	大卒	修士	博士	合計
人数	4人（7％）	5（8％）	2（3％）	12（20％）	10（16％）	19（31％）	7（12％）	2（3％）	61人（100％）
	18％			82％					

の高等教育を受けた人の割合が高かった。P村出身者ですでにマルヴダシュト市や他の都市に移住している72人のうち就学者6人と学歴不明者5人を除いた61人について学歴の割合を出してみたのが以下の表である。

　これを見ると高学歴者が非常に多いのがよく分かる。ホワイトカラーになれる最低限の学歴と言われるのがディプロム（高卒資格）であるが、これ以上が82％を占めている。

　一方、K村を見ると、高学歴者は教員と弁護士の各1人で、会社員も公務員もほとんどが学歴の要らない下級職員である。最近の若い人には大卒者も出始めているが、現役世代では良くて高卒資格を得ているぐらいである。

　P村では、女性もまた教育志向が顕著である。ただ女性の場合、結婚によって住む場所が決まることが多いので高学歴者が都市に集中することはない。両村の在村者の既婚女性でもK村では高校中退者が1人（1％）いるだけなのに対して、P村では高卒資格以上が8人（14％）もいる。また移転者も含めるとさらに高学歴者は増え、教員10人、保育士3人、会社員2人、公務員3人、自営業（熟練労働者）2人と、全156人中20人が職業に就いている。その中にはマルヴダシュト農村地域全体の保健士を統括する部署の長をしているというエリート女性もいる。

2）マルヴダシュト市移住の経緯と目的

（1）70年代の都市移住

　K村、P村のマルヴダシュト市への移住の兆しはすでに、1970年代半ば頃にはあった。それはこれまで述べてきたようにより豊かなK村だけでなくP村においても表れていたのである。農業収入の余剰をマルヴダシュト市の土地購入に投資するという動きがあった。土地価格も安かった。P村ではキャドホダー一家を筆頭にそれ以外にも数人の農民も購入していたし、K村ではもっと多い数10人の農民がマルヴダシュト市のブローカーから安く購入していた。しかし、当時はそこに家を建てて住むなどという考えは全くなく、投資の一つで家畜を買ったり、車を買ったりするのと同じ感覚で購入していた。だからほとんどはその後おそらく多少値が上がった時点で手放している。キャドホダー・クラスの農民は売らずに、その後も所有し続けている。P村のキャドホダー本人

は農業公社が設立した年1977年にそこに家を建て一家をあげて移住している。

　この時代、実際の都市移住の流れは2つのタイプがあった。一つはK村に見られる初期の土地なし層や貧しい農民の子弟の移住、もう一つは両村においてこの時代共通の子どもたちの教育のための都市への流れであった。

　K村において、農地のないマルヴダシュト市への移住は非農民あるいは子沢山で貧しい農民の子弟から始まっている。5人の男性がそれに当たる。①世話をする人がいて10歳の時にマルヴダシュト市にある商店の店番兼雑用という形で雇われた男性はそのままマルヴダシュト市で職を変えながら現在は中心地に商店を構えるまでになっている。②孤児であったある男性はキャドホダーの使用人のような形でキャドホダーに養われていたが、その後逃亡したマルヴダシュト市で幸運にも電話局の職を得てそのまま勤め人となった。次の2人は、兵役に行った経験がその後の人生にチャンスを与えてくれた場合である。③一人はそのまま軍隊勤めとしてマルヴダシュト市に移住した。また④はその縁故でマルヴダシュト市のペルセポリスを管轄する遺跡局の職を得た。②〜④の3人は下っ端ながらいずれも公務員である。⑤最後の一人は村で大工をしていたが、一旗あげようと一家でマルヴダシュト市に移住して行った。しかし思うようにいかず村に戻ってきたが、結局村の井戸に落ちて不慮の死を遂げている。息子たちも死んだとか殺されたと言われ現在行方不明である。失敗例だったと村人は語っている。この5人のうち、訪問してインタビューをした①の例を見てみよう。

（事例A）

　彼は1958年生まれで10歳の時にマルヴダシュト市に来た。K村農民の4男2女の長男で現在マルヴダシュト市の中心部に小さな食料品店を構える店主であるが、端正な顔立ちと眼鏡をかけた風貌はインテリ風で大学教授が店番をしているような違和感があった。彼自身に尋ねると10歳の時にマルヴダシュト市に来て、店に7年、その後、溶接工の技術を身につけ、シーラーズ、ケルマンと流れそしてマルヴダシュト市に戻って主に窓枠作りを約20年やり、その後、妻の父の関係で今の仕事を10年やっているという。村で小学校3年までを修めていたので、こちらに来て夜学に通って残り2年を修め小学校5年制を修了した。現在、26歳の長男を筆頭に3男1女の子どもがあり、みな大学卒、

第 4 章　遊牧民定住村 40 年のあゆみ

市中心部の食料雑貨店（A 氏）

在学中や受験生などである。中古だったが自宅も手に入れている。現在はマルヴダシュト市の不動産は価格が上昇していて子どもたちなどとても住宅を手に入れることができないであろうから、将来はアパートを建てそれぞれが住める場所を用意したいと思っている。

　事情を良く知る人に聞くと、当時 K 村からキャドホダーなどの上層の農民がマルヴダシュト市でよく立ち寄る商店があり、その商店主がきれいな顔立ちの男の子で妻の手伝いもできるような子を自分の店の店番に紹介して欲しいと頼んできたという。それで紹介されたのが A 氏であった。

　もう一つの都市移住の流れは子ども世代がマルヴダシュト市の学校に進学するという流れだが、これもこの時代 70 年代初期に始まっている。農地改革とともに農村地域で始まった兵隊先生による初等教育の卒業生の一部が中学に進学するようになるのがこの時代だからである。これは P 村においてはその後も都市移住の典型的なパターンになるが、K 村でもないわけではなかった。マルヴダシュト市の高校まで進んで高卒免許を得た者は K 村でも 5〜6 人はい

る。しかし彼らはそれによって役所や企業に勤めるということはなく、またそれ以上の学歴を修めるということもなかった。ただ一人マルヴダシュト市の菓子工場の事務職を得た男性がいるが、生活の拠点は村において通勤し空いた時間に父の農業や養鶏場経営、コンバイン経営の方に専念することが多かった。

（2）教育に望みをつなぐ

　農地改革から10年ほど経過した70年代初頭の農村には人口過剰問題があり、それは土地なし村民の増加となっていた。P村では成人男性の42％が、K村では52％が土地なし村民であった。また当時、旧政権下で家族計画キャンペーンが実施され「子どもが少ないほど生活は豊かだ」という標語が叫ばれていた。K村ではたまたま村内の経済が好調であったため余剰人口を吸収する余力があったが、P村の若い世代は村外に出て行く以外生きるすべがなく、また農業公社の設立がそれに追い討ちをかけた。そうした状況がP村の人びとに都市での教育に希望をつなぐ気運をもたらしたであろうことは想像に難くない。それでも、初期には小学校5年を終えた子どものすべてが中学へ進学していたわけではない。P村で70年代初頭マルヴダシュト市の中学、高校へと進学した少年は3人だけであった。この一人の事例を見ていく。

（事例B）

　1958年生まれのB氏は、長年中学、高校で教鞭を取った後、教育省のマルヴダシュト市支部の副所長を勤め定年退職して現在私立高校で教えている。彼の父はP村元キャドホダーの次男で、36人の農民の一人であり5男1女の父親であった。B氏はその長男で、1970年に同村出身で初めてマルヴダシュト市の中学へ進学した3人の少年の一人であった。他の少年たちと下宿の一部屋で暮らし、自炊し洗濯もしながら勉強をする毎日を送り週末だけ村に帰った。彼の場合74年に父がマルヴダシュト市に宅地を購入しており77年に農業公社のあおりで移住してきたので高校4年生の時からは自宅から通学することができた。しかし彼が高卒資格を取った年78年はちょうど革命の動乱期であったため就職口はなかった。バンダル・アッバースの建設会社で3ヵ月アルバイトをしたりしたこともあった。79年末にたまたまマルヴダシュト市で教員採用試験が行われることになり受験した。かなりの競争率だったが幸い合格できた

第4章　遊牧民定住村40年のあゆみ

ので教師になることができた。その後、教師として働きながら学位も取得した。

　彼が述べている同時期にP村からマルヴダシュト市に進学した2人のうち1人は高卒資格まで取っている。しかし彼は現在、村内で溶接工として店を構えている。もう1人は近隣の食肉加工会社に就職している。この時代、学歴があっても都市で勤め先を見つけることが難しかった状況をよく表わしている。

　その後の時代、P村でもB氏に続く男性はしばらく出なかった。高卒資格を取る者も稀で、ほとんどが小学校卒か中卒止まりである。高卒を越える短大レベルや大学の学位取得者が現われるのは1965年生まれより若い者たちからである。彼らが順調に5年、3年、4年と最短で学歴を修めた場合で高校卒業年は83年となる。おそらく途中で休んだり事情があって行けなかったりするので、85年より遅い時期かもしれない。革命から数年が経過しており世の中も落ち着き経済も回復し始めていただろう。都市での就職が軌道に乗っている様子が見られる。またそれはP村が農業公社から自分たちの農業を取り戻し、土地占拠問題も決着して農民の農地が拡大した時期でもあった。P村の一人の父親の例を紹介しよう。

（事例C）
　1935年生まれのC氏は、P村の旧農民36人の一人で7男2女という子沢山の男性である。息子7人のうち2人が高卒資格、5人が大学院卒でMAやMSを取得している。末の息子が現役大学院生で子どもたちへの教育義務をほとんど終えたC氏は3年前に村で最初のメッカ巡礼者となり、また現在自宅を改装中で老後の悠々自適の生活を送っている。息子たちの中で1962年生まれの長男が高校資格のみの学歴で村で溶接工として店を構えており、1966年生まれの次男以下が大学院卒でそれぞれ高校校長や技師として働いていることを不思議に思った私に弁解するように言った。「彼も頭は良かったんですよ。ただ私が当時、農業公社の労働者で彼に十分な教育支援をしてやれなかったんです」と。

　たしかに長男が18歳の頃は1980年、農業公社の土地占拠問題が係争中の時期である。彼が語るには、公社時代は配当分と労賃とで年間5万リアルの収入

211

があった。それが自分たちの土地として戻ってからは丹精こめて耕し、また4 ha の追加分が加わり収入は5倍に増えたという。村の子どもたちは下宿でのつつましい生活に耐え勉学に勤しんで少しずつ学歴やキャリアを積んでいったであろうが、高校以上の大学となると授業料に加え、離れた場所での生活費などある程度以上の資金援助が必要になってくる。現在では親の教育費負担は当たり前になっているが、かつては親からの援助を期待できる状況でなかった。次の例はP村の高学歴者の筆頭で医者にまで上り詰めた成功者の例である。

（事例D）

D氏は1969年生まれで現在医師の卵である。父は元キャドホダーの3男で、彼の兄たちと同様、農業公社ができた79年にマルヴダシュト市に一時的に移住した。D氏はその時10歳で小学4年生であった。5年後の84年一家は農業公社解体とともに村に戻るが、中学3年であった彼はそのまま高校へ進学する。成績が良かったため少し離れた場所にある学生寮つきの高校に入学することができた。そこで4年学んで卒業後シーラーズ大学に入学することができた。しかし入学した農学部は彼の興味を満足させてくれず4ヵ月のみで中退、故郷に戻り村の小学校で教えた。2年間非常勤教員として働き学費を貯め、あらためて医学部に入りなおしている。現在、研修医としての最後の1年をシーラーズで送っている。

彼の場合、父は元キャドホダーの3男でマルヴダシュト市に宅地を所有し、多少他の農民より恵まれていたかもしれない。さらに農業公社の解体で農業収入も増えたであろうが、医学部への進学のためには自分で学費を稼いでいる。彼の下には5人の弟がいた。子どもの人数は多く収入はそれに見合うほど得られなかった時代、子どもたちはほとんど独力で教育を修めていくしかなかった。

ただ教育の充実に力を入れた革命政権の政策で、学校の増設、設備の充実、教育制度の改革、奨学金制度の導入など子どもたちの教育のためにさまざまな便宜が図られてきたことは確かで、P村のような教育熱心な親や子どもにとってその恩恵は大きかった。寝場所と食事を提供してくれる学生寮を備えた学校が増えていくこともその一つで、子どもたちだけで下宿で自炊しながら通学するという苦労話も過去のものとなった。

第 4 章　遊牧民定住村 40 年のあゆみ

　D 氏の 9 歳年下の弟が中学を卒業する頃（90 年代初期）には、マルヴダシュト市とシーラーズ市の間の何もなかったところにすべてを備えた教育総合センター（教育コンプレックス）が作られた。男子のみの 4 つの高校（普通高校 2 つ、工業高校 1 つ、師範学校 1 つ）があり、全生徒が勉強や生活のために利用するすべての施設が揃っていた。寮、食堂だけでなくプールもあった。D 氏の弟は 2 人までもこの高校に入学している。

　また、医者になった D 氏もその 4 歳年下の弟も在学期間中、奨学金を得ていた。奨学金は返却するのではなく D 氏は病院で、弟は現在大学講師なので国の教育施設で、援助を得た期間の 2 倍の期間、働いて返している。総合教育センターの建設や奨学金制度など国の教育政策が農村の子弟の教育に果した役割は大きかったことが分かる。

（3）投資としてのマルヴダシュト市移住

　革命前の旧政権下の急激な経済成長の下、K 村の土地なし層の一部がマルヴダシュト市に移住した 70 年代前半から K 村からの移住は長らく途絶する。革命の動乱による政治の混乱は続き、またイラン・イラク戦争の戦時下でもあった。戦争が終り、ホメイニー師が死去した後の戦後復興の時代が始まる 90 年代初期になって、今度は土地なし層ではなく農民の中からマルヴダシュト市へ移住する者が現われてくる。80 年代 10 年間の養鶏場経営と 90 年代初めに取得した新しい耕地の売却などで利益を得た農民たちが次々にマルヴダシュト市への移住を果していくが、そのさきがけとなったのは次の 4 人である。彼らの都市移住は、一人は子どもの教育投資に、ほかの人びとは新たな事業への投資である。①農業と養鶏場そして今は酪農を営んでいる農民の長男である E 氏の移住は純粋に子どもたちの教育のための移住であった。②もう一人の農民は養鶏場経営で財を成しそれが下火になった後は車で鶏肉売りの行商などをしていたが、貯えた資金でマルヴダシュト市の中心地に鶏肉店を構えることにした。③と④は父の遺産で得た農地を兄弟で折半して売却しそれぞれマルヴダシュト市に食料品店と農業資材の店を開店する。①の事例と③の事例を取り上げよう。

　（事例 E）

E氏の長男（弁護士事務所にて）

1957年生まれのE氏は農民の長男、初期の小学校5年まで学んだ世代である。本人は高等教育を受けていないが筋道の立った話しぶりから頭の良さがわかる人物である。父親の農業、養鶏場を手伝ってきた。4男3女の子持ちで、長男は村にできた男子中学に3年まで、長女は小5まで通わせていたが、共に優秀でしかも勉強熱心であったためこの2人の教育のためにマルヴダシュト市に移住することを決意する。本人はマルヴダシュト市から通いで村で働き、家族はマルヴダシュト市の借家で10年暮らし6年前に初めて小さな家を買った。長男はシーラーズ大学法学部に進み、現在マルヴダシュト市で共同の弁護士事務所を構えている。長女は別の国立大学文学部に合格しK村出身者の中で唯一の女性教師になっている。

この事例は、当時珍しく子どもの教育のために移住した例である。2000年代に入ってから今日まで、村で農業をしながらマルヴダシュト市に家を建て生活の拠点を移して子どもを都市のより良い学校に入れるというのがK村でもP村でも典型的な都市移住のタイプになっているので、E氏は先見の明のある先駆者であったということができるだろう。

次に農地を売却して、その資金でマルヴダシュト市に移住した2兄弟の兄F氏の事例を見てみよう。

（事例F）

F氏は1949年生まれで、小学校ができた時には学齢期を過ぎていた世代だったため非識字者である。父の遺産で手に入れた農地を手放し心機一転マルヴダシュト市での生活を始めた。必ずしも有利な条件で農地を売却している訳でもないので、初めはタクシー運転手や小型トラックで運送業もやったりしながら、

第4章　遊牧民定住村40年のあゆみ

7年前に現在の住宅付きの商店を手に入れた。マルヴダシュト市中心地から離れ住むには静かで良い所だが、お客の出入りも少なく商品の品数も少ない。最初に紹介したA氏の食料品店の賑わいと比べると閑散とした寂しい店だった。彼の場合、農地が値上がりする前

F氏の食料雑貨店

に手放したこともあり、十分な資金もないままマルヴダシュト市に出てきた。「マルヴダシュト市の生活は、収入も生活もそりゃいいですよ。ただ資本さえあればの話ですよ」と寂しげだった。

90年代後半になると、こうした資本を十分に貯えたK村出身者がマルヴダシュト市に移住し始める。その筆頭が不動産屋を経営しているS氏である。第1節、第2節にも何度か登場したS氏であるが、ここでも事例として取り扱おう。

（事例G）

G氏（S氏）は1949年生まれの土地なし村民であった。5人兄弟のうち上2人は雇農であったため農地を得られたが、下3人は農地を得ることができなかった。しかしそれぞれ才覚がありまた兄弟間の結束で頭角を現してきた。とくに彼は1980年から養鶏場を始め、儲けが減少するとすぐにそこを引き上げ、隣村の有力者と近隣にトマト缶詰工場を建設する。やがてマルヴダシュト市の不動産の有望性に目をつけた彼はそれも売却して不動産への投資を始める。さらに不動産売買の資格を得て現在不動産業を経営している。1997年には家族ぐるみでマルヴダシュト市に引っ越す。現在住んでいる家は市の中心部に近いが閑静な住宅地の一角にあり、建物だけで250㎡、庭を入れた敷地全体で420

G氏（不動産屋の事務所にて）

㎡もあるという立派な家で、2003年に2億8,000万リアルで買い換えた。それが現在かなり値上がりしている。その後、さらに二番目の妻にもマルヴダシュト市に家を買い与えたという羽振りの良さである。

このように、彼は若い頃から乗合自動車業、シーラーズ市とマルヴダシュト市の間のバス業、大型トラックによる運送業、養鶏場経営、トマト缶詰工場、そして不動産投資と次々と儲けの多い事業に投資してきた。マルヴダシュト市への移住はその一環であり、かなりの資産を築いた成功者である。

（4）「可能性」を求めて

上の事例のG氏は新興勢力の中の出世頭であるが、K村の旧勢力の筆頭は元キャドホダー一家である。キャドホダー自身は1926年生まれの旧世代に属する人物で、1998年に72歳で死亡している。農地改革以前の1948年22歳の時からK村のキャドホダーとなり、1980年にキャドホダー職が廃止されるまで32年間K村の村長として他の一般の農民とは別格の突出した存在であった。農地改革前から隣の村に土地を購入し在地の小地主にもなっていたが、農業だけでなくトラクター、コンバイン経営、養鶏場経営と次々に新しい事業に着手し、農村を地盤にした農村資本家として右に出る者はなかった。早くからマルヴダシュト市には広い住宅も持っていたし、シーラーズ市にさえも家を所有していた。しかし、いずれにしても都市の他の有力者との交流に使用したり、借家として貸し出したりするだけで農村を引き払って都市に移り住むということはなかった。彼はマルヴダシュト市に住むことさえ嫌がったという。

しかし、彼の息子の世代になってほとんどがマルヴダシュト市に移住していくことになる。長らく彼の共同経営者であった弟一家や彼の財産を引き継いだ息子4人も全員が次々とマルヴダシュト市に移り住む。そして彼らに続くようにK村からの移住者が続々と出始めるのが、やはり1990年代後半から2000

第4章　遊牧民定住村40年のあゆみ

年代になってからである。そしてそれは都市における不動産への投資や新しい事業の開始というよりも快適な生活とか子どものための教育環境といった都市生活そのものが目的になるようなタイプの移住である。

（事例H）

H氏は元キャドホダーの長男である。1946年生まれで小学校ができる前に学齢期を過ぎていたが、古い寺子屋式の学校に行っていたので基本的な読み書きはできる。父親からの遺産相続と自分で増やした農地は合計150haに及び、養鶏場も経営していた大変な富農である。1998年に養鶏場経営の利益で貯めた資金2億3,000万リアルでマルヴダシュト市の端に大通り沿いの2階建て住宅を購入し、妻と長男夫婦と孫娘、次男と末娘との7人で住んでいる。他に2人の娘は結婚して家族から離れている。子どもたちはほとんど成人しており、マルヴダシュト市への移住で教育環境が変わったのは当時高校生であった末娘だけである。つまり教育目的の移住ではなく、むしろより良い生活を求めての移住であった。本人と2人の息子は仕事を分担して毎朝それぞれの車で町の役所や銀行に行ったり、また村の農地に向かい労働者たちに仕事の指示を与えたりしている。

農村を離れてなぜマルヴダシュト市へ移住するのか。多くの人びとの答えは、「『エムカーナート』があるから」とか、「『レファー』のために」である。『エムカーナート』とは文字通りは「可能性」という意味である。「可能性」とは、抽象的な意味で「将来性」とか「選択肢の多さ」ということを言っているのかと思っていたが、彼らの頭の中にはもっと具体的な「良い学校」とか「良い病院」とか「商店が多い」、「品数

H氏が購入した二階建ての家

217

の多い商店」とか、「設備の良い家」など生活上の利便性を意味しているらしいということが分かってきた。その中でも子どもの教育環境というのが小さい子どもを持つ若い家族の最大の関心事である。そのためにマルヴダシュト市に移住すると行っても過言ではない。『レファー』とは快適さを意味する言葉で、子どもの教育を重視する若い世代とは反対に、子どもの教育も終え年を取って農業からも引退した年老いた世代の家族がトイレ・台所など屋内にあり常に暖かい湯が出る設備の整った家屋の快適さ、また良い病院があり、交通も便利であることなどの利便性を挙げている。次の事例は若い家族が子どもたちの教育のために転居した典型的な例である。

（事例 I）

1963年生まれの兄と81年生まれの弟という年の離れた兄弟は2003年、家族ぐるみでマルヴダシュト市に移住してきた。兄は中卒の学歴で弟は小5の学歴しかないが、農民である父を助けて農業やトラクター業を営む。彼らはマルヴダシュト市の新開地の一角に宅地を買い二階建ての住宅を建て、それぞれの階に住んでいる。周りは空き地ばかりで2、3軒がぽつんと建っているだけである。土地の人びととの交流はほとんどない。彼らがここに暮らすのはただ子どもの教育のためである。とくに長男には10歳（小4）と7歳（小1）の息子があり、その子どもの教育のために引っ越してきたとはっきりと言う。授業料は高いが通学バスの送迎もある有名私立小学校に通わせ、また英語クラスにも通わせている。弟家族の子どもはまだ幼児であるが将来は同じように良い教育を受けさせたいと思っている。

かつては子どもだけが都市に出て行って教育を修めていたP村でも近年、若い家族はいまや続々と子どもの教育のためにマルヴダシュト市に引っ越している。2007年9月にある農民を訪問した時、中庭に小型トラックが着けてあり家の中の荷物をどんどん積み込んで、まさしくこれからマルヴダシュト市の借家に引っ越すという現場に遭遇した。娘が難易度の高い有名校に合格したから移住するという。また別の男性は、自分は心臓が悪く町の空気に耐えられないから一人村に残り、家族は全員マルヴダシュト市の家に引っ越したと言っていた。

経済的にはP村よりも恵まれているK村の方が移住者ははるかに多い。しかし戦時中のベビーブームの時代の若者が成人を迎えようとしている今、K村の経済的な包容力も限界が来ているように思われる。農地の分割による土地の細分化や売却が増えている。農業だけで食べていける農地の規模を持てる見込みのない人びとも増えている。農業外の活動にしても資本が必要だったり飽和状態だったり、将来に希望が見える材料がないというのが現状である。現在K村の若者が就いている仕事の代表的なものが農民の父親に買ってもらった車で無認可の白タク業で稼ぐことである。今、経済的に余裕のある者が教育環境の整ったマルヴダシュト市に移住して、子どもの将来のためにできることをしたいと思うのは当然かもしれない。

2）村の生活、町の生活

(1) 生活の違いと変化

第1節と第2節で見てきたように、村社会は大きく変化してきた。遊牧民時代や雇農時代もはるか昔になってしまった。農地改革で自作農民になってからも45年もの月日が流れている。人びとの生活は豊かになり、かつてはるかに遠い存在であった地主などの都市生活者と大して違わない水準になった。交通機関の発達、農村におけるインフラ整備の拡大、国家管理の浸透、消費文化の拡大といった形で、中央から隔絶した地方の農村に暮らしていた人びとは徐々に国の政治と都市文化の中に包摂されていった。そうした状況があったからこそ近年農村の人びとは農村生活をやすやすと捨ててマルヴダシュト市へと次々に移住している。今も続々と都市へ、都市へと住居を移している。

①ソフレからダイニング・テーブルへ

村の住居の変化は、いつでも畳んで移動できる簡素なテント生活が象徴する最少機能の居住スタイルから、家屋にさまざまな設備が加わる多機能の定着生活のスタイルへの変化であり、さらに消費財であふれる都市の生活が取り込まれていった結果である。

マルヴダシュト市に移った農村出身者の住宅を見てみると、村の住生活になかったものと言えば、屋内の台所、水洗トイレ、都市ガスによる温水設備ぐらいだろうか。

入り口から入ってすぐの広いホールは大体居間として使われている。家族がテーブルクロスを囲んで食事をするのに使われる。そこに大体テレビが置いてある。それは村の新しい家と変わらない。そこからつながっているか、区切られているかは別として奥まった所に広い客間がある。そこは多くのお客が来た時に壁に沿って坐りお茶や食事がふるまわれる場所である。地べたに坐る生活はそのまま継続することができた。

　都市に移って数年もするとその一角に応接セットを入れるようになる。これは村の生活には全くないものである。私たちのような外国人の客にはこの応接セットを勧める。そして村の住宅にないもう一つのものは個室である。都市の住宅には1つか2つかの小さい部屋があり、それは大体息子や娘の個室としてあてがわれるようになる。息子の部屋にはベッドと勉強机、将来の勉強のためにコンピューターを買って置いてあるのが最新流行だった。ダイニング・テーブルで食事をするというスタイルはなかなか入りにくいが、マルヴダシュト市に移って10年近くになろうとする一家の息子が買おうと思っていると自分から言った。応接セットでソファーに坐る生活にもなじみ、年を取った両親は膝

町に移住しての生活（奥に応接セットが見える）

第4章　遊牧民定住村40年のあゆみ

が痛むことがあり膝を折って坐らなくていい椅子の生活が快適になってきたようである。ただシーラーズ市のような古い都市文化を象徴する、いわゆる高級ペルシャ絨毯を購入している家は一軒も見かけなかった。
　②女たちはすることがなくなった？
　彼らの食生活の中心は何と言っても彼ら固有のパンである。移動生活から生まれたパン焼き方法で、中華鍋を裏返したような丸い山型の鉄板に薄く伸ばしたパン生地を広げてクレープのような薄いパンを焼く。村の生活では必ず各家で女性がパンを焼いている。ガスを使う器具も導入され火加減の調節も便利になった。この道具をそのまま都市の住まいに持っていけば村のパンを焼けないことはない。事実、初めのうち女性たちはパンを焼こうと試みている。しかしこのパン焼き器具は中庭などで焼く従来のパン焼きの延長線上で改良されたものに過ぎない。屋内で焼くことはできないので都市の住まいでも中庭に持ち出して焼くことになる。村のパンは美味しいのだけれど、結局面倒になって徐々に近くのパン屋に買いに行くようになる。もう一つの重要な基本食は家畜のミルクから作る乳製品で、ヨーグルト、バター、ドゥーグ（乳飲料）、固形ヨーグルト、チーズなど、これらはすべて牧畜時代からの自家製の食料であった。しかし現在こうした面倒な作業を行なう女性は村でも少なくなっている。村の商店でさえも工場で作られた低温殺菌された乳製品が並んでいる。都市ではもちろん購入してくる。
　村の女性たちが行うもう一つの大きな仕事、絨毯織りも都市の生活には馴染まなかった。前節で述べたように、K村でも絨毯織りは全体的には廃れていっていた。かつてのような商品価値がなくなり業者も買い付けに来なくなっていたし、村の女性も若い人ほど絨毯を織らなくなっている。絨毯はもともと実用的な生活用具であったものが住生活の変化でかつてのような実用性が失われ、また民芸品としての絨毯市場も不安定である。ギャッベのような新しい物が現れたかと思うと、数年で廃れたりと市場価格の浮沈が著しい。この伝統文化は農村においても存亡の危機を迎えていると言えるかもしれない。それでも農村では、中年女性の中には自分の技術を生かし趣味と実益を兼ねて毎日こつこつと絨毯を織る女性もいる。しかしそれを都市の住宅に持ち込んでまで織り続ける女性はまれである。一つには絨毯織りは屋外の活動であり、パン焼き同様、

都市の住宅に馴染まないからである。織るとすると、都市の住宅の中庭に織り機を広げて織ることになる。どうして屋内で織らないのかと尋ねると「部屋が汚れるから」と言う。長年作り上げてきた習慣や発想から自由になるというのは難しいのかもしれない。

（2）移住者の村との交流

　村はどれも互いの家の壁と壁を接して一つの塊のようになった集村形態をしている。村中が親子・兄弟姉妹、親族、姻族といった親戚関係でつながり合い、また隣家との行き来や助け合いも頻繁である。人びとは日常的に緊密な関係を維持している。

　また第2節で述べたように、村人はアーシュラーやラメザーン月（断食月）などの宗教的行事において村やモスクで行動を共にしながら同郷者としての関係を確認・強化してきた。またメッカ巡礼や願掛けの食事会においてお互いを招待し合い、また結婚式や葬儀・法事においてもお互いの慶事や弔事を祝い悼んできた。それは持てる者が持たざる者へ食料を分配する機会ともなっていた。正月にはかつてはキャドホダー、今は『殉教者の父』という長老の家を表敬訪問し、また家族間では上の者への敬意と返礼としての訪問をする。非常に多くの機会に人びとは接触し交流して親族として同郷者としての絆を認識する。

　都市に住居を移した人びとは、このような日常の生活や非日常の行事において村と、あるいは村人とどのような接触や交流を維持し、またそういった関係から疎遠になっていくのか。P村の場合は、親世代が村、子ども世代が都市と生活領域がはっきり分かれ生活文化も分断され、子ども世代が都市生活を基盤にしながら時おり村を訪問し親の生活を支えているという関係である。そういう意味ではさまざまな形で都市へ移住してきた人びとの多いK村の場合の方が村の生活と都市の生活が連続的で移行的であり、さまざまな過程と現象が見られるのでこちらを中心に彼ら都市移住者の生活がどのように変化していったのか見てみる。

　村を離れた人びとが村を訪問し人びとと接触する機会として、日常的な訪問以外に上にあげたような非日常の行事の機会がある。これらのうち結婚式やメッカ巡礼や願掛けの食事会への参加は、親族であれ他人であれ招待によるも

のとなっているので、招待状を受け取れば必ず参加する。これは選択の余地がない。正月の訪問は村レベルというより家族中心の行事であり家族間の訪問は離れていようと近くに住んでいようと、必ず果たすべき恒例の行事となっている。それ以外の自由参加の行事ということになると、アーシュラーとラメザーンの宗教行事と村人の葬儀や法事の３つの機会ということになる。前の２つは村社会の行事であり、住民の全員参加が原則の宗教実践である。また葬儀や法事は招待ではなく知らせを受けるだけで参加自由であるが、同郷人としての義理が関わる行事である。したがってこれらに参加するか否かが、マルヴダシュト市の住民であるか、あるいはＫ村のメンバーであるか、移住者の意識の重要なメルクマールになると考えられる。

　Ｋ村のマルヴダシュト市移住者を見てみると、村訪問の頻度や村人との接触や交流の程度はさまざまである。一般的に言うと、次の６つの条件に規定される傾向がある。①村に家を所有したままか　②移住年数が長いか短いか　③若いか年老いているか　④生業の種類（村に根ざしているか都市に根ざしているか）⑤配偶者が村出身者か、マルヴダシュト市を含めたその他の出身か　⑥村に親族がいるかいないか

　村に家を持ち、移住年数が短く、若く、村の農地で農業をしており、妻もＫ村の出身者で親族も多ければ、当然村へは頻繁に帰りあらゆる行事は村のものに参加するということになる。これに当てはまるのが、事例Ｉの若い二兄弟家族である。都市に住み始めてわずか３年、Ｋ村に家もあり農業をしている。「子どもの教育のためだけに来たのだから、他はすべて村の方が大事です」と明言した。近所づきあいはほとんどなく、周りの新開地の他の住人について「あいつらはどうもＣ村の人らしいぜ……」と、猜疑心に満ちた言い方をした。

　移住して10年近くになる富農の事例Ｈの家族は、年代も上で子どもたちはすべて成人してからマルヴダシュト市に移住した。必要に迫られないので村の家は売却していないが、他人に安い賃貸で貸していて日常的にはほとんど村の生活とは関係ない暮らしをしている。しかし生計は村での大規模な農業にあり村や村人との関係は密接である。アーシュラーもラメザーンの宗教行事にも村の方に毎年参加する。村人の葬儀や法事も知らせがあればすべて参列している。都市に移住してから若くして亡くなった娘の葬儀も法事もすべて村に住む長女

の家で執り行った。

　事例Hの家族とほぼ同じぐらいの時期にマルヴダシュト市に家族ぐるみで移住した不動産屋の事例Gの家族の場合、生計の基盤はもう村を離れている。しかし子どもたちはほとんど村で成長し友人や親族など村での生活の方が密接である。H家族と同様に宗教行事にも葬儀や法事にもすべて参加する。都市に移って都市生活の自由さ、気ままさを満喫している独身の長男だが、アーシュラーの哀悼行進には仕方なく参加している。「人目がありますから……」と本音を吐露した。

　移住年数がさらに長くなると、村からの距離が大きくなる。事例Eはマルヴダシュト市に15年以上住んでおり息子娘の教育のために移住した。しかし農業と酪農業で生計を立てており村との生活は密接である。しかし子どもたちは都市での生活の方が長く馴染みも深くなっている。ラメザーンの行事は19日だけ必ず行く。アーシュラーはモハッラム月の初日から9日間はマルヴダシュト市の地区会の方に参加して、最後10日のアーシュラーのクライマックスは村の行事に参加するという。両方への義理を果たしている点は興味深かった。

　事例Fと事例Aはさらに都市での生活が長くなる。あまり繁盛していない商店の店主の事例Fは移住して18年になる。かたや繁盛している商店の店主である事例Aはさらに長く、30年以上にもなる。しかも、この2つの家族の生計は都市にあり一層村との関係が薄くなっている。さらに子どもたちは都市で成長し結婚もしている。彼らは全くK村の宗教行事に参加していない。村に行くのは招待があった時と正月の挨拶で親族を訪問するだけであるという。宗教行事は都市の地区会にすべて参加している。さらに事例Aだけは妻がマルヴダシュト市出身者である。村を訪れるのは正月の年一回ぐらいしかないと笑って言った。

　さらに全く村と縁の切れた都市移住者もいる。30年以上前にマルヴダシュト市に移住して電報局に仕事を得た男性で、妻が村出身者なので個人的に親族との往来はあるかもしれないが、彼自身は孤児で親族がいないのでほとんど村とは縁の切れたままである。またマルヴダシュト市に移住したまま行方不明という家族もいる。

第4章　遊牧民定住村40年のあゆみ

　一方、村との絆を取り戻そうという動きもある。商店主の事例Fの弟で、兄同様K村の父の遺産である農地を売却しその金でマルヴダシュト市に出てきて農業資材を売る店を始めた男性である。兄とは違って商売の方はうまくいっている。村にはもう農地も家もなく関係も薄くなったが、2年前にラメザン月19日に願掛けによるエフターリー（日没後の夕食）の村人全員への食事提供を、家がないのでモスクで始めた。詳しいことは分からないが都市なのか村なのか自分の居場所とアイデンティティが揺らいでいるのかもしれない。

（3）都市生活の自由とナームースィ

　村の生活からマルヴダシュト市に移住してきて時間が経過するとともに都市の生活に馴染み地区の宗教行事、隣人との付き合い、子どもの幼稚園から小学校、中学そして高校など学校関係の付き合い、そして子どもたちの結婚相手やその親族などそれまでになかった人びととの交流が広がっていく様子がK村のさまざまな移住者のインタビューから窺い知ることができた。

　男性の場合その活動の中心は仕事でその範囲はもともと家族の外にある。村落という狭い空間のみであったものがマルヴダシュト市にまで広がり活動範囲が大きくなり活動は活発になったと思われる。そこからさらに40キロ離れたシーラーズ市も遠くなくなった。コンバイン業や大型輸送トラックで生活している男性はもっと手広く全国規模で活動している。

　一方女性の活動の中心は、村でも都市でも家庭内である。村では家を中心にした周りの隣人や親族との付き合い中心の生活であった。マルヴダシュト市に移住したといっても女性の活動の中心はやはり家庭内である。

　（事例J）

　本人は1975年生まれの若い主婦。6歳年上の夫、4歳の娘が一人いる。1年前にK村からマルヴダシュト市に移住して来た。彼らの自宅はK村住民の住宅としてはめずらしくこじんまりしたマンションの一室（60㎡ぐらいの1LDK）である。夫はコンバインを所有していて小麦や米の収穫期に4ヵ月は家を空ける。その間は娘と村に帰っている。夫がいる時でもパン屋にパンを買いに行く以外外出しない。食料品もすべて夫が買ってくる。毎週末は村に帰るし冠婚葬祭すべて村の行事に参加する。結婚して10年で、最初の5年は夫の両

225

親と同居、次の5年はその隣に家を建てて独立して暮らした。そして今、ここに1年である。最初の5年は最悪で、次の5年は多少良くなり、今が最良である。村の生活は人間関係が悪かったというわけではないが、人数も多く大変だったし疲れるものだった。今は一人で好きなように過ごすことができて楽しい。

　村におけると同様に彼女は家庭だけで生活しているが、自分だけの自由気ままな生活を楽しんでいる。「マンションの住民同士は顔を合わせば挨拶をするし、階下の広場などでおしゃべりもするが、それぞれ戸口の所までの付き合いで家に入れることはない」と都市ならではの節度を保った生活を守っている。都市固有の希薄な人間関係から来る孤独や孤立に陥ることがないのは、村社会との交流が頻繁であり、かつ彼女の場合同じマンションに同郷の同じぐらいの年齢の女友だちがいて毎日のようにお互いの家を行き来しているからだろう。
　都市生活は、村の家族関係や隣人関係の緊密性から解放され自由を得られる側面があると同時に温かい交流や絆からも切り離されてしまうという危険性もある。移住者の娘で高卒資格を取ったものの就職口がなく無職のまま家庭にいた26歳女性は、「都市にはエムカーナート（利便性）があるけれど、田舎にはメヘル・ワ・モハバットがあります」と言った。メヘル・ワ・モハバットとは直訳すれば「親切と愛情」ということだが言うならば『人情』ということかもしれない。
　都市における自由と未知の雑多な人びとの接触は、家庭を守る男性にとっては農村以上にナームースィへの大いなる脅威となる。都市生活においても妻は家庭での仕事に専念させ外回りの仕事はすべて男性が引き受け、外出はすべて夫の車で移動するような生活である。父や兄弟は常に妻や娘、姉妹への監督を怠らない。とくに年若い娘に対してはことさら監視の目が厳しい。都市ではナームースィへの危機がより大きいと危惧する。男女別学と言っても男子は女子の学校が終わる時間に待ち伏せしているし、大通りでも車から若い女性に声を掛けたりしているという。若い男女には自由恋愛への願望があり誘惑は大きい。実際遊ぶだけの女の子や売春まがいのことをする女性もいるという。村の若者も親に買ってもらった車で白タクの仕事をしながら、実は都市でブラブラして女の子と遊んだり、麻薬に手を出したりしているという話もよく聞いた。

マルヴダシュト市から村に嫁に来た女性に寂しくないか、都市の生活に戻りたくないか尋ねると、多くが都市の方がいい、帰りたいと言ったが、中には父親がうるさくて都市でもほとんど外に出してもらえない生活だったから変りないと冷静に答えた若妻もいた。マルヴダシュト市のK村出身者の家に結婚式を見せてもらうのでお邪魔している時、多くの人でごった返すなか小学校低学年の女の子がいてスカーフをした彼女の写真も撮った。彼女もポーズを取って嬉しそうに写真に収まったのに、後から来て「あの写真は消してほしい。お父さんに知れたら怒られるから」と不安そうな顔で懇願した。こんな小さな女の子にまでナームースィへの責任感が徹底しているのかと驚いた。

（4）都市女性の新しい交流の場

　マルヴダシュト市は、周囲の農村地区を巻き込みながら境界線を広げ膨張を続けている。未知の雑多な人びとが暮らし、村落の顔見知りの人間関係の規範が崩れ、自由の謳歌と男女の交遊（恋愛結婚するものも多いが）そして麻薬や売春や犯罪といった悪徳も忍び込む。都市に移住した父親が妻や娘への監視に躍起になるのも理解できる部分もある。こうした危うい側面も持つ都市社会で、女性たちの新たな交流の場として宗教を通した活動が非常に盛んになっている。

（事例K）

　彼女も1975年生まれの若い主婦である。15歳までK村にいて20歳の母方のイトコ（MBS）と結婚した。夫は警官でファールス州南部のいくつかの都市に転勤した後3年前からマルヴダシュト市に戻り、何とか自宅も購入した。子どもは14歳の息子と8歳の娘の2人である。村の農家とは違って安月給の公務員の家庭で毎月の給料で慎ましく暮らしている。年3回の季節の節目に家族の衣類などの買い物に一家で出かけるのを一番の楽しみにしている。彼女は2年半前から友人の紹介でコーラン教室に通うことになった。そこでは女性朗誦師の指導でコーランや他の祈祷集を一緒に読み、またイスラムの知識などを教えてくれる。週3日午前か午後の2時間ぐらいのクラスで普段の月はコーランのアヌアーン章を読み、ラメザーン月とモハラム、サファル月にはまた別の特別の章を詠み特別の祈祷をする。さまざまな女性が参加しており多くの友人もできた。またそうした仲間で願掛けのソフレ（食事会）に招待され楽しい時を

過ごすこともある。

　女性朗誦師（200頁の写真）と言ったのは、ペルシャ語で「マッダーフ」と呼ばれる人たちのことである。女性とは限らない。宗教学校で正式の学位を得た僧侶（アーホンド）ではなく、コーランや祈祷集を詠むことのできる朗誦師から個人的に学んでできるようになったような半分素人の宗教家のことである。農村でも都市でも葬儀・法事や願掛けの席にはこうした朗誦師が呼ばれる。女性の席には上から下まで黒一色の服にチャードルで身を包んだ女性朗誦師が読経や祈りを捧げる。マルヴダシュト市にはこのようなプロの女性朗誦師がたくさんいて都市だけでなく周辺農村にも出張している。また彼女たちは自宅でKさんが通っていたような、いわゆるコーラン教室を開いている。そしてそこからプロ、アマの女性朗誦師が大勢生まれている。
　村でも女性たちが集まる機会は多い。結婚式や願掛けやメッカ巡礼の食事招待であったり、村人の葬儀や法事などの行事である。しかし食事招待はいずれも男性主催の集まりで村中の戸主や成人男性はほとんど招待を受けるが女性は招待を受けない。その主催者家族の女性は裏方として料理を作るか、親族だけの招待の小さな席で食事招待にあずかる。女性自身が願掛けをする場合もあるがほとんど食事招待をしない。自分が作ったスープやハルワーや粥のような簡単な料理を近所や親戚に配るという形の願掛けがほとんどである。マルヴダシュト市の場合は、女性主催による願掛けの食事会が、ソフレ・ファーテメやソフレ・ゼイナブ、ソフレ・ロガイエといった第3イマーム・ホセインの母、姉妹、娘の名前で願掛け成就の会として催され、しかも非常に盛んである。これは昔から都市には存在した女性の伝統的な集いの一つであるが、近年マルヴダシュト市および周辺に急速に普及してきたようである。
　また政府のバスィージュという民兵組織の女性部の活動も盛んで、多くの人がメンバーとなり革命記念日の日のデモ行進といった政治的な行動のほかにイマームたちの誕生日を祝う慶事や命日を悼む弔事の宗教行事も盛んに行われている。このような女性による宗教活動を通した集まりや交流はK村ではまだ見られない。女性主催の食事会もないしバスィージュ組織の農村への浸透も見られない。しかしこれまで農村の生活が都市化していく過程でさまざまな都市

第4章　遊牧民定住村40年のあゆみ

ツアー出発前のK村女性たち

文化が取り入れられていったように、今後新しい女性の組織が導入され活動が活発になるのかもしれない。

2005年9月20日は、第12代イマームの誕生日であるイスラム暦8月（シャアバーン月）15日に当たっていた。その2日前K村からこのイマームが降臨するというコムに近い泉のある場所（ジャムキャラン）

ジャムキャランへの巡礼ツアーバス

への巡礼ツアーバスが村の大勢の女性たちを乗せて出発した。これまでも夫についてメッカ巡礼に行く女性や家族旅行でマシュハド巡礼に行く女性はたくさんいたが、女性だけを集めた巡礼ツアーという企画は初めての試みであった。村の宗教的な家族の有志が企画したものだが、翌年には継続していない。こういったものが今後宗教を通した女性の結集化を図るさきがけとなるのか、それとも巡礼の一つの形として単発的なもので終わるのか、今のところ分からない。

おわりに

　2003年から2008年の5年にわたって、イラン南部農村の状況をフィールドワークによって観察してきた。20世紀初頭の遊牧民定着以来、農村社会は大きく変貌した。それは国王による旧政府にしても革命後の新政府にしても国家の政治が農村の隅々にまで浸透していく過程であり、農村の生活はいわゆる『近代化』し『都市化』していった。農民は地主の支配のくびきを脱し対等な国民となり、また農地を所有する者となることで何も持たない労働者より一段上の有産者というプライドも身につけた。豊かになることで都市の消費文化を何でも手に入れられるようになり、都市との格差は減少しその最終段階が都市移住という飛躍であった。

　今後、農村社会はどうなっていくのか。このまま都市文化を取り入れ、農村の住宅にもどんどんコンピューターが入り（現在でもP村では多い）、ソファーやダイニング・テーブルも入り、高級絨毯も購入し村の絨毯は趣味としてあるいは民族の記憶として残るのみになるのか。女性たちも高等教育を受け、宗教活動や政治活動にも熱心に関わり都市生活と変わらない生活を送るようになるのか。それともこのまま都市移住が進行し農村が過疎化して機能不全に陥っていくのか。その後者の典型が隣村のB村である。もともと人口が少なく土地は豊かで都市移住が早く始まったこの村では農村イスラム評議会のメンバーはすべてマルヴダシュト市に住んでいるという状況である。村には空き家が目立ち、残っている家族は貧しく農地もない家族ばかりである。P村も人口流出が著しく現在でも3割の借地農民や農業労働者などよそ者の流入が見られるが、今後、親世代が年を取り世代が変わった時、農業はどうなっていくのか、土地を持つ者と持たない者とに再び分かれるのか。農地は現在見られるように共同所有のまま維持されたままなのか、それとも細分化して売却に向かうのか。子ども世代のほとんどが早くから都市へと移転してそこで仕事を見つけようとするP村の場合、若い世代は都市の経済的な状況に直接的な影響を受けやすい。2008年、調査の最終段階で見たのは、経済の不況が若者に及ぼしている深刻な状況であった。マルヴダシュト市でも、もっと大きなシーラーズ市でも若者の失業は深刻で、P村の大卒者でも就職先を見つけることが非常に難しくなっ

第4章　遊牧民定住村40年のあゆみ

ていた。

　K村の場合はある意味、都市の就職難とは無縁であった。もともとそうした将来の展望を抱いていたわけではないのでほとんどが高卒資格さえ持っていない。親が土地の一部やトラクターや車を買い与え、それで生計を立てながら資本を貯めてマルヴダシュト市での仕事に進出するというのが彼らの人生設計である。K村の農地は広く規模も大きいので若者を村内にとどめる余力を保持していた。それが今、農地は細分化され農業も変わろうとしている。これまでのような広い農地に小麦、トウモロコシのみを栽培するような農業に1ha、2haという小片にトマトやアルファルファなど労働集約的な農業が入り始めていた。それ以外にもK村の農業には不安材料もある。地下水にたよる農業だけに降水量が少ない旱魃被害を受けやすく、また数10年来の井戸の乱掘による水位の低下という深刻な事態も危惧されていた。農業以外の経済活動も盛んであったが、トラクターもコンバインも車もどれも飽和状態で仕事を奪い合うような状況であった。2008年ぐらいになると、それまで毎年のように誰も彼もと都市に移住していた流れがマルヴダシュト市の土地や住宅の価格高騰で押しとどめられるようになった。行きたくても行けない、貧しい者は村に留まるしかないという状況が現れ、村内での経済格差が顕在化していた。

　一方マルヴダシュト市に移住した人びとが期待した教育による将来は保証されるのだろうか。教育費の高騰、進学競争の激化は続いている。農村から押し寄せる都市で多くの子どもが進学競争にしのぎを削っている。難易度の高い国立大学や有名大学に進学できる優秀者は一握りである。予備校が次々とできて有名講師がテヘランから飛行機で出張講義をしているとも聞いた。優秀者でなくても金を出せば行ける自由大学が今も続々と作られている。マルヴダシュト市にはもちろん早くできたが、小都市ザルガーンにも、またP村近くの倒産した食肉加工工場の跡地にさえもできた。大卒者だからと言ってかつてのように楽に勤め先が見つかった時代は過去の話である。ベビーブーム時代の子どもが社会に出始めた2008年には深刻な就職難が広がっていた。

　それでも教育にすがるしかないというのが親の切なる思いであろうことは理解できる。P村農民の3男の男性は30歳代後半、マルヴダシュト市で中学教師をしている。休みを利用しては村に戻り年老いた父に代わって農業をしてい

231

る。子どもは一粒種の男の子でまだ5歳であるが、彼はこの子のために将来はシーラーズ市に移住してより良い学校に行かせたいと思っていると語った。実際にそれを実行した父親がK村の隣村B村の農民にいる。彼はマルヴダシュト市に移り住んでいたが中学生の娘がシーラーズ市の私立の女子名門高校に合格したためさらにシーラーズ市に転居していった。この高校は一学年70名でその半数までが医学部に入り医者になっているというほどの名門校だという。このように子どもが成績優秀であるなら借家であろうと借金をしてでもその子の進学のために一家をあげて、今度はマルヴダシュト市から40キロ離れたファールス州の州都シーラーズ市までも移住していく時代になっていた。

　2012年に再訪した時、欧米各国による経済制裁そして国の経済政策の失態によって為替レートの一層の下落、インフレによる物価高で住民の暮らしは一層苦しくなっていた。2013年大統領選挙による保守強硬派の敗北は大方の予想に反してと言われたが、当然と言えば当然だったのかもしれない。

第5章

農民経済の発展と地域市場
—— マルヴダシュト地方の事例 ——

後藤　晃

はじめに

　国民経済の発展に統一的な国民市場の成立は条件となる。とりわけ自立的な経済発展を目指した発展途上国では、少なくとも1970年代までは国民市場の形成が課題とされ、地域市場の拡大が重要であった。この点はイランも同じであり、1960年代以降、地域市場の発展が政策的にも推し進められた。ここでは国民経済の発展と深く関係する地方における市場の構造を、マルヴダシュト地方の事例で1950年代から70年代までをたどっていく。

　統一的な国民市場がいつ成立したのか。人口に占める農村人口の割合が高く国内生産に占める農業の比重がまだ高かったイランでは、農地改革が実施された1960年代であったと考えられる。地主勢力の反対を押さえ国王主導で実施された農地改革は、体制の政治的基盤の転換をはかる政治改革としての側面ももっていた。都市の中産層や資本家層が成長する過程で、王政が政治的基盤を地主等の旧権力層から新興勢力に乗り換える改革でもあった。この点で、農地改革は資本主義的な発展と統一的な国民市場の形成の環境を整える制度改革であったといってよい。農地改革によって地主所有地の農民への譲渡が強制され、農民的土地所有の道が開かれた。旧地主が近代的な農場経営者へと衣替えする契機ともなった。つまり農業生産力と地域市場の両面で発展を妨げていた制度的制約が取り除かれ、農地改革は国民市場の形成と国民経済の発展を導く重要

233

図表 5-1　マルヴダシュトの谷平原の農地と村落（1976年）

(出所) イラン統計センター『イラン村落統計総覧』（ペルシア語）、テヘラン、1976年のファールス州の部より筆者作成。
(注) この統計には非農業集落や地主の農場の事務所等も含んでいるが、地図上には一定の規模をもつ農業村落のみが記されている。

マルヴダシュト地方のオアシス農業地帯（1975年）

234

第5章　農民経済の発展と地域市場 —— マルヴダシュト地方の事例 ——

な制度改革であったということができる。

　この章ではマルヴダシュトの地域市場の展開過程をたどるが、農地改革前後で時代区分する。農地改革以前については、農業余剰が地主によって都市に運び出され、農民に残された生産物のうち市場にもたらされる部分を基礎とした地域市場の構造を描く。そして農地改革以降では、農業の近代化が進む過程で地域市場が拡大する1970年代前半期の農業社会と地域市場の関係を、筆者が実施した調査をもとに描いていく。

1　1950年代の村落とマルヴダシュトの地域市場

1）地主制と市場の二重性

　マルヴダシュト地方はイラン有数のオアシス農業地帯であり高い農業生産力を誇っていたが、少なくとも20世紀半ばまではこれに相応する地域市場の発展はみなかった。村落域の経済はすでに商品経済化していたが農民の購買力は非常に小さく、市場は狭隘であった。地方の商業活動のセンターとして機能していたのは商業区をもつ5つの小さな町と村だけであった。このうち町と呼べるのはザルガンとハラメの2つだが、これらの町も100軒足らずの商業と手工業の小さな店があったに過ぎなかった。

　農業生産力に比して地域市場の規模が小さかったのは、一つに、商品経済化していたとはいえ人口に圧倒的な割合を占めた村の住民が貧しく、また自給的性格を一部に残していたことによる。彼らは自ら生産した農畜産物を食料として消費し、日用品などを市場で調達していたものの購買力は非常に小さかった。

　村落域の住民が貧しかったのはこの地方を覆っていた地主制に原因があった。マルヴダシュト地方ではすでに19世紀末より商業的農業が展開し、小麦に加えて綿花、砂糖ダイコンなど大量の農産物が市場で取引されていた。しかし商業的農業の担い手は地主であり、農業余剰はその多くが地主によって域外に運び出された。農民は手元に残された農産物の一部を商品化するものの半ば自給的な経済を営んでいた。このため農民的市場はあまり発達しなかった。

　農地改革以前のマルヴダシュト地方の土地関係を規定していたのはアルバー

235

ブ・ライーヤト制である[1]。この制度については第1章で扱ったが、農地はそのほとんどが大土地所有者である地主によって所有され、農民的所有はみられなかった。地域の商業や手工業は農民経済を基礎としていたために規模が小さく、地域市場は農民の所得によってその規模が規定されていた。地主制下での生産物に対する農民の取り分は、この地方の慣行では小麦が3分の1、砂糖ダイコンなどの夏作で2分の1であった。ただ、農民の取り分からさらにさまざまな名目で収奪がなされた。

一方、地主は収奪した農業生産物のうち砂糖ダイコンは1935年に谷平原のほぼ中央に完成した官営の製糖工場に、綿花などの工芸作物は50km離れた州都シーラーズなどの都市の繰綿工場や紡績工場に運び、小麦はシーラーズの農産物市場で売却した。

地主がマルヴダシュト地方の市場と関係をもたなかった背景には、都市が村落域を支配し所有してきた都市と農村をめぐる歴史的な関係がある。都市の権力層が村落域の土地を所有し村の農民を使役して農場を経営するという都市と農村の関係は農地改革まで大きく変わらなかったといってよい。地主は中央や地方の官僚や名士層また都市の商人層を出自とする都市のエリート層であり、20世紀半ば近くになると売買などで土地移動が進み、地主の差配や村長が土地を譲渡されて地主となることもみられた。しかし、地主の中核はあくまで都市のエリート層であり、彼らは都市に居住し、農場には代理人をおいて経営を行った。つまり、都市がオアシス農業地帯の農地を所有する構造が20世紀半ばまで続き、農業余剰が地主によって収奪され都市で商品化されたことで州都シーラーズの豊かさが保証された一方で、これとは対照的にマルヴダシュト地方はイラン有数の農業地帯であったにもかかわらず都市はおろか商業機能をもつ町も十分には発達していなかった。

2）農民経済と地域市場の狭隘性

地域市場を規定する農民経済の規模はどの程度であったのか、農民の収入と支出から推計してみよう。ただ、根拠とすべき農家の家計に関する資料がないため、調査を行った2つの村を事例から推計することにする。当時はまだ1950年代の村の様子を記憶している農民も多かったため、収入と支出の状況

第5章　農民経済の発展と地域市場 —— マルヴダシュト地方の事例 ——

を数値的にも知ることが可能であった。

　マルヴダシュトでは、地主制の時代には農民1人当たりの収入は村長など一部を除いて農民間でまた村の間で大きな差はなかった。当時の地主経営の農場は一般に労働力が不足し農民が耕作する農地の規模は犂を牽引する牡牛の能力に対応していた。この面積は年間の耕作地でいえばおおよそ5ないし6haである。また収穫された農産物の農民の取り分も地方の慣行でおおよそ決まっていた。したがって、マルヴダシュト地方の村をこの2つの村で代表させて大きな誤りはないと考えられる。

（1）農民の収入と支出

　地主経営で生産された主な作物は、小麦・米などの穀物と綿花・砂糖ダイコン・ゴマなどの工業原料作物である。野菜類は農民の裁量で生産が可能な小さな庭畑でのみ可能であった。小麦生産はまだ農業の近代化が進んでいなかったことで生産性が低く、1960年の農業統計によるとマルヴダシュト地方を含むファールス州の灌漑小麦の1ha当たりの収量は1.15トンであった[2]。これは農民からの聞き取りによる数値とほぼ一致し、2006年と比べると4分の1ほどの低い数値である。砂糖ダイコンなどの夏作は商品価値が高く単位面積当たりの収入は小麦の2倍以上あったが、水集約度が高く生育期が乾季である夏であったことから作付面積は耕地の1割ないし2割程度に限られていた。

　1農民当たりの年間の利用耕地面積を6ha、小麦と夏作を4対1の面積比率で生産する標準的な村を想定すると、農家当たりの粗収入は概算で、小麦が2.0トン、夏作が小麦換算で1.0トンの計3.0トンである。

　概算の根拠を示すと、まず小麦の作付地は約4.8ha、1ha当たりの収量が1トン程度であったから4.8トンの収穫量が見込めた。このうち3分の2は地主の取り分であったから、農民には1.6トン程度が残された。砂糖ダイコンなどの夏作には、作付け地全体の5分の1が割り当てられたが、単位面積当たりの粗収入が小麦のほぼ2倍であったから、小麦換算で2.4トンの収入になった。収穫物は地主と農民で折半を原則とした。ただ地主はさまざまな名目で経費を差し引いたため、農民が実際に手にしたのは、小麦換算で1.0トン程度である。

　農民には地主経営地における収入（小麦1.6トン、夏作1.0トン）とは別に

牧畜や副業による収入がある。牧畜による収入は主として羊やヤギの販売である。農家当たりの家畜数は遊牧民の定住村で多い傾向があり、20世紀初頭まで半遊牧の生活をしていたヘイラーバード村の場合、1966年時点で農家当たり平均15頭であった。これはマルヴダシュト地方の平均よりかなり多い数である[3]。価格は、農民の記憶によると、羊が小麦換算でおおよそ200kg、ヤギが100kgであり、1年間の販売頭数を羊2頭、ヤギ2頭とすると、収入は小麦換算で600kg分に相当した。ただ羊やヤギは乳や毛など生活資料でもあり、乳は自給用のヨーグルトやチーズに加工され、羊毛は女性が織る絨毯の原料となった。

　もう一つの収入源は絨毯である。絨毯を織る技術は遊牧民社会で母から娘へ女系で伝えられ、遊牧民の定住村が多いマルヴダシュト地方でもこの伝統が引き継がれていた。農村における絨毯生産は商人が道具と染色された毛糸、それにデザインを持ち込んで織り賃を支払う問屋制をとるところが多いが、この地方では生産の過程に商人が介在することはなく、生産された絨毯が村を訪れる買い付け商人に売却された。価格は100センチ×150センチの大きさのものが小麦換算で300〜400kg程度、2枚で600〜800kgとなった。以上から農民家族当たりの収入を概算すると、大雑把な数字ではあるが、小麦換算でおおよそ3.8トンとなる。

　この収入から諸経費が控除される。費用は農業および絨毯生産に関わる費用と、コミュニティーの維持のための社会的な費用である。この額については不明な点もありまた農民の間で差がみられた。

　農業生産の費用をみると、地主経営の農場では、播種用の種や灌漑のための水代は地主の負担であり、農民は農具と農作業に不可欠な役畜である牡牛の経費を負担した。1頭の牡牛をもつことが農場で働く条件であり牡牛は農民が用意することになっていたが、農民に資金がないため通常は地主からの前貸しにより、この費用が小麦の収穫時に地主に支払われた。運搬などに使うロバや、犂、ビール（手鋤き）、鎌などの農具は農民自身が調達した。鉄製農具は、機械製品が普及するまでは鍛冶屋によって作られ、農民が購入と修理の費用を支払う必要があった。しかしこれらの支出は不定期であり年間の費用を計算するのは難しい。たとえば牡牛の費用は農民の資金の有無で差が大きく、牡牛が死亡す

第5章　農民経済の発展と地域市場 —— マルヴダシュト地方の事例 ——

ると負担が増えた。仮にこれらの費用を作物からの収入の4分の1とすると、小麦換算で0.6〜0.7トンが農業生産のための農民の負担となる。

絨毯は農民が飼養する羊の毛を原料としたが、不足分は購入する必要があり、また羊毛の染色は専門の染色職人によった。これら経

村の床屋

費については正確な数字で示すことができないが、絨毯価格の2割とすると小麦換算で120kg 程度となる。

社会的な費用としては、一つに地主の差配兼村長であるキャドホダーに対する支払いがある。これは地方の慣行により小麦の農民取り分のうちの5％ないし10％であり、小麦の収入が1.2トンであるから60kg ないし120kg が各農民から支払われた。また小麦の収穫の際には、村落域に住むイスラム僧に対する喜捨があり、2、3の村を巡回する村抱え的な床屋に対して収穫時に成人男子1人当たり30kg 前後の小麦が渡された。

以上から、経費を概算すると小麦換算で0.9トン余りとなり、これを差し引いた農家当たりの実収入は小麦換算で2.9トンとなる。農民はここから自家用の食料として小麦を控除した。成人1人の年間の小麦消費量は200〜250kgであり、家族数を成人換算で4人とすると0.8〜1.0トンが自家消費分となる。したがって、可処分所得は小麦換算で2.0トン前後となった。

（2）農民の消費

次に、村の住民の生活のための消費をみる。ただこれも観察を通して知る以外の方法はない。村民の生活は食については自給的性格が強く、日用品等は市

239

場で調達したが、生活そのものはかなり質素であった。

　食生活は自家用に保存された小麦を原料とする小麦粉を焼いたパンを主食とし、家畜の乳から作るヨーグルトとチーズ、それに若干の野菜が加わる程度である。乳製品は自給が可能だが野菜や果物は自給できない村も多い。地主経営の農場が穀物と工業用の原料作物に特化していたことで、ポレノウとヘイラーバードの2つの村でも野菜や果物はまったく作っていなかった。その他に、塩、砂糖、茶などが消費されたが、肉や米は結婚式などハレのとき以外はめったに口にしなかった。

　住宅は、土とワラを混ぜて作った日干し煉瓦を住民自身の労働で積み上げて建てられた。部屋は通常は1つの居間と台所、それに家畜囲いからなり、室内の壁はバンナー（左官）職人に依頼する。天井には40センチ間隔で直径5、6センチの丸太が

日干しレンガ作り

日干しレンガの家

第5章　農民経済の発展と地域市場 —— マルヴダシュト地方の事例 ——

渡され、葦を編んだブーリヤーが敷かれて天井の表とし、その上に土をのせ固めて屋根とした。したがって建築費用は丸太やブーリヤー、それに木製のドアの代金および左官の費用程度である。経常的な支出ではなく、年間の償却費はそれほど大きなものではなかったと考えられる。

室内はきわめて質素で、居間の床は固められた土の上に古びた平織りの敷物や自家製の絨毯が敷かれていた。そのほかは寝具、衣類、布製の靴、それに棚に家族の写真などの小物がわずかにあるだけである。灯りはランプでとり、1個か2個のハリケーン・ランプがある。また台所には、井戸で汲んだ水を貯めておく水甕、パンを焼く鉄板、鍋、食器、コップなどが置かれている。

日常的には質素であったが、非日常的な支出はかなり大きい。とりわけ結婚に関わる支出がめだった。結納のために多くの羊やヤギ、現金を準備する必要があり、さらに結婚式のための資金を用意しなければならず、このため貯蓄の必要があった。

小麦換算で1.2トン分の可処分所得がこれらの消費に使われ、また貯蓄にまわされた。日用品の価格に対する小麦の相対価格がどの程度であったかについては詳しく知ることはできないが、農民の消費の様子をみる限りでは購買力はかなり小さなものであったといってよい。

3）マルヴダシュト地方の市場構造

(1)〈市場村〉

農民の購買力が小さかったため農民経済を基礎に成り立つ地域市場の規模もまた小さかった。この地方に商業センターとしての都市の発展がみられなかったのもこの市場の小ささと関係している。しかし、農民は自給的性格を残していたとはいえすでに商品経済化が進んでおり、複数の町や村が商品交換の場として機能し、また村の住民の需要に応じた手工業が存在していた。

図表5-2はマルヴダシュト地方の谷平原の村や町の分布を示したものである。ほぼ80kmに渡ってオアシス農業地帯が広がり、ここに200余の村が散在していた。村のほとんどは農業で成り立つ農業村であり住民の多くは農民とその家族で構成されている。しかし、この村の中に数は少ないが農業に加えて商業部門と手工業部門をもつ町と村が存在した（一般の村と区別し◎で印してある）。

これらの町や村は幹線道路とその支線沿いに立地し、マルヴダシュト地方における商品交換の場として機能していた。

筆者が確認したこうした機能をもつ町や村は5つあり、このうちもっとも大きな町がザルガンである。シーラーズから伸びる幹線道路が谷平原に入る入り口に位置し、古くからの交通の要衝である。20世紀半ばにはマルヴダシュト地方の商業的拠点の一つでもあり、道路沿いには100を数える小さな店舗が並んでいた。この中には鍛冶職人や絨毯用の羊毛を染色する手工業者の店が複数あり、家屋の天井や床に敷く葦製のブーリヤー製造の作業場が町の周辺に複数存在した。いずれも村の住民の需要に応じた手工業である。

コル川流域にあるバンダーミール村も地方の商業拠点一つであった。この村については後に詳しく述べるが、集落に店舗商店が並んだ一角があり、1940年代には店舗数が40余りあった。

これら商業を中心とした町や村とは別に手工業に特化した村もあった。この

図表 5-2 1940年代のマルヴダシュト地方における村落と〈市場村〉の分布

(出所)『イラン村落統計総覧』および実態調査により筆者作成

第5章　農民経済の発展と地域市場 ── マルヴダシュト地方の事例 ──

典型的な村がファターバード村であり、フェルト織をはじめ素焼きの容器、石鹸、鍛冶などの手工業者が数多く住み、とくにフェルト織の小さな工房が50以上あった。商業や手工業に特化したこれらの小さな町や村を〈市場村〉と呼ぶとすると、マルヴダシュト地方の農民経済を基礎とする市場はこれら複数の〈市場村〉を中心に成り立っていた。

村の住民が購入する商品には、衣料、食料、その他の雑貨類、農具がある。このうち衣料は、布地や古着、布団、布製の靴、フェルト製の遊牧民部族固有の帽子などがあり、食料は、村の住民の食生活は多分に自給的であったことで、塩、砂糖など食生活に最低限必要とされるものと野菜、果物である。また日用品としては鍋や食器、素焼きの容器、ランプを使うようになってからは簡便なハリケーン・ランプなどがあり、その他、ランプの芯、油、タバコ、マッチなどの必需品である。

農業関係では各種の農具がある。犂、手鋤、鎌などの鉄製の部分は自給できなかったため鍛冶職人から購入し、修理も依頼した。また、女性が作る絨毯の材料である羊毛の染色は染色業者が専門に行った。

〈市場村〉で扱われた商品をみると、外部からこの地方の市場に持ち込まれたものと、地方の職人が作る手工業品とがある。20世紀半ばにはまだこの後者がかなりの比重を占めていた。たとえば、農作業で使う鉄製の農具やパン焼き用の鉄板や鍋などの厨房用品は鍛冶職人によって製造・修理がされていたし、飲料用の水を貯める素焼きの容器、石鹸、布製の靴、ガットに羊の腸を張った

山際に広がるザルガン町（1975年）

ザルガンのブーリヤー職人

篩や木製のフォークなどの農具、家の天井や床に敷く葦で編んだブーリヤーなどは地方の手工業者の手によるものが多かった。これは域内分業として発達したものであり、手工業者は〈市場村〉に工房をもっていた。ここには鍛冶と染色の店が必ずあったし、ファターバード村のように多様な手工業の職人が集まっていた村もあった。またザルガンのブーリヤー工業やファターバード村のフェルト織のように多くの工房をもち特産品として域外に移出された手工業品もあった。ただ、1960年代になると域外から運ばれてきた工業製品が村落域を席巻するようになり、この過程で、手工業は次第に衰退していった。

衣料品や食器、ランプなどの工業製品、タバコ、塩、砂糖なども域外から持ち込まれた。衣類は伝統的な都市の手工業品と輸入品からなり、すでに19世紀末にはイギリス製品が農村でも消費されはじめていた[4]。また、鍛冶職人や染色職人が村の住民の需要を満たしていたとはいえ原料は域外から供給され、農産物も域外に多く移出された。この点でマルヴダシュト地方の商業は州都シーラーズを中心とした地域市場と密接に関係し、すでに不完全な国民市場の一部を構成していたといってよい。

このことは〈市場村〉の立地からもわかる。図表5-2にみるように、商業的機能をもつこれらの町や村は谷平原に均等に分布せず州都シーラーズから伸びる幹線道路の沿線とその近辺に集中している。〈市場村〉であるザルガン、ケナーレ、ファターバードはシーラーズから首都テヘランに向かって伸びる幹線道路沿いに、またハラメとバンダーミールはこの支線上に位置している。幹線道路から離れた周辺部に〈市場村〉はなく、商業活動において村々からのアクセスよりも州都シーラーズからのアクセスの方がより重要であったことを示唆して

第5章 農民経済の発展と地域市場 —— マルヴダシュト地方の事例 ——

いる。シーラーズとの関係から交通の結節点にある町や村が商業センターに発展していたのである。

(2) 村民の〈市場村〉訪問

地域市場は村々の農民の経済を基礎に成り立っていたが、村自体は約100km続くオアシス農業地帯の広範囲に分布していた。一方、〈市場村〉はいずれも幹線道路沿いに立地していたから、村によっては距離が大きく、当時の交通手段がロバか徒歩であり道路の状態も悪かったためアクセスは非常に悪かった。道路は粘土質のため、乾季には表面を土埃が粉状に数センチも覆い、雨季にはぬかるんでしばしば通行不能になり、村によっては交通が遮断された。このため近隣の村を除くと、村の住民が〈市場村〉を日常的に訪れることはなかった。もっとも近い〈市場村〉までの距離が20km以上あるポレノウ村の場合、村民が訪れるのは年に数回に過ぎず、このため村の住民にとってこの商業センターが小麦を売り必需品を購入する直接的な商品交換の場となっていた訳ではなかった。もちろん、〈市場村〉を訪れたときにはこの町や村の商店で取引を行ったが、日常的には村を訪れるさまざまな商人を媒介にして商業センターである〈市場村〉と関わったのである。

ロバで運ぶ農民

では、マルヴダシュト地方における商品交換のシステムにはどのような特徴がみられたのか、まずこの地方には定期市の発達がなかったことを確認しておく必要がある。イランでは、定期市はイラン北部のカスピ海沿岸地方などに限られた地方に発達し、開催日をずらすことで地域的な定期市網が形成されていた。定期市には農民など村の住民、手工業者、商人などが集まり域内の農産物や手工業品が交換され、また外来の商品が商人によってもたらされた[5]。

　定期市が発達した地域にはそれをメリットとするいくつかの要素が必要である。その一つは集落間の距離が比較的近く、市へのアクセスが比較的良いという地理的かつ社会的な条件である。交通手段が徒歩やロバなどに限られていた時代にはこの点はとくに重要である。また一つには商品交換の密度が高いことである。人口密度が高くかつ農民が商品化する農産物の量が多いことが必要であり、これには地主による余剰の収奪が激しくないことも関係する。人口密度が高く農業余剰が多ければ商品交換の密度も高く、商人や手工業者も集まりやすい。しかし、当時のマルヴダシュト地方はこのいずれをも満たしていなかった。集落は分散し人口密度が相対的に低く地主の収奪率も高かった。ただ、定期市が存在しなかったのはマルヴダシュト地方に限らない。イランの乾燥・半乾燥地の農業地帯では定期市のみられた地方の方がまれであった。

　マルヴダシュト地方の場合、近隣の村を除くと〈市場村〉へのアクセスが著しく悪く、これを補う定期市網も発達していなかった。ここで定期市に代わる役割を果たしたのが村々を訪れる仲買人や巡回商人、また商品交換を媒介する村の店舗商人であった。村の住民は自ら〈市場村〉を訪れることもあったが、日常的にはこれらの商人を通して市場と関わった。

　1950年代初めまで、ポレノウ村の住民が主に訪れる〈市場村〉は距離にして30km離れたコル川流域のバンダーミールであった。ロバで往復2日の行程にあり、訪問はいわば旅であったから、訪れる頻度は家族当たり年に数回に限られていた。とくに女性と子どもはめったに訪れることはなく、村とその周辺のみが彼らの世界であった。

　バンダーミール村には小さな商店と職人の工房が40余りあり、村の住民は2つの目的でこの村を訪れた。一つは、日用品など必需品の購入と農具の調達・修理である。農具は鍛冶屋で手に入れまた修理を依頼した。日用品は村に一つ

第5章　農民経済の発展と地域市場 —— マルヴダシュト地方の事例 ——

ある店や村を訪れる巡回商人から買うことができたが、品数が少なくかつマージンが大きかったことでバンダーミール村へ直接出向くメリットがあった。

　目的のもう一つはバンダーミール村に複数ある水力製粉所の利用である。製粉は村でも人力で可能であったが手間がかかった。このためバンダーミール村を訪れるときは小麦をロバに積み、まず水力製粉所でこれを製粉し、その後に商業地区にある店を回って必要な日用品を購入した。この際、現金ではなく小麦で支払われることが多かった。小麦が通貨に代替し、日用品などの購入の手段として使われた。

　バンダーミール村からポレノウ村とは反対の方向に20キロの位置にあるイスマーイールアーバード村の場合もほぼ同じである。農民からの聞き取りによると、この村は雨季には粘土質の道がぬかるみ外部と遮断され、雨季の前や後に小麦を馬に積んでバンダーミールまで出かけた。

（3）村の小店舗商人

〈市場村〉を直接訪れる以外に、村の住民はどのような方法で商品交換を行ったのか。その一つが村の店舗商人を介しての交換である。谷平原に分布する多くの村には日用品等を商う店舗商店が存在した。規模が小さく商店をもたない村もあったが、近隣の村には必ずあり、ここで日常的に買物をすることができた。商店は通常、集落の広場や道路に面した一角にあり、扱われた商品は村民が必要とする日用雑貨や食料である。

　地主制の時代、地主は「村の所有者」であり、村の商店は村の住民の生活に便宜を与える目的で地主によって置かれ管理された。日用品などを扱う商店は地主が村経営を行うために必要な要素であった。テヘランから約20km南にある人口341人（1959年）のターレブアーバード村の事例では、村に2つある商店の経営者は、地主の許可のもと地主が所

ヘイラーバード村のドックン（雑貨店）の内部（一部）

有する店で商い、地主に賃借料を支払った[6]。当時、村の店舗商人は比較的豊かな階層に属していた。商店で売られる商品はテヘランよりも価格が3割程高く、このため村の住民からは好意をもたれていなかったが、テヘランが遠くめったに訪問できなかったため村民はこの店で買わざるを得なかった。

　ヘイラーバード村やポレノウ村の場合も日常的には必需品を村の商店で購入した。商人は仕入れのために〈市場村〉をしばしば訪れ、この際、村の住民から注文も受けた。〈市場村〉を訪れることができない住民に代わって商品を調達する便利屋としての性格も兼ね、商品交換の仲介者として機能していた。

　しかし、20年ほど経過した1972年のポレノウ村ではこうした村の商人への依存度はかなり低下していた。道路が徐々に整備され、定期の乗合自動車が通いはじめたことで、村の住民もしばしば商業センターを訪れるようになっていた。乗合自動車も村の住民の依頼を受け手数料をとって売買の仲介役を果たした。このため、衣料品、靴、台所用品など値の張る商品は割高な村の商人から買うことが少なくなり、この商人が扱う商品も消耗品と食料品に限られるようになり、販売額も減ったことで小分けにして切り売りもされ、タバコの一本売りも行われていた。以下は1972年に村の商店が扱っていた商品だが、商人の村での経済的位置は大きく低下していた。

　雑貨：　マッチ、塩、タバコ、砂糖、茶、ランプの芯や油
　農産物：果物、じゃがいも、葉野菜、米、卵

　このように、モータリゼーションは村と商業センターの距離を縮め、商品交換の形は徐々に変化していったが、少なくとも徒歩やロバが交通手段であった20世紀半ばまでは村の商店は商品交換に重要な役割を果たしていたのである。

　注目すべきは、この商店では貨幣とともに小麦が支払手段となっていたことである。収穫期に小麦で支払う前貸しも一般的であった。とくに女性は小麦を抱えて店を訪れ、小麦と交換の形で日用雑貨や食料品を買った。このため店には代金として受け取る小麦を入れる大きな箱が置かれていた。

(4) 仲買人・巡回商人

　商品交換のもう一つの形態は定期・不定期に村を訪れる商人を媒介とするものである。その一つは農産物や家畜の買い付けに村にやってくる商人や仲買人

第5章　農民経済の発展と地域市場 —— マルヴダシュト地方の事例 ——

であり、また一つは日用品や食料品等を村の住民に売るためにやって来る巡回商人である。

　小麦は農民によって村々を訪れる穀物商に販売された。収穫期には麦価が低く、ヘイラーバード村の場合、村長の指導で必要な分をまとめて販売した[7]。小麦は村の住民にとっての重要な食糧であるため自給分を控除する必要があり、またこれ以外の小麦も収穫時にすべて販売することはなかった。端境期には価格が20％前後上昇するため、借金の返済などで急ぎ売る必要がない限り収穫時の販売を抑えた。

　羊やヤギは通常は村を訪れる仲買人に売った。仲買人は不定期にまた幹線道路沿いで定期的に開かれる家畜市に合わせて村々をまわり、個々の農家から1頭、2頭と買い集めた。とくに犠牲祭には都市の需要が増え、仲買人が村を訪れる回数も増えた。村の女性が織る絨毯もまた買付けに訪れる仲買人に売られた。仲買人は出来上がった絨毯を品定めして安く買い叩き、マルヴダシュト地方の〈市場村〉や州都シーラーズのバザールに持ち込んだ。

　一方、販売を目的に村を訪れる商人はロバの背に商品を積んで村々を廻った。

村で野菜を商う小商人。小麦で支払うことが多い。

249

商人が村にもち込む商品は衣料品や日用雑貨、またジャガイモやブドウ等の野菜や果物であり、村の商店の品揃えが貧弱であったことで需要があった。販売目的で村々を巡回する商人はいずれも零細であった。

ポレノウ村での観察によると、販売目的で村を訪れた商人は、ブドウやトマト、ジャガイモなど果物や野菜を扱う商人、女性の衣装のための布地を扱う商人の順で多い。その他、女性の装身具、村の商人と競合する日用雑貨を売る商人も訪れ、短時間滞在して村から離れた。

こうした巡回商人への支払いも小麦であることが多い。1972年にはモーターバイクで訪れる者もみられたが1950年代はほとんどがロバを利用し、小麦で支払いを受ける商人は代金として得た小麦を入れるための袋をロバに振り分けにしていた。

職人集団も村を訪れた。調査で確認できたものとしては農具として使う篩の製造・修理を行う職人集団と芸人集団がある。手工業者は〈市場村〉に店舗や作業場を構えていることが多いが、篩作りは地域から疎外されたよそ者の特殊な集団であり、村を巡回して製品を売り修理をした。ポレノウ村での観察では、

結婚式に村を訪れる芸人（サーズオノガレ）

第5章　農民経済の発展と地域市場 ── マルヴダシュト地方の事例 ──

小麦の収穫作業が終わった9月に数頭のロバにテントや道具類を積んで移動し、集落から200mほど離れた麦の刈跡地にテントを張った。ここで近隣の村の農民にヤギの腸で作るガットを張った篩を売りまた注文によってこれらを修理し、2日ほど滞在してテントをたたんで移動した。

　芸人もまた村を訪れた。彼らは町に住み、小麦の収穫後に村で行われる結婚式を盛り上げるために招かれた。サーズオノガレ（笛や太鼓の意味）と呼ばれるこの集団は余興の芝居や踊りを披露し祝儀をもらった。

　このように村を訪れる商人や職人を通して商品の交換が行われた。移動を徒歩やロバに頼っていた時代には、〈市場村〉へのアクセスが悪く、とくにこの間の距離が大きい村では住民が日常的に訪れることができなかったのであり、仲買人や巡回商人が村を訪れ住民の商品交換に一定の役割を果たしていた。

　モータリゼーションが発達し商業センターとの実質的な距離が縮まった1970年代にもこうした商人は村を訪れた。穀物商はトラックで村を訪れ小麦を買い付け、絨毯の仲買人も個々の農家を訪れて生産者である女性と交渉して買い付けた。しかし、アクセスの改善は村の住民により有利な取引のチャンスを与えることになり、町まで出かけて日用品等を買うようになった。これにより村の店舗商人や巡回商人の存在意義は薄れることになった。

4）〈市場村〉バンダーミール

　地主制の時代、農民経済を基礎とした地域市場はその規模が比較的小さく、商業と手工業のセンターも小さな町や村の域を出るものではなかったが、これら〈市場村〉はどのような構造と機能をもっていたのか。ポレノウ村の住民がロバに小麦を積んで訪れたバンダーミール村の事例でみることにする。

　バンダーミール村はシーラーズからテヘランに向かう幹線道路から分岐した支線が谷平原を縦貫するコル川と交差するところにある。コル川にはAD 960年頃に建設された5つの堰があり、バンダーミール村はこのうちの最大の堰、バンダーミール堰を挟んで集落が形成されている[8]。堰には幅員が4mほどの橋が川を跨ぎ、川を渡る交通の要衝として、19世紀に書かれた旅行記にもしばしばこの村の名前が出てくる。また、この橋は夏の放牧地と冬の放牧地の間を移動する遊牧民の移動ルートに当たり、春と秋の季節に多くの遊牧民の集団

がこの橋を渡って移動した。

　図表5-3はバンダーミールの堰と集落を俯瞰した1950年代の図である。20世紀半ばには周辺の村と比べて相対的に大きな人口1,000人弱の村であった。地方の有力地主がこの集落と1,200haを超える土地を所有し、村は商業センターであると同時に農業村でもあった。

　商業地区は集落の一角にある。ある古老の記憶によると1940年代には40以上の店舗が並び非常に賑わっていた。店舗は屋根で覆われた通路に並び、小規模ではあるが都市のバザールと構造的に似ていた。またこの小バザールの一角にはこの村を訪れる外来の商人や村々からやってきた人たちが宿泊するメフマンサラーイ（旅籠）が配置されていた。

　古老の話などを総合すると、1940年代当時、バンダーミールの商業地区の店舗の構成はおおよそ次のようであった。

図表5-3　バンダーミールの俯瞰図（1950年代）

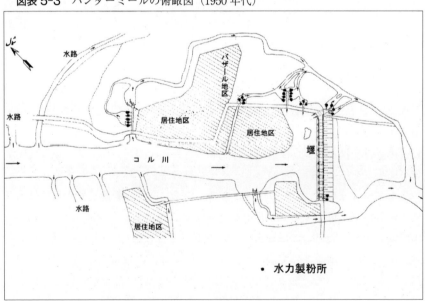

（出所）Gholamreza Kuros, Ab va Fanabiari dar Iran Bastan
　　　（『イランにおける水と水利技術』），Vezarat ab va Bargh,1971,p.268.

第5章　農民経済の発展と地域市場 —— マルヴダシュト地方の事例 ——

バンダーミールの小バザール（1974年）
＊1970年代には人通りも少なく、多くが空き家になっていた

①日用品一般を扱う雑貨店（油、ランプ、紐、石鹸、塩、砂糖、台所用品など）
②衣類を扱う雑貨店
③穀物商
④絨毯商
⑤鍛冶屋
⑥染色屋
⑦八百屋、肉屋
⑧理髪
⑨その他の店舗

バンダーミールの染色店（1974年）

　小バザールは活況を呈していた。商店の経営者には同じく商業センターの一つであった近隣の町ザルガンの出身者も多く、また商店主の1人が1960年代はじめにバンダーミール村の300haの土地を購入したことからも窺えるように、商人の多くは村の比較的富裕な階層に属していた。

253

水力製粉の水車と製粉風景

　村には外部から商人や村の住民など多くの人たちが訪れた。村々を定期、不定期に訪れる巡回商人や村の店舗商人はここで商品を仕入れ、仲買人は村で集めた絨毯を持ち込んだ。遠方の村々の住民もときどき訪れて日用品などを購入した。村では小麦が貨幣に代替していたから、これらの訪問者は貨幣だけでなく小麦も持ち込み、商品と交換した。一方、州都シーラーズからは農村の需要に応じた工業製品、砂糖、塩、油等がもたらされ、小麦など農民の余剰農産物の一部もこの商業地区を経由して都市に送られた。したがって、バンダーミール村は小規模ながら消費物資と農産物の集散地として、また手工業品の生産、加工、修理のセンターとして機能していたのである。
　この村に多くの人々が集まったのは交通の要衝に位置し商業地区があったことに加えて、水力製粉所が存在したことが関係している。バンダーミール堰は水位落差が12.5mあり、1950年代にはこの落差による強力な水圧で水車を回転させる28の水力製粉機が稼動し、マルヴダシュト地方における最大の製粉のセンターであった。
　水力製粉の水車は刻みの入った上臼と下臼とを重ね上臼を回転させることで

第5章　農民経済の発展と地域市場 ── マルヴダシュト地方の事例 ──

製粉をする回転方式で、石臼は直径が110センチほどの大きさがある。ヴルフは『ペルシアの伝統技術』の中でシーラーズ地方の水力製粉の処理能力について記している[9]。これがバンダーミールの事例かどうかは不明だが、水車は1分間に164回転して10馬力を生み、1時間に約150キロの穀物を処理している。水の少ない乾季には処理能力は減少し、動力が8.5馬力、6.5馬力、4.5馬力に減少すると、穀物処理能力もそれぞれ128キロ、96キロ、68キロに減少すると述べている。ここからバンダーミール村の処理能力を計算すると、仮に一つの水車が1時間に平均100kgを処理し、1日24時間、渇水期を除き年に150日稼動すると、28の水車で年間約1万トンを処理することになる。

一方、古老の話では一つの水車は3人交代で24時間稼動し1日に500kgほどが製粉された。28の水車がそれぞれ年間150日稼動すると、1年に2,100トンの小麦を製粉する計算になる。1頭のロバが120キロの小麦を運んでくるとすると、製粉能力についてのヴルフの計算では8万頭、また古老の話からの計算では年間で延べ1.8万頭のロバが小麦を積んで村の住民や商人に引かれてやって来たことになる。ここから30km離れたポレノウ村の農民もロバに小麦を積んでバンダーミールで製粉し小バザールで買い物をしている。マルヴダシュト地方の周辺部の村からも住民や商人をひきつけここに商業や手工業のセンターとして栄えた理由の一つが水力製粉所の存在にあった。

5）小括──市場構造を規定する歴史的条件

以上、マルヴダシュト地方の市場構造をみてきたが、これをイランの歴史の中で位置づける必要があろう。

まず第一に、この歴史的背景として20世紀前半期における地域社会の構造を確認しておく必要がある。ガージャール朝のイランでは、土地は国有地、権利の主体である国家が官僚機構を通して村落域に権限を及ぼし徴税することを統治上の理念としていた。しかし実際は第1章でくわしくみたように、19世紀後半になると都市に居住する官僚、部族長、商人などの名士層によって村落域の土地が領有され、また財政難から国有地が売却され私的な土地所有が展開していた。都市エリートは村を単位に土地を所有し、村を支配・管理した。マルヴダシュト地方においても、村々は都市のエリートによって所有され、都市

が村落域を所有するという関係にあった。しかし一方で、商業的農業が展開し、都市エリートは村を自らの直営農場に編成し、人格的にも地主に従属していた村の農民を労働力として商品作物の生産を行っていた。地主は農産物の商品化を目的に村を所有し経営していたのである[10]。

　1905年の立憲革命後にイランは近代化の過程をたどる。中央集権体制と近代化をはかるレザーシャーの時代になって、都市のエリート層の多くが交代し、土地所有も新体制における新たなエリートに移ったが、この都市と村落域との関係に大きな変化はなかったといってよい。つまり、商業的農業を目的とした都市エリートによる村の所有と農場経営という構造は基本において1950年代まで続いた。村の農民は地主制のもとで農業余剰を収奪され、農業余剰の多くは都市に運ばれた。村落域にいたのは自由を制約された貧しい農民であり、マルヴダシュト地方のオアシス農業地帯は都市エリートに所有され支配された村々の集合であった。したがって、農民に残された余剰をもとに成り立つ地域市場はその規模が小さかった。日常の生活と生産に必要とされる最低限の商品が農産物等との交換で地方の市場で取引されたことから、商品交換の場であった〈市場村〉もまた規模が小さかったのである。

　都市が村落域を支配・所有したことでこの〈市場村〉もまた都市のエリートである地主によって管理されていた。バンダーミール村の小バザールは地主の所有であり、ここに店舗を構えた商人は地主に権利金や賃貸料を支払った。また村にある28の水力製粉所も地主によって所有され、ここで働く労働者も農民同様に地主の管理下にあった。もっとも商業活動そのものが管理されていた訳ではないが、商業においても地主は所有を通して余剰の一部を収奪したのである。

　第二に、20世紀前半期は工業化が政府主導で進められ、村落域においても商品経済化が徐々に進み、これが地域市場にも影響を及ぼしはじめていた時代であるということである。貨幣経済がいつどのような形で村落域に広がったかについては知りえないが、少なくとも1950年代には商品交換に通貨が使われていた。ただ、村の店舗や巡回商人に小麦で支払をしていたし、ポレノウ村の農民の事例でみたように〈市場村〉を訪れるときにはロバに小麦を積み小バザールでは小麦や小麦粉で支払をしていた。小麦も通貨に代替していたのである。

第5章　農民経済の発展と地域市場 ―― マルヴダシュト地方の事例 ――

とはいえ20世紀半ばには農民の生活が自給的側面を残していたものの商品経済化しており、商品交換に使われた小麦は実質的に貨幣の役割を果たしていた。

村の住民は地方の市場で工業製品を手に入れていた。またこの工業製品は地方で生産される手工業品の割合がかなり高かったが、地域外から供給される工業製品も地域市場で取引され、衣類に関しては19世紀末においてすでに輸入品が農村で使用されていた。これは〈市場村〉が都市シーラーズとオアシス農業地帯の村々との接点に立地していたことからもわかるのであり、地域市場は閉鎖的に成り立っていたのではなく不完全な国民市場の一部を構成していた。

20世紀半ばにおけるマルヴダシュト地方の市場構造は、以上2点を歴史の条件としていた。1960年代になるとこの条件が大きく変わり、市場構造も大きく変化することになる。

2　1960、70年代における地域市場とマルヴダシュト町の発展

1）マルヴダシュト町の形成と発展

（1）イラン経済と地域市場

20世紀半ばまでのマルヴダシュト地方は、広大なオアシス農業地帯を抱えているにもかかわらず地域市場の規模は小さく、村落域の農民が関わる〈市場村〉も十分な発展をみることがなかった。しかし、1960年代になると地域市場は急速にその規模を拡大し、地方経済の中心となる新たな町が登場する。この町は1930年代に、マルヴダシュトの谷平野のほぼ中央、幹線道路沿いに忽然と現れ、商業センターとしての機能を吸収して短期間に小さな町から数万の人口をもつ都市へと発展した。

町の形成はこの地に製糖工場が作られたのを契機としている。1930年代に政府はイラン経済の自立化を目指して輸入代替工業化を開始し、この一環として全国8ヵ所に製糖工場の建設を計画した。それまでロシアに依存していた砂糖の自給化を目指すものであり、工場の一つが1935年にマルヴダシュトに建設された。当時の製糖業は資源立地型であり、砂糖ダイコンや砂糖キビが栽培可能な農業地帯に工場が作られた。広大なオアシス農業地帯であり地主主導で

農業開発が進められていたマルヴダシュトは立地条件として優れていたことで幹線道路が通る位置に工場が建設された。

町はこの工場の建設とともに発展した。まず従業員の住宅と関連する商業や施設をもつ小さな町が誕生し、この町は当初、工場を意味する〈カールハーネ〉と呼ばれた。しかし1950年代に入ると、〈市場村〉から商人や手工業者が徐々に移住して店舗数が増え、町の性格も工場町からマルヴダシュト地方の商業および工業、行政のセンターとなりマルヴダシュト町へと発展した。この結果、それまで地方の商業活動の重要な場であった〈市場村〉はその商業的役割を失っていった。

1960、70年代におけるマルヴダシュト町の成長は著しく、誕生から40年後の1976年には人口8万弱の地方の中核都市へと変貌を遂げた。この時代、都市の発展は全国的な傾向であり、イランの都市人口は1950年代から70年代まで年平均5％前後で成長していた。これに対してマルヴダシュト町は1956年からの10年間は11％の増加率で、10年単位の増加分では1956-66年が16,000人から1966-76年には54,000人に増えている。

イランの多くの都市では、人口増加は産業構造の変化によるところが大きい。しかしマルヴダシュト町の場合、農業部門の生産力の発展によるところが大きく、地域内外の町や村からの移住や遊牧民の定住の形で多くの人々がこの町に流入した。

イランの経済は第二次世界大戦後もしばらく停滞状態にあった。しかし1950年代後半になると、冷戦体制下のアメリカによる戦略的な援助や民間投資が活発化したことで経済は上向き、1960年代に入ると高い経済成長をみせる。これには石油生産量の増大や工業化の進展によるところが大きく、年平均11.5％の高い経済成長率によって経済規模は10年間で実質2倍に拡大した。

図表5-4　マルヴダシュト町（市）と全国の都市人口の年平均増加率の推移

	1956-66	1966-76	1976-86	1986-91	1991-96
マルヴダシュト	11.0	7.1	4.6	3.1	2.0
全国(都市部)	5.0	4.4	5.4	3.5	3.0

(出所)イラン統計センター『イラン統計年鑑　1998/99』。

第5章　農民経済の発展と地域市場 ―― マルヴダシュト地方の事例 ――

　農業部門をみると、1960年代の前半期はまだ停滞状態にあったが、後半期に入ると生産性が高まり年平均5％の成長を持続するようになった。主要な作物である小麦でみると、生産量は1960年代前半期の年平均が272万トンだったのに対し、後半期には平均330万トンと20％以上増加している[11]。

　この農業部門の成長は農業の機械化や化学肥料の普及など農業関連の投資が増えたことが影響している。イランではすでに1940年代に有力地主によるトラクターの導入がみられるが、普及は1960年代に入ってからである。また、化学肥料も60年代に入って徐々に普及がはじまり、こうした農業の機械化と化学化が農業生産力の増大を促したのである。

　制度面では農地改革の果たした意義は大きい。前近代的な農業制度が廃止され、農民は自らが土地を所有する農業経営者となり、譲渡を免れた広大な農地では農業機械を導入した企業的な農場経営によって生産力は大いに高まった。

　農地改革は農民を解放したこと、また旧地主の経営を企業的な農場に衣替えさせたことで地域市場を大きく拡大した。農民は自ら農業生産の主体となり商品作物生産者として直接的に農産物市場に参加するようになり、マルヴダシュト町の発展で農場経営者もこの町の市場にアクセスするようになった。

　加えて、国家事業として進められた地域開発も地域市場の発展に寄与した。1962年、イラン最初の「包括的」な開発計画（5ヵ年計画）では、総予算の21.5％が農業・灌漑水利開発に振り向けられ、マルヴダシュト地方も開発の一拠点となった。開発事業はオアシス農業地帯という地域の特性から水利事業を中心に進められ、さらに農業関連のアグリビジネスに向けられた。これにより雇用と消費が増え、また灌漑農地の増加と農業の集約化の可能性が開けたことで農業生産力は高まることになった。

　つまりマルヴダシュト地方の市場は、一つに農地改革による農業社会の構造変化と農業の近代化によって、また一つに国による地域開発事業によってその規模を拡大し、マルヴダシュト町は地域経済のセンターとして発展したのである。

（2）地域市場の発展とマルヴダシュト町

　農地改革によって、地主所有地全部が譲渡された村では農民の農業収入は大

きく増えた。しかしマルヴダシュトの場合、村の8割は分益比率で地主・農民間で土地を分けたため土地の3分の1が譲渡されたに過ぎず、当初農業収入はほとんど増えなかった。農業の生産性はしばらくは低いままであった。理由は、農民に経営の経験がなかったこと、村において耕作規制が残っていたこと、また経営のための資金が不足していたことによる。しかし、自ら経営の主体になったことで農民の生産意欲は高まり、化学肥料の投入やトラクターによる耕作など農業の機械化を進めたことで実質的な収入は徐々に増加した。

　農民の平均的な収入を1973年のポレノウ村の事例でみたのが図表5-5である。小麦と綿花、それに家畜と絨毯の生産を加えた農家の収入は、小麦換算で6.7トンであった。ここから生産のためのコスト1.7トンを差し引いた純収入は5.0トン、さらに小麦の自家消費分である1.0トン（成人1人の消費量が250kg、農家の家族数が成人換算で4人とする）と村のコミュニティーの維持費等を差し引いた可処分所得は3.5トン程度となる。1950年頃の地主制下の村で2.0トンであったから1.5倍に増えた計算になる。

　地主所有地すべてが譲渡されたヘイラーバード村の場合、収入はさらに大幅に増加し、粗収入ではポレノウ村の2倍近い12.0トン、経費と自家消費分を差し引いた可処分所得は6トン以上となり農地改革前の3倍に増えている。

　一方、地主が農民への譲渡を免れた農地はマルヴダシュト地方全体の約6割を占め、この農地では地主または借地経営者によって企業的経営が行われた。農場の規模は50ha前後から1,000haを超えるものまで開きがあるが、農場の

図表5-5　ポレノウ村の農民1人当たりの収入と支出（1972年）

粗収入 6.7 トンの内訳
小麦の収穫量　　　3.0 トン
綿花　　　　　販売額 15,000 リアル（小麦換算で 1.8 トン）
羊・ヤギ　　　それぞれ2頭ずつ販売すると、6,000 リアル（小麦換算で 0.8 トン）
じゅうたん　　1m × 1.5m のサイズ1枚 4,000 リアル（2枚の小麦換算で 1.1 トン）
生産コスト 1.7 トンの内訳
肥料代、農薬代、賃耕、脱穀代、種代、輸送代、水代
10,460 リアル（小麦換算で 1.4 トン）
じゅうたん（羊毛代、染色代）　2,260 リアル（小麦換算で 0.3 トン）
社会的費用　　　3,000 リアル（小麦換算で 0.5 トン）

第5章　農民経済の発展と地域市場 ── マルヴダシュト地方の事例 ──

経営者には資金力があることで農業投資が積極的になされた。ポレノウ村の旧地主が経営する農場の場合、1972年時点で、単位面積当たり施肥量で農民の10倍、灌漑水量で2倍に及び、小麦の単収で2倍以上と高い生産性を実現していた。また、農地の利用率も高く、ポンプ揚水井戸の掘削によって灌漑水量を増やしたことで綿花や砂糖ダイコンなどの夏作の作付け比率も村の農民よりかなり高かった[12]。

このため農業部門における消費は拡大し、また農産物の販売によって地域の市場は大きく拡大した。地主経済は農地改革前には地域の市場との関係が希薄であったが、農地改革後はマルヴダシュト町の発展したこともあり、農民だけでなく農場経営者も関係を深めるようになった。

2）市場構造の変化とマルヴダシュト町

1930年代半ばに製糖工場が建設される際、建設予定地が一度変更されている。当初10km離れたバンダーミール村に予定されたが、農業労働力の不足を危惧した有力地主の反対で現在地に変更された。建設労働者はラジャーバード村、クーシュク村、ケナーレ村、ラシュマンジャーン村、エマードアーバード村、デヘビード村など周辺の村からおもに調達された。しかし十分に獲得できず、遠方の町から労働者を移住させて不足を補った。製糖工場が建設された時代は農地の新たな開発が進んだ地主制の展開期でもあったためである。

古老の話によると、工場が稼動をはじめた1935年頃の従業員数は300人程度でありそのほとんどは周辺の村に住み工場に通っていた。イギリスの調査機関が作成した1940年の地図には、現在マルヴダシュトの市街地があるところには、ただBeet Sugar Factoryと書かれているだけで、工場周辺に町はなく工場の従業員の住宅と従業員のための若干の店のみであったと考えられる。

しかし、20年後の1956年のセンサスでは工場を中心に人口8,987人の町が形成されている[13]。ただこの数字は周辺の村を含み市街地のみの人口ではない。工場の周りには従業員のための社宅と購買所、診療所が作られ、工場関係の需要で商店などの事業所が徐々に増加し、外部から人口流入によって町が形成されていた。当時の工場の労働者の数が約400人、家族を含めると2,000人前後であり、建設、運送、サービスなど間接的に工場と関係した人々を加えた人口

261

製糖工場と砂糖ダイコンを運ぶ馬車 (1974年)

は3,000〜4,000人であったろうと考えられる。外部からの移住者には〈市場村〉であったザルガンやバンダーミール村、またラジャーバード村など周辺の村からの人たちが多かった。したがって、少なくとも1950年代半ばまでは製糖工場を中心とした工場町としての性格が強かったが、バンダーミールやザルガンと同様に〈市場村〉の機能も合わせもっていた。

　工場町として出発した〈カールハーネ〉の町も、人口が増加し町の規模が拡大する過程で地方の商品流通のセンターとしてその姿を変え、1950年代末には他の〈市場村〉を圧倒して次第に卓越した地位を獲得した。

　町の発展にはさらに2つの理由がある。一つは、1959年にマルヴダシュト地方は郡（Markaz-e bakhsh）に昇格し、〈カールハーネ〉に役所や学校、保健関連の諸施設等が作られたことである。これによりサービス部門の人口が増加し、多様なサービスを受けられることで人々を引き付けた。また一つは優れた立地にある。オアシス農業地帯のほぼ中央、幹線道路沿いに位置し交通の便がよかった。この時代、交通手段がロバや馬から自動車に代わりつつあり、交通

第5章 農民経済の発展と地域市場 —— マルヴダシュト地方の事例 ——

の要衝に位置することの優位性は大きい。このためバンダーミールやザルガンなどのローカルな商業センターから商人や職人がマルヴダシュト町に徐々に移住し、従来の〈市場村〉は衰退の過程をたどることになった。

　一方、バンダーミール村は1950年代半ば頃までは〈市場村〉として活況を呈していた。郡役所の出張所やホーゼサルバーズィー（兵隊を集める役所）が置かれ、地域医療のセンターには4、5人の医者が駐在していた。またコル川の堰の水位落差を利用した水力製粉の水車が28あり製粉のセンターでもあり、商人や村の住民が多く訪れた。しかし石油を動力とする製粉機（アーセアーブ・バルグ）が普及しはじめると製粉を目的にわざわざこの村を訪れる必要がなくなり、村の住民や商人の足は交通の便がよく多様なサービスを受けられるマルヴダシュト町に向きを変え、小バザールと水力製粉は衰退していった。

　1940年代末から製粉所で働いていた古老の話によると、製粉所の仕事は1950年代半ば頃から徐々に減りはじめ、仕事が少なくなったことで彼自身は製粉所をやめて農民になっている。筆者が1973年にはじめて訪れたときには稼動していた水車はわずかに3つで、小バザールは商店主がマルヴダシュト町に移住したことで空き店舗が目立った。経営を続けていたのは染色店4軒、村民の日用小物を商う雑貨店6軒、肉屋3軒、八百屋3軒、自転車などの修理店1軒、農村協同組合の店1軒に過ぎず、活気を失っていた。

　ザルガンの場合も同様である。商人だけでなく手工業者も多くがマルヴダシュト町へ移住した。ザルガンの地場産業であったブーリヤー（住宅の天井に張られる葦製の建築材料）の生産者の中にもマルヴダシュト町に移るものが多く、ザルガンから移住した手工業者の工房が集まったマルヴダシュト町の一角はブーリヤー街と呼ばれるようになっていた。ただ、ザルガンの町は幹線道路沿いにあったことでバンダーミール村ほどには衰退せず、商業圏は縮小したものの近隣の村々にとっての便利な町として生き続けた。

　この点ではマルヴダシュト町から40km離れたハラメの場合も同様である。モータリゼーションが進んでも道路はまだ十分に整備されていなかったためマルヴダシュト町は相変わらず遠く、周辺の村々からの乗合自動車はマルヴダシュトと同時にハラメにも向かい日常的な買物などでの便利さからローカルな商業センターとしての機能を維持していた。

域内の手工業も衰退過程をたどった。これは外部から各種の工業製品が流入したことと関係する。地域の住民が農具や厨房用品、衣類として用いていた手工業品はシーラーズなどからもたらされる工場製品に取って代わられた。フェルトや素焼きの製品、石鹸の多くの工房を抱えていたファターバード村の手工業は衰退し、多くの工房が廃業に追い込まれた。

商業センターのマルヴダシュト町への一極化は、1950年代には、複数の〈市場村〉からの商業機能の移転によるところが大きく、地方の商業活動の拡大によるとは必ずしもいえない。しかし1960年代になると、地域市場の発展にともない商業センターとしてのマルヴダシュト町はさらに大きく発展する。1966年には町から行政上の市に昇格し、同年のセンサスによると人口は25,498人、10年間に3倍に増加した。さらに10年後の1976年には79,132人に増え、1,000以上の事業所と店舗を数え、実質的なマルヴダシュト地方の政治経済の中心都市へと発展していく。

3）町と村をつなぐ乗合自動車

マルヴダシュト町が1960年代に急速な発展を遂げたが、マルヴダシュト町への一極化についてはモータリゼーションがこれを加速した。かつて村の住民の交通手段は徒歩やロバであり、1950年代末に至って富裕層の間に自転車が普及をはじめた。ヘイラーバード村の場合、自転車をもっていたのはキャドホダー（村長）を含む数人であった。その後、移動の手段が自動車に変わると距離よりも便宜性が優先され、立地で優れ多様な機能をもつマルヴダシュト町との関係を強めた。さらに役所などの公的施設の設置はこれを加速した。

1974年の筆者の観察では、この町から30km以内のほとんどの村にマルヴダシュト町と村々を結ぶ乗合自動車が通っていた。たとえば20km以上離れたポレノウ村の場合、日に1往復するマルヴダシュト町からやってくる中古のマイクロバスが村で客を拾った。ポレノウ村に来る乗合自動車の場合、ダム建設にともない建設現場までの道路が舗装されたことで1960年代半ばにマルヴダシュト町在住の商人が営業をはじめ、沿線と周辺の村々で客を拾った。

またマルヴダシュト町から20km東方のヘイラーバード村の場合、乗合自動車は農地改革の翌年に走りはじめた。村のキャドホダー（村長）が出資し中古

第5章　農民経済の発展と地域市場 —— マルヴダシュト地方の事例 ——

の自動車（ランドローバー）を購入、運転手を共同経営者に運営された。73年には村の別の住民が参入し乗合自動車は2台となった。

　この事例からもわかるように、1960年代半ばに乗合自動車による定期便の開設ラッシュがあり、オアシス農業地帯に分散した村々とマルヴダシュト町の距離は一気に縮まった。また移動時間が大幅に短縮されたことで、町を中心とした経済圏が拡大し、この拡大がまたマルヴダシュト町の発展を加速させた。1970年代はじめには200以上の村がマルヴダシュト町と密接な経済関係をもつようになっていたと推定される。市街地区での観察によると、乗合のマイクロバスの他に50以上のランドローバー、乗用車、小型トラックが村を起点とする乗合自動車として運行し、ほとんどの村で住民が利用していた。

　ただ当時はまだ道路網の整備が進んでいなかった。谷平原を横断して伸びる一本の幹線道路とダム建設のために整備された道路以外に舗装道路はなく、砂利が敷かれていない道路も多かった。さらに村々に至る道は支線や枝道は粘土質土壌のために雨季にはぬかるみ、乾季には表面を粉状の土ぼこりで数センチも覆われた。また山際の道は起伏が多く、道路の状況は悪かった。

　次に、乗合自動車によって村とマルヴダシュト町がどのように結びついてい

ポレノウ村に寄る乗合自動車

マルヴダシュト町の中心街（1974年）

マルヴダシュト町の街路（1974年）

衣料雑貨の店

たのか、1974年時点のヘイラーバード村の事例でみることにする[14]。

　ヘイラーバード村の乗合自動車は村の住民によって経営され村を起点としていた。早朝に村で客を集め、途中道路際で客を拾いながら町に向かった。ただ乗客の輸送だけでなく運転手は村の住民からの買物等さまざまな用事を請け負った。道路は幹線道路に出るまでの15kmは山際のでこぼこ道であり、ここを1時間ほどかけて走った。町に着くと、商業地区の一角の決まった場所で乗客を降ろす。客は出発時間までの3時間前後で用事を済ませ、同じ場所に集まって車に乗り込み村に戻る。町での用事は、買物、役所や銀行での手続き、診療所での治療などさまざまである。乗客を乗せるのは午前の1往復だが、他の用

第 5 章　農民経済の発展と地域市場 ── マルヴダシュト地方の事例 ──

事のために通常は 2 往復した。用事の内容は、村の共同風呂や灌漑用の共同井戸のポンプのための重油用ドラム缶を運び、その他、村の住民からさまざまな依頼である。

　発着所は市街地への村からのルートによっておおよそ決まっている。北西方面からの車は商業地区の北の一角、東方面からは中ほどの街路右側、西方面からは中ほど左側、南方面からは南の一角であり、乗客は用事を済ませた後、乗合自動車を見つけやすいように発着所からあまり遠くない範囲で買物をする。このため発着所の近辺には村の住民にとって馴染みの店があり、ヘイラーバード村の場合、当初、村民と縁の深い雑貨店が数軒あった。しかし商店が増えるにしたがってしだいに店を選んで買い物をするようになった。後にみるように商業地区にはさまざまな日用品を揃えた雑貨店が多い。これは村の住民が短時間に日用雑貨などを細かな単位で買い揃える買物のスタイルと関係がある。ただ、衣類や少し値の張る商品については専門店を選んだ。

　要するに、1960 年代半ばにおけるモータリゼーションが村と商業センターとの関係を大きく変えることになった。1950 年頃と比べて農民の可処分所得は増え商品経済化も進展しており、乗合自動車はその便宜性から村の住民が町を訪れる回数を格段に増やし物流を活発化させたことでマルヴダシュト町の発展に大いに寄与したのである。

4）マルヴダシュト町の構成（1974 年）

　では、地域のセンターとして発展したマルヴダシュト町は都市の構成にどのような特徴がみられたのか。1967 年のセンサスによるとマルヴダシュト町の人口は 25,498 人、事業所数は 695 であった。事業所の内訳は工業と公益事業が 171、商業が 417、その他が 107 である[15]。1970 年代の事業所に関するデータはないため正確にはわからないが、1974 年時点で優に 1,000 を超えていたと思われる。このうち工業は製糖工業を除くとほとんどが修理業や鉄工などの作業所で規模の小さなものが多い。商業地区も零細な商人による店舗が多かった。つまり小商品生産者が産業の主な担い手であった。

　図表 5-6 は 1970 年代半ばのマルヴダシュト町を俯瞰したものである。市街は製糖工場を中心に幹線道路に沿って南北におよそ 800m 伸びている。幹線道

路は市街地に入ると道幅が 20m に広がり，このメインストリート（エスタフル通りとサーディー通り）の両側全体が商業地区になっている。また幹線道路と交差していくつもの道路や小道が左右に伸び，製糖工場の正門からまっすぐ幹線道路を突き抜ける道路（ザルガーミー通り）もメインストリートの一部をなし両側が商業地区となっている。

市街地の構成をみるとおおよそ次の5つに区分される。

①製糖工場と工場関連施設からなる地区

図表 5-6 1974 年当時のマルヴダシュト町

第5章　農民経済の発展と地域市場 ── マルヴダシュト地方の事例 ──

②市役所、病院、公園など公共施設の集まる地区
③卸売りと資材関係の店が集中する地区
④小売店を中心とした商業地区
⑤住宅地区

　町は製糖工場の建設がはじまったことから、製糖工場とその関連施設が市域のかなりの割合を占めている。製糖工場の周りには従業員のための社宅や厚生施設など工場に関連する諸施設等がある。また4haほどの広場が収穫期に砂糖ダイコンを積んだ馬車やトラックの待機場所として使われている。家畜の定期市もここで開かれる。

　製糖工場の正門から伸びるメインストリートを挟んで公園がある。この公園の中心に市役所があり、また一角に診療所と呼ぶべき規模の病院がある。その他の公共施設や公的機関の事務所もこの公園の近辺に多く配置されている。人口の増加に対応して後に比較的規模の大きな病院が市域の周辺部に建設された。

　製糖工場の北側の複数の通り一帯には、建設資材、自動車修理、農業関連の事務所や作業所が集まっている。建設資材としては、鋼材、木材、石材、レンガ、セメントなどを扱う店と倉庫があり、また自動車やトラクターの修理工場もこの地区に多い。農業関連では化学肥料等の店、農業機械の修理工場、トラクターの賃耕業者の事務所などがある。この地区の事業所は、その業種からもわかるように機械化等農業の近代化や地域開発事業、住宅建設に関連している。とくに農業の近代化は農業関連の産業に加えて、地域経済のさまざまな部門に波及効果をもたらした。また地域開発のための政府による投資も建設関連の産業を刺激したため、この地区は市の外延部に向かって急速に広がっていた。

　商業地区は市街のメインストリート、つまり幹線道路沿いとこれに交差する街路（ザルガーミー通り）の両側に長く伸び、小売商店の多くがこの商業地区にある。1974年には、この商業地区の店舗数は、幹線道路沿いに424、ザルガーミー通りに113が確認されている。またメインストリートから内側に伸びた小規模なアーケードが複数あり、これを含めるとこの商業地区だけで店舗数は恐らく600前後となり、路地にもわずかながら商店があったからこれを加えるとさらに多くなる。

　店舗は、間口が3m、奥6mの広さを1ユニットとし、1ないし数ユニット

の店が道沿いに並んでいる。銀行、レストラン、作業場、映画館、ガソリンスタンドなどを除くと1ユニットの小さな店が圧倒的に多い。穀物商も商業地区とその周辺に多く、たとえばポレノウ村では小麦は収穫期に村を訪れる穀物商に売却されたが、この村と関係がある穀物商は5人で、このうち3軒は商業地区であるザルガーミー通り、2軒はサーディー通りに店を構えていた。

筆者は1974年にこの商業地区の店舗の業種を記録したが、図表5-7はこれを業種別に整理したものである。

商業地区のメインストリート沿いに並ぶ537の店の内訳をみると、圧倒的に多いのは日用品を扱う店である。なかでも特徴的なのは雑貨店であり、全体の28％に当たる150店に及ぶ。この雑貨店はほとんどが1ユニットの小さな店で、扱う商品によって日用雑貨、衣料雑貨、食品雑貨の3つにおおよそ分類できる。雑貨を扱っているが分類の難しい店も多い。いずれにせよ専門店に分化していないいわば「よろずや」と呼ぶべき店である。

このうち数がもっとも多いのが日用雑貨の店であり、狭い店内には石鹸、砂糖、紐、たばこ、洗剤、茶、ランプとその部品など、日々の生活に必要な小物

図表5-7　マルヴダシュト町の商業地区の店舗（1974年）

	店舗数		店舗数
雑貨店	151	ガス器具	2
衣類・布	49	自動車部品、自動車オイル	32
染色	14	自転車、自転車部品	10
靴屋	12	銀行の支店	3
菓子店	7	映画館	2
八百屋	34	ガソリンスタンド	1
パン屋	16	鉄工所・ドア	13
肉屋	17	木工所	6
穀物店	12	写真館	3
薬屋	3	周旋業	3
レストラン・飲食店	28	セメント	4
電気屋	6	その他	117

（注）1974年の筆者の調査による。

第5章　農民経済の発展と地域市場 ── マルヴダシュト地方の事例 ──

マルヴダシュト町の民族衣装を商う店（2000 年）

がなんでも揃っている。こうした雑貨店は村の住民と直接・間接に関係が深く〈市場村〉の店舗を特徴づけるものであった。1970 年代のマルヴダシュト町がこの伝統的な店の形態を残していたのは、農村から乗合自動車で訪れる人々の買物のスタイルと関係があった。各方面から毎日やって来る乗合自動車が運んで来る村の住民は、農地改革前と比べると豊かになり購買力も高まってはいたが、経済的に余裕がある訳ではなく、短い時間に必要な日用品を買い揃えるにはこうした雑貨屋は便利であった。

　しかし他方で専門店への分化も進んでいた。衣料品の専門店、飲食店、薬屋、さらにガス、電気など耐久消費財の店も登場していが、これにはマルヴダシュト町の住民の増加と村の住民の所得増による消費構造の変化が関係している。都市住民の着る洋風の衣装に加えて村の女性が着る民族衣装を商う専門店も生まれ、比較的豊かなヘイラーバード村ではラジオやガスレンジ、自転車が徐々に普及し、こうした需要に応じた専門店が増えていたことが観察された。30 年後の 2006 年にこの商業地区で再度観察したときには、商店の数が大幅に増えていたと同時によろずや的な雑貨店の比率は大きく低下していた。この点で

1974年は、〈市場村〉から近代の商業センターへと移行する過渡期にあったといってよい。

かつての商業センターと異なるもう一つの特徴は銀行の存在である。商業地区には3つの銀行の支店がありそれぞれに繁盛していた。銀行の主たる取引相手は、商工業者、農場経営者また町の住民であり、1970年代には村の住民も加わった。ポレノウ村の場合、住民は銀行とはあまり関係がなかったが、比較的豊かなヘイラーバード村の場合、乗合自動車で町を訪れた農民はしばしば銀行を訪れた。これは作物や家畜の取引に小切手が使われることが多くなったことと、所得が増え預金の習慣が定着したことによる変化である。銀行は近代化した農業経営者へ資金を貸し付け、農業経営における資金面で役割を果たすようになった。

ヘイラーバード村の事例では、村で共有のポンプ揚水井戸の建設に際して銀行から融資を受け、農場経営者でもあったキャドホダー（村長）はコンバインの購入の際に融資を受けている。ただ、少なくとも1970年代までは、農民が銀行の融資を受けて農業への投資を行うまでには至っていない。

5）小括——経済成長と農業近代化へのインパクト

マルヴダシュト地方では、地域市場の発展は農地改革を契機とし、政府の農業近代化政策が果たした意義は大きい。土地所有者となった農民による経営と近代化した農場が生産力を高めて地域経済を拡大した主役であった。

この農業生産力の発展は一方でイランの経済発展にともなうものであった。1960年代はイランの経済発展期であり、70年代になるとオイルショックによって莫大な石油収入が流れ込んだ。マルヴダシュト地方にも開発投資の資金が流入し、アグリビジネスや水利事業等への公共投資が地方の需要と雇用を生み出した。イラン有数のオアシス農業地帯であることから開発も農業関連が中心であり、地方の外部からのさまざまなインパクトもまた農業社会を変化させ地方の市場の発展を促した。

マルヴダシュト町の急速な成長はこうした農業の近代化と開発投資によるところが大きい。1970年代半ば以降、都市の構成も工業化等の産業の発展で多様化したが、地域の農業の発展で大きく成長した側面が強い都市ということが

第5章　農民経済の発展と地域市場 ── マルヴダシュト地方の事例 ──

できる。

おわりに

　ここで記したのは 1970 年代までである。それから 40 年余り、マルヴダシュト地方の変貌は著しい。1966 年のマルヴダシュト町の人口は 2.5 万人であったが、2011 年には 15 万人に増え、地方の中心都市へと発展した。

　一方マルヴダシュト地方の農業は灌漑農地面積の増大と単収の増加によって生産量を大幅に増やした。オアシス農業地帯の発展にとって重要な水資源開発は、ダムと灌漑水路の建設など公共事業の果たした役割は大きく、また民間によるポンプ揚水井戸の普及によるところが大きい。ポンプ揚水は浅井戸が次第に水量が減り 100m を超える深井戸が掘削された。さらに農業の機械化、高収

1997 年のマルヴダシュト町
（線で囲った部分は 1970 年代初めの市域）

量品種の導入と化学肥料の増投などによって土地集約度は高まり、小麦の単収は1970年代と比べると4倍ないし5倍に増えた。農地の利用率も2倍に増えた。

大農業地帯に発展したことで農業所得は大きく増えた。1970年代と比べると農業関連の第二次産業やサービス・運輸等の第三次産業も発展した。しかしマルヴダシュト町の膨張はその基礎には地域農業の発展によるところが大きく、この点で1970年代と都市の性格面での共通性がある。村に滞在して調査を行ったポレノウ村もヘイラーバード村も人口が増加したが、生活スタイルは都市的になり、居間や厨房には現代的な耐久消費財が置かれ、消費の構造も都市的になった。そしていずれの村も豊かな層は便利さや子供の教育のためなどの理由で住居をマルヴダシュト町に移し、マルヴダシュトの都市化はこの地方の農村部からの移住によるところが多い。

本章は1970年代で終わっているが、その後21世紀までの村とマルヴダシュトの変容の過程については第4章で記録され、その変化が詳しくたどられている。

【注】
1) 後藤晃・ケイワン アブドリ「イラン土地制度史論（1）」『商経論叢』41-4・4、2006年、20～31ページ参照。
2) イラン統計局『農業センサス1960年』、158ページ。
3) 大野盛雄『ペルシアの農村』東京大学出版会、1971年、351ページ。
4) Curzen, G., *Persia and Persian Question*, London, 1892, Vol.2, p.41.
5) 上岡弘二他『ギーラーンの定期市』東京外国語大学アジア・アフリカ言語文化研究所、1988年。
6) 岡崎正孝「イランの農村――テヘラン近郊ターレブアーバード村における事例研究」『アジア経済』Vol.5, No.2, 1964年、92ページ。
7) 大野盛雄、前掲書、355ページ。
8) H. ヴルフ『ペルシアの伝統技術』2001年、252ページ（*The Tradeitional Crafts of Persia*, Massachusetts Institute of Technology, 1966)。
9) ヴルフ、前掲書、284ページ。
10) 後藤・ケイワン アブドリ、前掲論文、31～36ページ。
11) Bhrier J., *Economic Development in Iran*, Oxford, 1971, p.134.

第5章　農民経済の発展と地域市場 ―― マルヴダシュト地方の事例 ――

12) 後藤晃『中東の農業社会と国家』御茶の水書房、2002年、288ページ。
13) イラン経済省統計局の1956年センサス。
14) 田中紀彦「イランにおけるむらと町を結ぶ交通の農村的形態」『東京大学東洋文化研究所紀要第70冊』1977年を参照。
15) イラン経済省の1967年の報告。

【資料1】　1972、3年におけるポレノウ村の農民1人当たりの収入とコスト

小麦の収量：72年は3.6トン、73年は2.4トン
小麦の庭先価格
　　　収穫期：20リアル／3kg、　端境期：25リアル／3kg
　　　　　（ここでは、小麦3kgの価格を22.5リアルで計算する）
農家の小麦の自家消費量：大人1人当たり年間200～250kg
　　　家族4人（大人換算）とすると、年間消費は800～1,000kg
　　　自家消費用の小麦の製粉は隣村（エスファドロン村）の製粉所で行い、
　　　製粉のコストは300リアル（30リアル／90キロ）
小麦の販売による収入
　　　72年と73年の収量の平均3.0トンで計算すると、自家消費分を差し引いた量である2.0トンが販売される。ただ、収穫期には自給分を除いた量の1/2ないし2/3程度が販売され、残りは日用品や食料の購入に際して支払いに当てられる。
小麦の販売先
　　　マルヴダシュト町の商人が収穫時に村に買いに来る。
　　　ポレノウ村の農民と取引のある穀物商（販売する商人は固定していない）
　　　　　アムラバード通り　　　　　ハジー・ナジャーブ
　　　　　　　　　　　　　　　　　　ハジー・バッスィリー
　　　　　　　　　　　　　　　　　　ワッキリ・アキバル
　　　　　サーディー通り　　　　　　キャラスキャール
　　　　　　　　　　　　　　　　　　ミルザール
大麦は家畜の飼料用であり、販売はしない。
　　　青刈りすることが多いが、実を収穫することもある。
綿花は0.5haの農地で栽培される。
　　　収量は0.6トン
　　　販売収入は15,000リアル（単価：25リアル／kg）
　　　　　小麦換算で2.0トンに相当する。
　　　販売先：シーラーズの繰り綿工場
小麦・大麦の生産コスト　8,040リアル
　　　肥料：2,800リアル　（価格320リアル／50kg、施肥量440kg）
　　　農薬：政府支給
　　　トラクター作業
　　　　　賃耕・整地・畦立て：2,400リアル
　　　　　脱穀：600リアル（収穫の3／100＝90kg）
　　　　　種代：2,240リアル（8リアル／kg政府から購入、播種量280kg）

綿花の生産コスト　1,900リアル
　　　　種代：180リアル　（価格8リアル／kg、播種量45kg／ha）
　　　　肥料代：1,500リアル　（価格500リアル／50kg、施肥量150kg）
　　　　農薬：100リアル
　　　　運送料　120リアル（25リアル／kg）
羊・ヤギの販売収入
　　　　親羊2頭、親ヤギ2頭を販売した場合　6,000リアル
　　　　価格　羊：親2,000リアル、子1,000リアル
　　　　　　　ヤギ：親1,000～1,300リアル、子800リアル
絨毯（1m×1.5m、2枚当たり）
　　　　販売価格：7,000～8,000リアル
　　　　コスト
　　　　　　羊毛代：1,600リアル（半分を自給、半分を購入した場合）
　　　　　　　1枚で10kgの羊毛が必要。羊1頭当たり1.5kgの羊毛が得られる。
　　　　　　羊毛価格：500～600リアル／3kg
　　　　　　　春にマルヴダシュトに市が立つ。また商人が村に売りに来る。
　　　　　　染色代　660リアル（100リアル／3kg）
その他のコスト
　　　　水代　520リアル

農民の収入と費用
　　　　　　　　　販売収入　　　　　　　費用
　小麦　　　　22,500リアル　　　　8,040リアル
　綿花　　　　15,000リアル　　　　1,900リアル
　羊・ヤギ　　 6,000リアル
　じゅうたん　 8,000リアル　　　　2,260リアル
　水代　　　　　　　　　　　　　　 520リアル
　その他（農具等償却費）　　　　　1,500リアル
　　　　社会的費用　　　　　　　　3,000リアル
計　　　　　　51,000リアル　　　17,220リアル

農民の純収入　33,780リアル（小麦目給分を含む）
　　　　　小麦換算で4.5トン
　　　労働者の日給
　　　　　非熟練の日雇い農業労働者　　　80～100リアル／日
　　　　　コンバイン運転手　　　　　　　250リアル／日　（6ヵ月）

第5章　農民経済の発展と地域市場 ── マルヴダシュト地方の事例 ──

【資料2】　マルヴダシュト町の商店（1974年）
　　　　　（図表5-6に対応）
摘要

① 雑貨店はさまざまな日用品を商う。概して規模は小さく、食品中心、衣類中心、石鹸・塩・ひも・食器などの日用雑貨を扱う雑貨店に分けられるが、区別できない店も多い。
② 自動車、バイク関連は、ほとんどが修理、部品販売である。
③ 店はもともと貸し店舗であり、間口はほぼ2.5メートルを1ユニットとし、多くの店は1ユニットだが、2ユニット、さらにより大きな店もある。

エスタフル通り

ペルセポリス方面 ↑

溶接業	自動車修理　サラー	自転車　修理	
		セメント	
		サラー　工場	レストラン
		ボンベ	
		電気屋	
雑貨店(食品・日用雑貨)		雑貨店	時計修理
工作機械		雑貨店	八百屋
雑貨店(食品・日用雑貨)	八百屋	セメント	肉屋
セメント	工作	銀行	雑貨店（食品）
雑貨店（豆、茶）			鉄工　サラー
雑貨店（レモン、豆、小麦粉）	鉄工所		アーペリームー
		雑貨店	雑貨店(食品・日用雑貨)
フルーシュガー（近代的）	セメント	雑貨店	雑貨店(食品・日用雑貨)
鉄工所	オイル	レストラン	倉庫
		肉屋	
	工作機械	木工所	水道配管
建設資材（板、ガラス）		雑貨店	ガスレンジ等
染色	セルビス　サラー	八百屋	雑貨店(食品・日用雑貨)
木工所	タイヤ	染色業	茶
鉄工所	鉄工所　サラー	穀物商　米、麦	雑貨店（食品）
		雑貨店	ダイナモ
		雑貨店	自転車　修理
タイヤ修理	映画館	雑貨店	八百屋
八百屋		雑貨店	雑貨店(食品・日用雑貨)
雑貨店(食品・日用雑貨)		雑貨店	雑貨店
		雑貨店（衣類）	パン屋

雑貨店（米）	粉屋	石鹸屋	洗濯屋
雑貨店	理髪業	雑貨店（日用雑貨）	ガラス屋
周旋業	パン屋		八百屋
八百屋	雑貨店	レストラン	衣類
自転車修理業	靴屋	肉屋	パン屋
雑貨店（衣類）	トタン屋	雑貨店（食品・日用雑貨）	雑貨店（食品）
宝石屋	雑貨店（食品）	電気屋	パン屋
周旋業	オイル	洋服屋	木工
雑貨店（日用雑貨）	八百屋	布	
雑貨店（食品・日用雑貨）		布地屋	
穀物商　米、麦	菓子屋	レストラン	木材　サラー
周旋業	イラン航空　支所	レストラン	染色屋
布		布	木工
染色業	肉屋	雑貨店（食品・日用雑貨）	雑貨店（日用雑貨）
米、茶	布団・生地	雑貨店（日用雑貨）	靴屋
雑貨店（糸・ひも など）	雑貨店（食品）	洗濯屋	マスジェッド　入口
布	茶	布	菓子屋
雑貨店（日用雑貨）	肉屋	雑貨店（日用雑貨）服 等	
雑貨店（日用雑貨）	ハスィール	雑貨店（食品・日用雑貨）	八百屋
理髪業	雑貨店（日用雑貨）衣類	洋服屋	雑貨店（食品）
雑貨店（衣類）	八百屋	布団・じゅうたん	染色屋
宝石屋	食品		雑貨店（食品・日用雑貨）
雑貨店（食品）	レストラン	洋服屋	染色屋
雑貨店（衣類・靴）		理髪業	肉屋
かばん屋	菓子屋	靴屋	雑貨店（食品・日用雑貨）
布		雑貨店（食品・日用雑貨）	雑貨店（日用雑貨）
洋品店	電気屋	雑貨店（食品・日用雑貨）	雑貨店（日用雑貨）
靴屋		ギッブェ屋	パン屋
ひも屋	靴屋	雑貨店（日用雑貨）	洋服屋
墓石屋	雑貨店（食品）	石鹸　問屋	パン屋
茶	パン屋	雑貨店（日用雑貨）布	パン屋
靴・洋品	八百屋	雑貨店（日用雑貨）布	八百屋
八百屋	自転車　修理	雑貨店（日用雑貨）	雑貨店（日用雑貨）靴
仕立て屋	八百屋	写真館	雑貨店（食品）穀物
布	自動車オイル	電気屋	八百屋
雑貨店（食品、米・茶）	靴製造	サラー	レストラン
八百屋	ペンキ・ガラス	雑貨店（食品）	雑貨店（衣類）

第5章　農民経済の発展と地域市場 —— マルヴダシュト地方の事例 ——

布	写真館		
洋服屋・布地	雑貨店（日用雑貨）		
菓子屋	雑貨店（日用雑貨）	布地	
雑貨店（食品）	食品	布地・布団	
ガス器具屋	パン屋	雑貨店（日用雑貨）	
	自転車　部品	パン屋	
洋品屋	染色屋	雑貨店（日用雑貨）	
雑貨店	雑貨店（日用雑貨）	靴屋	
理髪業	雑貨店（日用雑貨）	チャイハーネ	
雑貨店(食品・日用雑貨)	肥料	レストラン	
雑貨店(食品・日用雑貨)	銀行　メッリー	電気屋・テレビ	
雑貨店（食品）		鉄工所	
雑貨店（食品）		食品	
菓子屋		電気屋	
布地・洋品		オイル・灯油	
薬屋	銀行　パルス	布地	
雑貨店（食品）		清涼飲料	
布地屋			
レストラン	ラジオ		
	八百屋	倉庫	
雑貨店（食品）	肉	紙	
自動車部品	食品	薬屋	
	映画館	布地	
仕立て屋			
菓子屋		ホテル　カウンター	
米屋		電気	
じゅうたん		サラー	
洋品・ズィールー			
穀物	電気屋	銀行　アスナーフェイラン	
穀物	モーターシクレット		
サラー		医者	
帽子屋	公園・役所	靴・雑貨	
洋品			
布		雑貨店（日用雑貨）	
薬屋		雑貨店（日用雑貨）布	

サーディー通り

交差点

雑貨店（日用雑貨）	雑貨店	
パン屋	モスク　入口	
写真館	雑貨店（日用雑貨）布	
雑貨店（食品）	銀行　バザルガーニーイラン	
雑貨店（日用雑貨）	八百屋	
銀行　サーデラッテ・イラン	自転車　部品	
	理髪業	
自動車　オイル	雑貨店（日用雑貨）布	
レストラン	レストラン	
八百屋	サラー	
雑貨店（食品）	酒屋	
雑貨店（食品・米）	八百屋	
自転車、ストーブ	雑貨店（食品・日用雑貨）	
レストラン	パン屋	オイル
レストラン	雑貨店（食品）	ペンキ・ガラス
タイヤ	電気屋	染色業
八百屋	雑貨店（日用雑貨）	八百屋
チェラーグ直し（広場）	雑貨店（日用雑貨）	自動車修理
自動車ダイナモ	パン屋	工作機械
米、ローガン	肉屋	自動車修理
染色屋	雑貨店（食品）	オイル
染色屋	セメント	オイル
菓子屋	自動車　部品	雑貨店（食品・日用雑貨）
レストラン	米	肉屋
パン屋	雑貨店（食品）	雑貨店（食品・日用雑貨）
ペンキ	雑貨店（食品）	八百屋
自動車ダイナモ	自動車　部品	オイル
雑貨店（食品）	雑貨店（食品）	洗濯屋
自動車部品	雑貨店（食品）	雑貨店（食品・日用雑貨）
洋服・衣類	肉屋	レストラン
肉屋	雑貨店（食品）	ガソリンスタンド
八百屋	八百屋	
雑貨店　電気	雑貨店（食品・日用雑貨）	
ガラス	雑貨店（食品・日用雑貨）	
	理髪業	

第5章 農民経済の発展と地域市場 ── マルヴダシュト地方の事例 ──

自転車　部品		布団屋		
雑貨店（食品）	自動車部品	茶		
雑貨店（食品）	自動車部品	モーターシクレット　修理		
酒屋	トラクター屋			
チェラーグ直し	自動車オイル			
サラー	工作機械	工作機械		
	オイル			
自動車部品	自動車タイヤ修理			
自動車　電気部品	モーターシクレット修理			
パンク修理	肉屋	↓		
鉄工所	鉄工所	シーラーズ方面		
自動車　修理	鉄工所	**ザルガーミー通り**		
		製糖工場から直角に伸びている街路		
鉄工所	自動車　オイル	↑		
	自動車　ラジエーター	雑貨店（食品）	タクシー事務所	
食品	雑貨店（日用雑貨）	事務所	靴屋	
サラー	染色業	雑貨店	布	
	自動車　オイル	雑貨店	茶	
食品	サラー	じゅうたん	レストラン	
		事務所	雑貨店（食品）	
Ｚａｂ		事務所	チェラーグ、かばん	
肉屋		雑貨店　靴	染色業	
八百屋		雑貨店（日用雑貨）		
雑貨店（食品）		雑貨店（食品）	自転車　修理	
雑貨店（日用雑貨）	トラクター屋	衣類、布	茶	
		肉屋	サラー	
鉄工所		靴	油	
		雑貨店	自転車　修理	
自動車　事務所	仕立て屋	八百屋	布	
雑貨店（食品）	自動車修理	布	レストラン	
雑貨店（食品）		雑貨店（食品）	布	
穀物	自動車　電気	雑貨店（食品）	銀行　セパー	
		八百屋		
自動車　修理		穀物	八百屋	
		雑貨店	洗面所道具	
		雑貨店　穀類	オイル	

仕立屋	雑貨店　穀類		雑貨店（食品）
雑貨店（日用雑貨）ひも	事務所		セメント
雑貨店（食品）	サラー		雑貨店（食品・茶）
仕立屋	オイル		自転車　修理
八百屋	理髪業		肉屋
ミシン・ストーブ、テレビ	雑貨店		雑貨店（食品）
	布		雑貨店
穀類			
雑貨店（食品）	洋服		
雑貨店（食品）	肉屋		
雑貨店（食品）	茶		
	雑貨店　靴		
レストラン	染色業		
	雑貨店　靴		
穀物商	染色業		
	雑貨店		
自転車　部品	雑貨店（食品）		
クーゼ、穀物	雑貨店（食品）		
セメント			
雑貨店	雑貨店　穀物		
雑貨店（食品）	穀物		
仕立屋	パン屋		
雑貨店（食品）	雑貨店（食品）		
靴			
雑貨店（日用雑貨）	八百屋		
事務所	八百屋		
肉屋	鉄工所		
八百屋	木工所		
雑貨店（食品）	レストラン		
雑貨店（食品）	油屋		
鉄工所	雑貨店		
雑貨店（食品）	事務所		
八百屋	鉄工所		
穀物	パン屋		
雑貨店	鉄工所		
	オイル		

第6章

イラン革命とイスラム農地改革
—— 1978～1988年 ——

原　隆一

1　マルヴダシュト地方の農村現場から —— 1982年3月 ——

はじめに

　1979年2月にイラン・イスラム革命が成就してから、すでに36年もの歳月が流れた。もともとイラン革命は、多様な政治集団による広範な政治イデオロギーに導かれた大衆の反体制運動の結果である。異なる政治理念にもかかわらず、この運動に共通していたものは、国王の政治における独裁主義、経済・社会における近代化政策への批判であった。

　国王によって推進されたこの近代化政策とは「白色革命」または「国王と国民の革命」と呼ばれ、1962年からイラン革命までの17年間にわたって実施された経済・社会改革の総体である。国王主導の「革命」がこの短期間にイラン社会に与えた影響ははかり知れない。王制を確固たるものにし、オイルダラーを梃子に経済の飛躍的成長をなしとげ、前近代的な経済・社会構造を解体、資本主義への道を邁進していた。

　その近代化路線を否定し、「イスラム法学者の統治論」というイスラム理念によって新しい国家づくりをめざすイスラム政権とはどんなものなのか、具体的にどんな経済、社会、文化の国づくりをめざそうとしているのか。イスラム

政権は革命後、国内の経済・社会建設に向かうにあたり2大目標を掲げている。第1は、大国への従属経済の鎖を断ち切り、「自立経済」への道を歩むこと、第2は、都市下層民、農民、遊牧民などの「被抑圧者たちの解放」をとおして社会的公平の実現をめざすことにあった。かかる目標を達成するため、まず食料の外国依存体制を改め、農産物の自給体制を確立すること、全人口の半分近くを占めていた農民の社会・経済的地位向上をはかること、この2つが新政権の基本戦略の要として位置づけられていた。

本稿の目的は、革命前後の1978年から1988年までの10年間、地方農村の現場で起こった農地奪取や接収などの現実的な動き、それに関連して、中央でくりひろげられた農地改革法案をめぐる「神学論争」の動きを検討し、革命後のイラン社会を具体的に考察することにある。

筆者は、1979年2月のイラン革命前後のシーラーズに滞在、1982年3月のマルヴダシュト地方農村の訪問、それに、1985年3月から1987年3月までの2年間、首都、テヘランに滞在する機会があった。その間、地方農村部を訪れ、革命後のイラン農村の動きを垣間見る機会をえた。そこでは、権力の交代、組織制度上の変更といった政治的な変化があったものの、農民の最大関心事は、彼らの経済的基盤となる土地の所有権問題にあった。

第1節では、1978年末から1979年2月にかけての革命期前後、都市に生じた革命が農村にどのような形で波及し、これに農民がどのように対応したかについて述べる。次に、1982年3月、革命3年後のイラン南部にあるマルヴダシュト地方の農村を再訪したさいに目にした農民にとって最大の関心事である土地分配の現場での動きを述べる。第2節では、1985年から1988年まで、舞台を中央テヘランに移し神学論争にまで発展した「イスラム農地改革法案」の行方を考察する。

1) イラン革命と農村（1979年2月）

(1) 燃える都市・冷めた農村

1979年2月、イラン・イスラム革命が成就した。革命への経過は、1962年からはじまる国王の「白色革命」まで遡ることができるが、直接のひき金となったのは、78年1月のコム事件[1]であった。革命までの約1年の経過を眺める

第6章　イラン革命とイスラム農地改革 —— 1978～1988年 ——

かぎり、その舞台の中心は都市であり、主役は都市民のように見えた。農民たちは、せいぜい脇役にまわり、多くは直接参与しない見物人のように映っていた（Nikazmerad：1980、大野：1983）。

　しかし、革命にいたる反体制運動とその影響は、大都市ばかりでなく地方町など全国各地および、その余波をうけなかった農村もなかった。1978年11月、旧体制側の最後の切り札といわれたアズハリ軍事政府が成立した頃、筆者は、シーラーズ近郊にあるマルヴダシュト地方の農村を訪れた。そこは、騒然とした都市にくらべると、あまりに静かで拍子ぬけしまったことを覚えている。ただ、以前とちがったのは、各家の屋上に緑・白・赤の3色の国旗が翻っていたことである。これは、国王支持の表明であり、国旗を掲げていない農村は、空爆の対象になるという噂が流れていたことによる。屋内では、人びとはラジオに耳をかたむけ、都市で展開する反体制運動の動きをじっと見まもっていた。

　イランの近現代史をとおして、組織的な農民運動がきわめて少なかったことや、農民の政治に対する消極的な態度にかんしては、何人かのイラン人研究者

革命直前、シーラーズ市の反体制派デモ（1979年1月）

たちが、すでに指摘しているとおりである（Kazemi,F and Abrahamian：1978）。その最大の理由は、農民たちの支配者であった地主や地方役人に抵抗できるだけの経済的基盤をもった自立的中農層が欠如していたことによる。

　1979年1月、中央政府の機能が停止する最終段階に入ると、農村地域に配置されていたジャーンダルメリー（地方治安警察）は、農民側からの報復を恐れて逃げはじめていた。地方治安警察は、農村地域の安全をまもるべく監視する役目をになっていたが、実際には、旧地主層や富農層と結託し、それを農民に向けることが多かったからである。

　一方、反体制運動の先鋒となったイスラム聖職者たちの農村における位置は、かなり微妙であった。7万ちかくあるイラン農村のうち、在村のムッラーと呼ばれる下層イスラム僧がいたのは、1割ほどにも満たなかった（Hooglund：1982a）。多くの農村で村人の接するイスラム僧といえば、収穫期をえらんで農村を巡回し、説教をし、国王の宣伝もして帰りには財布をいっぱいにして去っていくという手の乞食と同義に使われるモフトハール（乞食僧）であった。また、ワクフ地（宗教寄進地）の農村では、村びとたちにとって都市在住の高位の聖職者であるアーホンドとは、彼らにとっては地主と同義であり、都市で起こっている革命は権力者の交替劇のように映っていた。

（2）階層によって異なった対応

　農民たちは、イラン革命の進行過程でどのような政治的対応をとったのか。そのひとつの事例として、1978年6月から79年7月までの革命に揺れる約1年間、シーラーズ市近郊の人口1,000人ほどのグーヤム村に滞在し、革命前後の村びとたちの動きを詳しく観察したフグランド氏の報告が参考となる。以下、その要点をまとめてみる（Hooglund：1982b）。

　それによると、村びとたちの反体制運動から革命への対応の仕方は、階層によって以下の3グループに分類できる。

　第1グループは、国王支持派である。彼らは、少数の農村エリート層である。1962年からはじまる国王による農地改革の恩恵受益者である富農層と地方役人や旧地主層と接触があり農村政治を牛耳っていたキャドホダー（村落の長）、それに、農村議会や農村協同組合の幹部たちである。

第6章　イラン革命とイスラム農地改革 ―― 1978～1988年 ――

　第2グループは、反国王派である。第1グループと同様に村内では少数派であるが、経済的には比較的めぐまれた中農や小規模の商人的ホシュネシーン層（土地なし村民）である[2]（原：1991）。中農（土地所有農民の2割以下）は、農地改革後、平均で10haほどの土地を手にすることができたものの、富の蓄積を可能にするには、十分とはいえなかった。農業の近代化をとおして利潤をあげることに最大の関心をはらいながらも、政府の資金援助が富農層に集中していることに不満をもっていた。

　また、在村の雑貨店主や小規模の商いをする者たちは、モノやサービスのやりとりをとおして、町や都市に住むバーザール商人と密接な関係にあり、同じ利害基盤にたっていた。このため、都市に住む商人たちの政治にたいする考えかたに強く影響された。とりわけ、1970年代後半になり、政府がバーザール解体案をだしたり、インフレの元凶として商人たちをスケープゴートに仕たてるなどの政策が目だちはじめると、国王や政府にたいする反感を強めていった。

　第3グループは、態度保留派である。農村人口の大多数をしめ、国王の農地改革からほとんど恩恵をうけなかった貧農や下層ホシュネシーンたちである（原：1991）。とりわけ、ホシュネシーン層は、農村雑業層を形成し、1960年代以降の農村人口の増加分がすっぽり、この分類に入りこんだといっていい。また、1970年代以降のオイルブームになると、急激に都市に出ていったのも、この下層ホシュネシーンたちであった。マルヴダシュト地方でも、新しい工場やインフラ関連の建設ラッシュで日雇い労働などの就業機会がふえていた。政府に対して不信の念をいだきながらも、時の権力にしたがうことが自らの利害をまもる道と考えていた「沈黙せる多数」である。

　農村内で、第1グループと第2グループの対立が表面化するのは、都市における反体制運動がかなり激しくなってからのことである。これは、ひとつにジャーンダルメリーが最終段階にいたるまで農村部に力をもちつづけていたことによる。農村内の政治的な流れを見るうえで興味ぶかいのは、第3グループの態度保留派の動きであった。この点で、都市の急進的なシーア派のイデオロギーを農村にもちこんだ若者の役割はおおきい。

　彼らは、近くの都市に通勤するか、または移住し、時々村にもどる若者たちであった。都市での激しい反体制運動を目のあたりにした彼らは、見たままの

事実を農村でかたり、村びとに官製報道の欺瞞性を知らせた。また、ホメイニー師の説く革新的イスラム思想をわかりやすく解釈して村人に伝える役目も果たしたのも彼らであった。

　農村部を監視しつづけてきた権力機関であるジャーンダルメリーが逃走し、物理的、精神的な重石がとりのぞかれたことは、村民にとって身近な大事件であった。これを契機に、「沈黙せる多数」は、重い口をひらきはじめ、じょじょに、革命支持側にまわった。しかし、血気盛んな若者たちの熱狂的な支持とはちがって、大方の村民たちの反応は、大勢に順応するかのようにゆっくりと慎重であった。

（3）農地分配への関心の高まり

　都市に革命が成就すると、農村の各家の部屋に飾られた国王の写真は、ホメイニー師のそれとかえられた。革命直後、イラン暦正月の1979年3月下旬、マルヴダシュト地方の農村を訪れた大野氏は、その時の様子を次のように報告している（大野：1981）。

　「少くともこのときには農民たちの会話には革命を積極的に評価しようとする態度が認められなかった。というのは、農地改革によって、あの権力をもったマーレク（地主）を追放した絶大な権力者、国王を倒した革命政権とはいったいいかなるものか、全く想像がつかなかったからである。農民は1963年の反国王運動でホメイニーが農地改革に反対したということを聞かされた。したがって農地改革で国王の力によって土地を得た農民は、革命政権によってその土地を取り上げられるのではないかと思った」。

　革命前の反体制支持にしても革命後の行動においても慎重であった農民とは対照的に、革命直前まで国王派であった「農村エリート層」は、自らの既得権益をまもるため、すばやく態度をひるがえし、新政権側に近づこうとしていた。機械化農法で広大な農地を経営していた旧地主層のうち、勢力をもった有力者の多くは国外へ逃亡し、中小の地主たちは、農民たちを恐れ、なりを潜めて農村に足を踏みいれようとはしなかった。

　このような状況下で、農民たちの最大の関心は農地にあった。農民にとって、1960代初頭からはじまる国王の農地改革でえた土地は、十分といえないまで

第6章　イラン革命とイスラム農地改革 —— 1978～1988年 ——

も、とにかく、1979年2月の革命までの16年間、自分たちのものとして耕してきたものである。革命政権が、それをふたたび農民から奪うのではないかという不安があると同時に、革命後、姿を見せなくなり、隣合せにある広大な旧地主地も気にかかっていた。なかでも、在村人口の多くをしめ、村の最底辺にいた土地なし村民であるホシュネシーン層は、「被抑圧者たちの解放」を掲げるイスラム革命政権に期待する気持が強かったのは当然であろう。

　農民の実力行使による土地奪取の兆しは、すでに、革命直前の1979年1月下旬、カスピ海地方のアーモル周辺の農村で起こっているが、全国各地でそういった報道が頻繁になってくるのは、革命後の1979年秋から80年冬にかけてである。とくに、旧大地主や大農業経営者が集中する北部トルキャマン地域のゴンバデ・カーブース、カスピ海地方のサーリー、クルド地域のサナンダジ周辺でめだった。1980年2月、ゴンバデ・カーヴォス周辺の農村では、農民側が集団で土地の奪取・分配という行動にでたが、新政権の派遣する革命防衛隊は、これを違法行為として地主側に加勢し、大きな衝突となった。

　ファールス州のマルヴダシュト地方にも同様な事件が発生している。これらの行動を農民の暴挙としておさえる革命防衛隊もいれば、革命精神にもえ地主を銃殺したり強引に農地を分配する隊もあり、現場は大混乱の状態にあった。

　この革命後の時期、農村部では旧体制派の権力組織であるジャーンダルメリーは、駐屯所を離れ、それに代わった新政権側の革命防衛隊も未経験、未組織であり、地方農村部は一種のアナーキー状態にあった。この農地分配問題は、農村部の将来だけでなく、イスラム新政権の本質を問う大問題に発展することになる。

2）革命3年後の農村（1982年3月）

　イラン革命後はじめて、筆者がマルヴダシュト地方の農村を訪問したのは、1982年3月のことである。しばらく膠着状態にあったイラン・イラク紛争が大きなまがり角をむかえる時であった。それは、イラン暦正月、イラン軍は「勝利作戦」をもって、敵軍に対し総反撃に転じ、激戦地である南部フーゼスタン州のデズフール、シューシュ、ブースターンの3都市を奪還した頃である。

　イラクの侵略行為にたいして、体制・反体制派をとわず一致団結して国難に

あたることが至上命令であった。革命政権は、イスラム・シーア派主義を旗印に徹底的に戦意の鼓舞につとめていた。このため、国民の間には、シーア派殉教精神と、一種のイラン・ナショナリズムが重なりあう戦意の高揚が見られた。イスラム聖職者たちは、戦場に赴く若者たちに向かって、「この戦いはイスラムの信仰者と、それを冒涜する輩の戦いである」と、聖戦を説いていた。戦場ではおおくの若者が犠牲となり、国内には戦争罹災者があふれていた。各地の都市では、殉教者を弔う葬送行進の行列になんども出会った。軍楽隊を先頭に、イスラムの色である緑の布でつつまれた殉教者の棺が数体つづき、その上には、ホメイニー師の写真と殉教のシンボルである赤いバラがおかれてあった。この悲しい葬列には遺族、友人、黒いベールに身をつつんだ女たちがつづいていた。男たちは拳を握り、はげしく自分の胸をたたき、女たちは身をくずすように鳴咽していた。

　国内では、イスラム急進左派モジャーヘディーネ・ハルグの散発的なテロ活動、イスラム体制派内部での保守派と急進派の対立、軍内部の微妙な動き、バハーイー教徒に対する弾圧など政治的にもっとも不安定でむずかしい時期にあった。このような国内の動きにあって、農村部での最大の関心は戦時統制経済下での物不足と物価高、それに、農地分配問題であった。

（1）農村再建に献身する若者たち ── 復興聖戦隊 ──

　1982年3月、シーラーズ市を3年ぶりで訪れた筆者は、ファールス州復興聖戦隊本部の入り口で、感慨ぶかい思いでたった。そこは、市中を眺望できる小高い丘のうえにたてられた「白亜の殿堂」とでも形容できる豪壮な建物で、革命前、この地方随一の勢力家ガヴァーミー家の大邸宅であったからである。その主は、すでに革命前に国外へ逃亡し、その建物は革命機関によって接収されていた。今、この建物に出入りするのは、カーキ色の革命ファションに身をつつんだ若者たちと、その場に不釣合いな泥長靴をはき、事務所のなかを闊歩する農民たちの姿であった。

　ガヴァミ家は、「シーラーズのガヴァーミー家、ガヴァーミー家のシーラーズ」と呼ばれた地方名門一族である。ファールス地方の農村を3桁以上所有する大土地所有者であり、マルヴダシュト地方にも多くの農村を所有していた[3]。

第6章　イラン革命とイスラム農地改革 —— 1978～1988年 ——

　イスラム革命政権は、新しい国家建設、つまり、経済と社会の再建に向けて2大目標を掲げていた。第1は、大国に依存した従属経済の鎖を断ちきり、自らの足で歩く「自立経済」への道であり、第2は、都市下層民、零細農や土地なし村民などの社会の底辺にいる人びとである「被抑圧者たち」(モスタザフィン)の解放をとおして、社会的公正の実現をめざすことにあった。それには、国王によって破壊された農村を被抑圧者層である村民たちと協力して再建し、食糧の自給体制を確立すること、農村から都市への人口流出を防ぐことが当面の問題であった。その先兵がホメイニー師の肝いりで創設されたイスラム革命精神に燃えた復興聖戦隊(ジャハーデ・サーザンデギー)の若者たちであった[4]。復興聖戦隊本部の若者は、筆者に、国王時代の経済政策批判と、これから建設しようとしている「イスラム経済」の理念を熱っぽく次のように語った。

　「イスラム経済」とは、まず、外国(とりわけ、アメリカ資本主義)への従属を断ちきり、生産活動の拠点を国内にもどすことにある。そのためには、資源の節約と遊休労働力を活用し、生活必需品の生産に力をいれる農業の自給体制をつくることがもっとも重要である。それは、少数の個人に富が集中する資本主義でもなく、国家所有の社会主義でもない第3の経済体制である。私有財産は認めるが、無制限ではなく上限が設定され、個人が働いた労働の量によって所有するというのが基本である。個人の労働意欲に応じて資金を貸しつけ、富の格差はイスラム法の徴税方法によって調整する。

　農村は、そこで暮らし働く農民自身のものである。国家のものであるという考え方は、社会主義のものであり、不在大地主(大土地所有者)の所有物であるという考え方は、資本主義のそれである。イスラム経済は社会主義でもなければ、資本主義でも、ましてや古くさい封建主義のそれでもない。

　イスラム経済体制は、国家(例えば、その先兵である聖戦隊)は、農民を援助するが干渉はしない。イスラム社会の基礎である農業が成功することは重要なことであるが、経済的成功がそのままイスラム革命の成功とはならない。もっとも大切なことは、人間精神の変革である。

　州都シーラーズからエスファハーンに向かって車で1時間ほどの所にマルヴダシュト町がある。1982年当時の推定人口は約6万人(1976年：約5万人、1986年：約8万人、2011年：約15万人)であった。町の中心にはマルヴダシュ

ト聖戦隊事務所があり、農村復興の前線基地となっていた。そこに出入りするのは高校、大学中退者、会社や工場を辞めて参加した技師など、10人前後の若ものたちが働いていた。彼らはカーキ色のジャンパーに身をつつみ、たがいに「兄弟」と呼びあい、最低の給料で最大の献身を合い言葉にしていた。まさに、イスラム革命精神の熱気に圧倒される思いであった。

　復興聖戦隊の現場組織の活動の主なものは、次のようであった。①農業開発部門、②灌漑・水利施設部門、③農業部門、④設備・機械部門、⑤家畜・家禽部門、⑥文化・保健医療サービス部門、⑦統計部門、⑧会計部門の8分野である。ほとんどの部門は農村および村民を物的・経済的に援助する部門であるが、⑥の文化部門はイスラム革命イデオロギーの情宣活動のため農村や遊牧民地域の隅々まで行って、映画、セミナー、講演会などを催していた。

　ホメイニー師自身、「土地を耕し、コムギの増産に励みなさい」と号令をかけていた。革命と、その後のイラン・イラク紛争勃発による国内経済の大混乱により、農産物や食肉の輸入が激減し、食糧はじめとするほとんどの生活必需品が供給不足に陥り、戦時下における国家統制経済のもとにあった。このため、農産物の増産と食糧の確保は、急務の課題であった。

（2）さまざまな組織改革 ── 農村イスラム革命評議会 ──

　革命後、新政権は、さまざまな農村の政治・社会制度改革に着手した。第1に、聖戦隊の重要な仕事のひとつに、「農村イスラム革命評議会」（以下、農村評議会）の開設と指導がある。これは、革命前の「農村議会」にかわるものである。

　1952年立法化され農地改革以降に実施された農村議会の設立は、国王が地主勢力を追いだした後、農村の直接支配を貫徹していくための組織であった。ひとつは、農村内に勢力をもつキャドホダー（旧差配、村長）を牽制する組織であり、もうひとつは、村民の収入の2％を徴収した財源で小学校、公衆浴場などの公共施設の建設を政府の指導と援助のもとに実施するために設けたものであった。地方役人は、農民たち役員の選出や会の運営に大きく干渉した。

　農村議会にかわったのが農村評議会である。それは、これまで農村内部の社会的弱者であり、発言力の弱かったホシュネシーン層に、農民と同等の社会的

第6章 イラン革命とイスラム農地改革 —— 1978～1988年 ——

地位と権利が与えられるようになったことである。農村評議会は村人の投票によって、3～5人の評議員と、1～2人の補佐役が選ばれる。その活動は、個々の農村と地区の聖戦隊とを結ぶパイプ役を果たすことにあった。そのため、その活動内容は聖戦隊のそれと重なり、全分野におよんだ。建設事業、資金融資、医療サービスなどの聖戦隊への陳情、土地分配班事務所との交渉、ポスター・パンフレット類の配布、イスラム・イデオロギーの情宣活動、戦時経済下における生活物資のクーポン券の割当、農村内の紛争処理、対イラク戦線や戦争罹災者への援助物資の調達などが主たるものであった。

農村議会の解体と並ぶ大きなものは、キャドホダー制の廃止である。キャドホダーは、農民の代表者であると同時に政府の行政機構の末端にくみこまれ、農民にたいしては政府の代理人であり監視役でもあるという微妙な立場にあった。キャドホダーは、政府に提出する書類の承認印や村内の徴兵選択権が与えられており、何か事あればジャーンダルメリーや秘密警察に通報することもできた。彼らは旧地主地層、地方役人、地方権力機関に近い特権的地位を享受することができたので、新政権下では、反革命的という理由で廃止されることとなった。村びとたちは、彼らのことをターグーティー（悪魔とかメッカにおける古代の偶像が原義、空威張りする奴の意）とか、ギャルダン・コロフト（首が太い奴が原義、粗暴で図々しい奴の意）と揶揄し、これまで押さえつけられていた村びとたちは、いっせいに声をあげはじめていった。

キャドホダーにかわったのは、複数の農民からなる反革命防止委員会である。農村内の政治的異分子を監視するほか、イスラムの戒律に反するような行為、例えば、アヘンの喫煙と密売、ケシ栽培、飲酒や享楽的な音楽テープのほか、異性関係などの風紀とりしまりにも目を光らせていた。

農村の教育における変化は、教育部隊が廃止されたことである。教育部隊は軍の内部につくられ、教育省の指導を受け、農村や遊牧民地域など教師のいない辺境の地に派遣され、成人の文盲撲滅教育や学童の初等教育にあたっていた。彼らは都市出身で、高校卒業後2年間の兵役義務についていた若者がほとんどであった。教育のほかに、農村内の監視という役目も担っており、農民にとっては教育者として歓迎する気持があある一方で、政府・軍の代理人であるという警戒心もあった。

革命後、教育部隊は教育省から派遣される教師たちにかわった。マルヴダシュト地方にあるヘイラーバード村で小学校を見学したとき、黒いスカーフを被った2人の若い女性教師が、革命前には見られなかった集団礼拝を、校庭で生徒たちに指導しているところであった。

農村協同組合は、革命後も存続している。これは1960年代初期からはじまる農地改革後、政府の手でつくられたものである。本来、その活動は土地を入手した小農民育成のため、金融、販売、購買、農機具や施設の共同利用をめざしていたが、実際には農業資金の貸付、種、化学肥料や一部の日用品の販売といった活動に限られていた。

革命後、改革された点は、出資金を出しさえすれば土地所有農民と同様に、ホシュネシーンも組合員になれるようになったことである。農村部においても、復興聖戦隊から農村評議会をとおし、さまざまな社会制度の改革がおこなれるようになった。しかし、地方農村部にとって、このような社会制度の手直しや施設の拡大などといった表面的な改革より、もっとも根本的な課題は、農地の私的所有に関する問題であった。

(3)「革命」を問う根本問題 ── イスラム農地改革法案 ──

人口6万人（1982年当時）ほどのマルブダシュト町の中心部には、砂糖工場、市役所、バーザールや商店、それに映画館、公的機関事務所などが集まっている。広場の中心に据えつけられてい前国王の銅像は、革命中に打ち壊され、今はきれいにかたづけられていた。この中心地にある町で唯一の安宿、ホテル・バハールにしばらく滞在し、ここを拠点に革命後3年目のマルヴダシュト地方の農村を訪ねることにした。

夜、宿の主人は、筆者に次のようなことを語った。

「イラン系バーセリー遊牧民の長であったマフマッド・ハーン・ザルガーミーは、とてもよい農業経営者だった。20年間、国王に投獄されており、3年前の革命でやっと出てきたとおもったら、今度はホメイニーに射殺されてしまった。シャーだって殺さなかったのに……」。

「トルコ系遊牧民ガシュガーイー族の長、ホスローハーン・ガシュガーイーもいい男だった。国王にいじめられ、革命後、やっとパリから帰国して国会

第6章 イラン革命とイスラム農地改革 ―― 1978〜1988年 ――

マルヴダシュト町の中心部（1982年3月）

農地分配実施班事務所に請願に押しよせる村びとたち（マルヴダシュト・1982年3月）

コムギ増産と農地分配を鼓舞するポスター(マルヴダシュト・1982年3月)

議員に戻ったとおもったら、今度はイスラム共和党に批判され、革命防衛隊によって財産没収、逮捕され、今はカーゼルーンの山中に逃げているといううわさだ」。

マルヴダシュト地方は、遊牧民人口が多いところである。トルコ系、アラブ系、イラン系などの多くの遊牧民が春と秋に通過する「遊牧民銀座」ともいえる地理的位置にあった。町自体の成立は、砂糖工場の建設からはじまった歴史がある。そのため、この地方には遊牧民定着の村が多く、砂糖工場の労働者たちの多くも遊牧民出身者が占めていた。

3）マルヴダシュト地方農村の農地分配の現場から

(1) 農地分配実施班

マルヴダシュト地方の農地分配の実施部隊である「農地分配実施班」事務所を訪ねた[5]。なかに入ると、農地分配の請願に押しよせた農民やホシュネシーンたちが手に手に紙切れをふりまわしながら、若いスタッフたちをとりかこん

第6章　イラン革命とイスラム農地改革 —— 1978〜1988年 ——

でいた。その激しいやりとりは、まるで戦場のようであった。壁には、27名の対イラク戦争で殉教した若者たちの顔写真が飾られ、土地譲渡・分配にかんするスローガンや絵が描かれたポスターがところせましと貼ってあった。

「大地は神のもの、農地は人びとのもの」(アーヤットラー・モンタゼリー師)。

「イスラムの立場は、封建地主側のものでも、資本家階級側のものでもない。貧農や土地なし村民などの被抑圧者たちの味方である」(イマーム・ホメイニー師)。

「イスラム経済のもとでは、どんな形の搾取も許すことはない」(マルヴダシュト革命防衛隊)。

ポスターには大地主が農民の上に覆いかぶさり搾取している様子、農民たちが肥った地主の手首を鎌で切りおとしている絵などが描かれている。事務所に農地分配の請願にやってきた農民やホシュネシーンたちは、それぞれ、自分たちの地主の名前をそのうえに書きなぐっていた。ホセインハーン・ザルガーミー、ホセイン・ラースティ、ジャラールハーン・エスタッフリー、ゴラムホセインハーン・エスタッフリー、ナーセルハーン・エスタッフリー、マルギハーン・エスタッフリーなどと…。

（2）農地分配の現場

農地分配実施班スタッフの案内で、マルヴダシュト近郊の6ヵ所の農地分配の現場を訪ねた。彼の説明によると、分配の対象となっている農地は、次の4つに分類できる（1980年4月法案）。

第1条項の土地：「メッリー地」。未利用地、荒蕪地である。自然のままの状態にある耕作不能な荒蕪地で、土地なし村民であるホシュネシーンへの分配が最優先されている[6]。

第2条項の土地：「ドウラティー地」。国有地である。旧体制派の大地主が所有していた土地で、革命により本人が海外逃亡か逮捕され、イスラム革命裁判所によって接収された土地である。ファールス州全体では、およそ7,000ha近くあるという。案内してくれた若者は、その代表例として、アジーゾッラー・ガヴァーミー所有のセイダーン村、ラジャバード村ほか3,000ha、ハーキミー

所有のネガーレスターン村、ハサナーバード村ほか3,000ha、イザーディー、ヌーラー、モビッリーなどと大土地所有者たちの名前をあげた。これらの土地は、政府機関が管理し、農民が賃貸耕作している。すでに、所有権を農民やホシュネシーンに譲渡してしまったところもある。

第3条項の土地：「バーエル地」。地主はいるが、数年以上にわたって耕作を放棄している遊休地である。7人委員会が管理し、農民やホシュネシーンが共同所有で暫定的に賃貸耕作している農地である。多くの中小地主たちは、革命後、村人の反感を恐れて村に近づかなくなり、このバーエル地の所有権をめぐる論争が最大の問題となっていた。

第4条項の土地：「ダーエル地」。地主がおり、現在、耕作中の土地である。

6ヵ所の土地分配の現場のうち4ヵ所は、第1条項のメッリー地で、未利用地である荒蕪地をホシュネシーン層へ譲渡し、開発に必要な設備や資金を与え支援する現場であった。

ホセイナーバード村近くの山麓にある荒蕪地では、0.5haほどの石灰岩の採掘場となっており、同村の5人ホシュネシーンが共同経営でこの仕事をおこなっていた。シュール村とサールイ村近くにある荒蕪地では、30haほどを同村の10人のホシュネシーンに与え、鶏卵と果樹園の共同経営をおこなっていた。キャレタービー村近くにある山麓の荒蕪地では、10haの土地を2人のホシュネシーンに与え、40mほどの深井戸を掘り、段畑で耕地を造成中であった。途中、山麓に沿って車を走らせていると、向こうから猛烈なスピードで2台の車が近づいてきた。彼らは、荒蕪地の脇にある路上で農地分配実施班のスタッフを待ちぶせしてたのである。

「15haの荒蕪地を開拓してザクロとブドウ栽培の果樹園、それに、家畜放牧をしたい。われわれは、モスタザフィンだ。この荒蕪地を与えてくれれば、豊かな土地にしてみせる」。

「あの男は6ha所有の農民だ。この土地を与えれば、賃労働者を雇って働かせ、本人はタクシーの運ちゃんでもして稼ぐにちがいない。もうひとりの男は、マルヴダシュトで不動産業を営んでおり、相当の収入がある。ここに果樹園をつくった後、高く転売する魂胆にちがいない。腹のでっぱったモスタザフィンだ。彼らに土地を与えることはない」。

第6章　イラン革命とイスラム農地改革 —— 1978〜1988年 ——

荒野で分配実施班のスタッフに請願するホシュネシーン（1982年3月・マルヴダシュト）

　訪ねた残り2ヵ所は、第2条項のドウラティー地と第4条項のダーエル地であった。
　マルヴダシュト郊外のササン朝ナクシェ・ロスタム遺跡の近くのハジアバード村は、この地の大地主ハッラールハーン・エスタフリーがもっている550ha農地のひとつである（ダーエル地）。現在、550haを賃貸契約で農民たちが暫定的に耕作中であった。
　マルヴダシュトから幹線道路に沿って北方にあるセイダーン村近くの現場を訪ねると、そこには、この地方の名門一族であるアズィゾッラーハーン・ガヴァーミーの所有地である。その広さは、620haの耕地と144haの果樹園、合わせて約764haの土地であった。
　ガヴァミ所有の広大な果樹園のなかの豪華な別邸のベランダには、セイダーン村のホシュネシーンたち52人が農地分配実施班スタッフを取りかこむように集まっていた。
　ガヴァーミーが海外へ逃亡後、彼の所有地は被抑圧者財団の管理下におかれ

299

農地分配実施班スタッフをとりかこみ、農地譲渡をせまるホシュネシーンたち
（セイダーン村・1982年3月）

た。革命後の混乱期、620ha耕地のうち360haをセイダーン村の農民とホシュネシーンに分配した。このうち300haは7人委員会の管理のもとに村民たちに譲渡され、残り60haを賃貸契約で共同耕作をしていたところである。52人のホシュネシーンたちは、この賃貸耕作中の60ha農地の譲渡を請願するために集まってきたのである。144haの果樹園地は、4人の果樹園番が管理していた。農地分配実施班のスタッフはセイダーン村の農村評議会の代表5名に対し、52人のホシュネシーン全員の氏名、財産状況、就業状況などのリストをつくり、事務所に提出するよう指示していた。説明が終わる頃、旧政権の権力機関であったジャーンダルメリーがジープで乗りつけ、同村の52人のホシュネシーンたちに向かって、「メッリー地にかってに果樹を植えた者がいる。国には法というものがあるんだ。従わない者は厳しく罰する」といって、たち去った。

このように1982年春、マルヴダシュト地方農村現場は土地分配の係争と混乱状態にあった。

第6章　イラン革命とイスラム農地改革 ── 1978～1988年 ──

(3) マルヴダシュト地方農村の再訪

革命以前から農村調査でたびたび訪れたことのある3つの村、ヘイラーバード村、ポレノウ村、キャミジュン村を泊まりがけで訪ねてみた。

a) ヘイラーバード村

ヘイラーバード村は1960年代初期の第1次農地改革によって、旧地主地が36人の耕作権農民に譲渡され、小土地所有農民になった村である。まず、目に入ったのが、革命後に次々につくられた養鶏小屋の林立である。この村だけで17ヵ所の養鶏小屋が確認された。2～3人の共同経営がほとんどで、村びと36人ほどがこの仕事に関係していた。村に養鶏ブームが起こったのは、革命後の国内の政治混乱、それに追いうちをかけるように1980年9月に勃発したイラン・イラク紛争による国内経済の疲弊にあった。冷凍肉や鶏肉の輸入は激減し、国内の生産も追いつかない状況にあった。戦争統制経済下、政府は農家への生産奨励を促す一方、生活必需品不足を配給券を発行して供給割り当てすることで対処していた。

革命後、村で最初に養鶏小屋をつくったのは、ホシュネシーンのサマドである。それはラフマト山麓の荒蕪地に建てられ、マルヴダシュト農地分配実施班からホシュネシーンを対象に分配されたメッリー地であった。村のホシュネシーン層は、さまざまなタイプがある。彼の経歴を見ると、トラクターの運転助手からはじめ、運転手を2年、兵役義務2年、村とマルブダシュト町を結ぶマイクロバスの運転手を5年、その後、全国各地を舞台に大型トラックの運転手として10年近く働いた。革命後になると、大型車を売りとばし、その資本を元手に養鶏場経営に乗りだしたわけである。時代の流れにのるかのように、革命や戦争の混乱の危機を逆手にとりながら資本を蓄積して社会的上昇をめざすという、村のやり手ホシュネシーンの代表格である。後に、養鶏場経営から都市化ブームを先取りするかのように、マルヴダシュト町に土地を購入し、不動産業をはじめることになる。村びとたちが、その後、マルヴダシュト町に移住する先達の役割を果たした。

村で最初の戦争による殉教者がでた。21歳の青年、ノウルーズさんである。1981年12月、ブースタンの激戦地でのことであった。すでに婚約者がおり、

訪問時の1982年3月の新年には、結婚式を挙げることになっていた。この頃になると、革命の影響に加え、対イラク戦争の激化により、村の若者たちの間では、シーア派的殉教精神やイラン・ナショナリズムが混ざり合った高揚感で満ちていた。その後、戦争が長引くにつれて近辺農村の墓地には、立派な殉教者墓石が建てられていくことになる。隣、エザーバード村でも一人の若者が殉教したとの知らせを受けたのもこの頃である。

　隣村、エザーバード村では、機械化などにより1960年代前半の農地改革を免れた大農地所有者が3人おり、その所有地は全部で約200ha（アキラムハーン・カーヴォーシー地が100ha、サッラールハーン・カーヴォーシー地が50ha、ドクトル・シアーボシュ地が50ha）あった。

　革命後、この地主200haのうち150haは、これまで土地を手にしていなかった35人のホシュネシーンに優先的に分配された後、残り50haを32人の農民でわけた。農民たちは、先の農地改革ですでに1人当たり約6haほどの土地所有農民になっていたので、今回の農地の追加で、1人当たり7.5haの経営者となった。しかし、これらの土地は、あくまで暫定的な分配であり、村に近づかない旧地主たちにかわり、その代理人と復興聖戦隊の仲介をもとに村びとたちが借地経営していたのである。所有権は、法的に宙ぶらりんの状態にあった。

　b）ポレノウ村

　マルヴダシュト町の北西約50kmにあるコル川中流にあり、ドルーズザン・ダムの下流に位置するポレノウ村を訪ねた。革命前のキャドホダーや農村議会は廃止され、かわって、村人が自分たちの代表を選ぶ農村評議会ができあがっていた。村の様子を案内してくれたのは、ホシュネシーン出身のホダー・ハーストさんである。

　自身がホシュネシーン出身でありながら、農村評議会の長になったこと、子供や女性たちに対して、文盲撲滅運動による教育文化普及活動が活発になったこと、村の治安のために反革命防止隊が組織され、村の治安を自らが守るようになったことなど、革命後の政治、社会、文化の分野における変化を説明してくれた。

　このような政治・社会の変化にくわえ、2つ大きな経済変化が目にとまった。

第6章　イラン革命とイスラム農地改革 ── 1978〜1988年 ──

農業公社の公社住宅に全員転居し、廃墟となった旧ポレノウ村跡（1982年3月）

第1に、国営農場である農業公社の崩壊であり、第2に、これまで村の底辺にいたホシュネシーンたちが旧地主地を耕しはじめていたことである。

革命前、ポレノウ村は3つの村が統合されラームジェルド農業公社のなかに組みこまれていた。そして、農業公社が提供する公社住宅が新たに建設されると、その入居条件をもっていたのは1960年代はじめの第2次農地改革で解放され、公社の設立とともに、その株主となった農民36人たちだけであった。ホシュネシーンたちは、はじめからその権利からはずされていた。そのため、ホシュネシーン家族は革命になるまで、旧ポレノウ村の古い住居に住んでいた。

革命で農業公社が崩壊すると、その公社住宅はイスラム聖職者であるアーヤットラー・ターレガーニー師の名前がつけられ、売買が自由となり、入居者のうちで売りはらい、旧居住地村に戻る者、また、ホシュネシーンで新たに購入して入ってくる者もあり、多くの居住者の交替があった。ホダー・ハーストさんも新たに購入して公社住宅に入ってきた1人である。そして、旧ポレノウ村に残っていた住民は全員、公社住宅に移り、旧村は廃墟となった。

旧ポレノウ村は、1960年代の第2次農地改革で、3人の大地主たちのナス

ロッラー・ハーン、アリー・モハンマド・ハーン・ゴルバーニー、モスタファー・アブドッラーヒー、36人の小作たちの間で、総耕地面積、約830haを3分割し、3分2の530haを旧地主側が（相続で9人の共有）、3分1の300haを小作側で分けた経緯がある。このため、農民は1人当たり、8.3haの小土地所有農民となった。

革命後、旧地主の一人、アリー・モハンマド・ハーン・ゴルバーニーは、村人たちの反感と革命機関の動きを恐れ、村に近づこうとしなかった。農地分配実施班の監督下で地主地（共有地）のうち、150haを旧ポレノウ村の27人の土地なし村民であるホシュネシーンに、1人当たり平均で5.5haを分配した。イラン歴の1360年度、西暦1981年の冬作から賃貸耕作が始まっていた。ホダー・ハーストさんもまた、名簿26番目に名前を連ねていた。残りの旧地主地380haは地主の代理人が農業労働者を雇用し、機械化農業をつづけていた。

ポレノウ村27人のホシュネシーンは農業経営者となったわけであるが、この賃貸耕作地は、あくまで暫定的なものであることに不満が残り、村びとたちは、自分のものになることを不安のおもむきで日々を過ごしていた。

c）キャミジュン村

キャミジュン村はコル川下流のコルバール地域にあり、在来種であるチャンパ米を産する米どころにある。村は3つの耕作区からなり、全部で120haほどの米作地面積がある。

1960年代はじめの第2次農地改革で、この土地を農民側に5分4、地主側に5分1の比率で分けた。このため、分配された農地96haを84人の農民たちが6人1組の耕作組をつくって共同所有で米作をつづけてきた。

5分1の土地である約24haが旧地主（2人の中小地主で、シーラーズ在住のハジ・ホセインアガー・エムテヤーズとモムターズ）のものとして残った。革命後、地主たちは農民たちを恐れ、村に近づかなかった。84人の農民たちは、この地主が耕作を放棄している約24haの土地を聖戦隊事務所を仲介に賃貸経営をしていた。

キャミジュン村の近くのコルバール地方には、シーラーズ地方の名門ガヴァーミー家一族が所有する大農地が多く残っていた。そのひとつは、アジゾッ

第6章　イラン革命とイスラム農地改革 ── 1978～1988年 ──

ラーハーン・ガヴァーミーの所有地である。彼は、元国会議員でシーラーズ市内を一望する丘の上にある「白亜の殿堂」の主人であった。また、マルヴダシュト地方にも多くの果樹園を有し、セイダーン村の豪華な別邸の主人でもあった。彼は革命後、海外に逃亡した大土地所有者の一人であり、その土地は政府機関が接収し、被抑圧者財団などの管理下に置かれていた。

　もうひとつは、アブゾッラハーン・ガヴァーミー（現在はその息子で、革命前のシーラーズ（旧パフラヴィー）大学の副学長であったフーシャング・ガヴァーミー）が所有する広大な農地であった。このほか、マルヴダシュトの砂糖工場近くのラジャバード村やスィーバンド地域の農村や果樹園がある。「逃走地主」地の多くの耕地や果樹園が放棄されたままの状態にあり、農民、ホシュネシーンたちは、その土地を奪取し、耕作をはじめてしまった（ドウラティー地）。

　また、この近くには、シーラーズにある有名なイマームザーデと、それに隣接するモスクのあるシャーチェラーグ（宗教施設複合体）が所有し管理する宗教寄進地であるワクフ地となっている農村、サッカアバード村やソルターナーバード村があった。シャーチャラーグ宗教財団は、99年間の賃貸契約で耕作をつづけている。革命前、このワクフ地は国のワクフ省の管轄下に置かれ、1人の借地管財人に任されていた。革命後になると、ワクフ省、シャー・チェラーグ管財局が直接に農民やホシュネシーンたちに貸し与える契約になったという。

小結

　イラン革命の主役は、激しい反体制運動が起こった都市にあったことはたしかである。しかし、一見静かな農村部の内側に入ってみると、これまで虐げられ多くの人口をしめる農村の土地なし村民であるホシュネシーン層の若者たちを中心に、旧地主地の分配をめぐる係争が全国各地でくすぶりつづけていたことが分かった。その具体例をマルヴダシュト地方の農村の例で観察することができた。

　1982年10月16日、ホメイニー師は、国民の人権・財産の保護を説いた「8項目指示」を発表した。法秩序の遵守を強調し、過激主義者による越権行為を戒めた。これにつづき、同年11月、政府は被抑圧者財団が旧体制の権力者や

富豪の資産を接収した行為を批判し、3日以内にもとの所有者に返却するよう通達した。

　政府のこのような保守化の背景には、対イラク戦争が大きな犠牲を払いながらもイラク領内に攻めこみ有利な戦況にあったこと、また、国内では体制内の過激分子、反体制勢力を次々と抑えこみ、政権の安定化に成功したことなどがあげられる。とりわけ、イスラムによる理想社会をめざし、最後まで抵抗の手を緩めなかったモジャーヘディーネ・ハルクのテロ活動を抑えたことや、イスラム政権と微妙な関係にあった親ソ派ツーデ党を清算し、イスラム共和党の一党独裁体制を実現した意味は大きい。

　経済建設には現実主義が必要である。しかし、問題は現実主義の台頭とともに、革命の本来の目的であったイスラムによる正義と平等をめざした社会改革案が次々と流産してしまったことである。イスラム農地改革法案もそのひとつである。1983年1月、憲法擁護評議会は国会を通過した農地改革法案をイスラム法に抵触するという理由で批准を拒否、国会に差し戻した。次に、この宙ぶらりんになった問題の行方を中央のテヘランに舞台を移して考察してみることにする。

2　イスラム農地改革法案をめぐる論争
　　　── 1985年3月～1987年3月、テヘラン──

　1986年10月末、イラン国会は革命後、長年にわたって懸案となり、かつ現体制内部を二分して多くの論争を引き起こしてきた、いわゆる「イスラム農地改革法案」を可決した。これは、正確には「バーエルおよびダーエル農地の分配に関する法案」と呼ばれ、全文1条と9つの注からなる短いものである。同法案は憲法擁護評議会の審査に付されることなく、国会議員の3分の2以上の賛成投票をもって、3ヶ年間の期限つきという条件で成立した緊急措置令である。時限立法という変則的な形ではあるものの、イラン・イスラム政権が革命後、宙に浮いていた経済重要諸法案のひとつにたいして提出した、ひとつの回答であった。

　イスラム農地改革法案は、革命後の急進的な経済重要諸法案、例えば、外国

第6章　イラン革命とイスラム農地改革 ── 1978～1988年 ──

貿易国営化法案、都市における住宅用地法案などとともに、イスラムにおける私的所有権をめぐる問題とも抵触し、主要な社会諸勢力の利害と政治的イデオロギーが絡む複雑な問題であった。これは、イスラムという容器にどのような中身を盛りこむかに関心を抱く時、避けてとおれない問題でもある。同法案の検討は、イスラム政権の体質の一端を知るためのひとつの手掛かりを与えてくれる。

1）イスラム農地改革法案の背景

（1）農民の土地奪取と革命機関の大農地接収

1986年10月の「イスラム農地改革法案」（「バーエルならびにダーエル農地の分配に関する法案」）の対象となる地主と農民間での係争中の土地は、主として革命直後の79年から80年の1年間に生じたものである。革命直後、全国各地の農村部は、旧政権下の地方末端の権力機関であったジャーンダルメリー（地方治安警察）が駐屯所をはなれ、それにかわる新政権下の革命防衛隊なども十分に組織されていなかったため、一種の無政府状態にあった。

このような権力の空白下で大土地所有者（旧大地主）たちは、国外に逃亡し、また中小地主たちも農民を恐れ、彼らの所有地に近づこうとはしなかった。その結果、全国各地の農村ではホシュネシーン（土地なし村民）、零細農、それに中小規模の農民までくわわり、地主地の奪取、不法占拠行動にでた。このホシュネシーンや農民に代表される「被抑圧者たち」（モスタザフィン）の動きに呼応するかのように、革命諸機関にいた血気盛んな若者たちが前政権側に近い者たちの所有していた大農地を接収する行動にでたことは、農民たちのかかる動きを勢いづかせることとなった。農民が実力行使によって地主地を奪取し、それを勝手に分割するという事件の兆しは、すでに革命直前の1979年1月下旬に、カスピ海地方のアモール周辺の農村で起こっている（大野：1983）。

しかし、全国各地で、このような事件が頻繁に報道されるようになるのは、79年秋頃から80年の暮れにかけてであり、とりわけ、旧大地主地、大農地が集中するトルキャマン地方のゴンバデ・カーヴォス、カスピ海沿岸のサーリー、それにコルデスターン地方のサナンダジュ周辺で目立った。なかでももっとも大きなものは、79年3月、ならびに80年2月、イラン北東部トルキャマン・

サハラー地方で起きたゴンバデ・カーヴォス事件であった[7]。

他方、国営農場である農業公社は、革命後、ふたたび農民の間で分割され、自然崩壊してしまった[8]。革命後、あいついで起きたゴンバデ・カーヴォス事件などに象徴される「下から」の農民蜂起や土地奪取にくわえ、被抑圧者財団など革命諸機関による「上から」の土地接収の動きも重なり、当時の暫定政府や大土地所有者たちに大きな衝撃を与え、これをきっかけに、農村部に法と秩序を主張する声が大きくなっていくことになる。

（2）イスラム農地改革法案

革命から半年を経た1979年9月、最初のイスラム農地改革法案（1979年9月法案）が、バーザルガーン暫定政権下のイーザディー農相によって準備され、当時の革命評議会で承認された。しかし、その後、米大使館占拠事件が起こり、79年11月、バーザルガーン暫定政権が崩壊し、イーザディー農相の更迭などの急激な政治状況の変化により、同法案は見直しを余儀なくされることとなる。

イーザディー農相に代わって新しく農地問題の最高責任者となったレザー・エスファハーニー農業省次官は、原案に若干の修正をくわえた同法案を1980年3月、革命評議会に提出した。ホメイニー師は、モンタゼリー師、メシュキーニー師、それにベヘシュティー師の3名の聖職者にたいし、同法案がイスラム法の原則に照らし矛盾しないかどうかを検討するよう指示した。同法案は部分的に改定された後、80年4月に革命評議会（バニーサドル議長）で最終的に承認された。

同法案は正確には「農地分配と再生に関する法案」と呼ばれ、全文9条からなるものである（1980年4月法案）[9]。とくに、この法案は一般にハンデ・ジーム（ペルシア語のC条項にあたる）問題として知られ、私的所有権の制限を含むもので、後に体制内部、宗教界を二分して論争をひき起こすこととなった[10]。

（3）農地分配7人委員会と中止令

農地分配と再生に関する法案が1980年4月、革命評議会で承認され、5月には同法実施の最高責任機関である農地分配実施本部がテヘランに、また全国各州には農地分配7人委員会（以下、7人委員会）が次々と設置されていった。

第6章　イラン革命とイスラム農地改革 ── 1978〜1988年 ──

　新しくつくられた7人委員会にたいし、いままで各地の農村現場で働いていた復興聖戦隊の若者たちは、献身的に協力・支援し7人委員会の手足となって働く実行部隊となった。同法の実施や各地での7人委員会および復興聖戦隊などの革命機関の急進的な活動は、各方面に大きな政治的衝撃を与えることとなった。

　第1は、革命直後、大きな政治的影響力をもっていた左派勢力や急進的イスラム左派と呼ばれたモジャーヘディーネ・ハルグなど反体派を駆逐したことである。全国農村部に、約1万5,000以上の農村イスラム革命評議会（以下、農村評議会）の設立をとおして、反体制左派勢力の影響下にあったグループを追いだし、農村末端部に中央権力を再確立した[11]。また、都市部においては、急進的なハンデ・ジームの実施を見せつけることにより、都市インテリ層や下層民の支持をとりつけ、反体制左派勢力から政治的イニシアティブを取りもどしたことである。

　第2に、地主層、体制内部の保守派からの強い抵抗があったことがあげられる。

　大土地所有者、旧地主層、それに、中規模農家を中心とする抵抗勢力は、「農業評議会」を設立し、国会でのロビー活動を開始した。他方、大アーヤットラーであるゴルパーエガーニー師や、コミー・タバータバーイー師など宗教界の大御所、コム神学校教師協会を中心とする聖職者たちは、私的所有権を無視する農民や7人委員会の行きすぎた行動を、反イスラム的であると強く非難するとともに、同法の実施中止を要求した。

　1980年秋、全国各地の農村では、地主側と農民側の衝突が頻発し、7人委員会や復興聖戦隊のメンバーをも巻きこみ、多くの死傷者がでた。他方、各地の革命裁判所のなかには、農民が暫定的に耕作している農地を旧地主側に返還するよう命じ、強硬に取りもどそうとし、判決にしたがわない者を投獄、むち打ちの刑などに処したところもあった。このため、「被抑圧者の解放」を旗印とするイスラム革命政権による農地分配を信じ、期待していた土地なし村民や農民の間にパニックをひき起こすこととなった。

　このため、テヘランの農地分配実施本部は、ベヘシュティー師（革命評議会の中心人物で、後に最高裁長官）に相談した。同師は法定機関が正式に確定を

くだすまで、農民が年間ベースの賃貸契約で暫定的に耕作をつづけることができる旨の基本方針を述べた。これにしたがって、最高司法評議会は全国の革命裁判所ならびに革命検察当局にたいし、農地問題に介入し判決をくだすことを一時的に停止するよう通達した。

他方、秋は冬コムギの播種期にあったが、地主側と農民側の対立が激しくなったため、農地は耕作されず、放置されたままのところがあいついだ。このことは、かかる状況がながびけば農村が混乱し、食料生産も減少し、ひいては国家の危機につながるものだとする地主側や法案の反対者の主張に有利な材料を提供することになった。

地方現場での混乱、中央での保守派からの強い抵抗、さらに、対イラク紛争の勃発などがくわわり、これ以上の国内の混乱を避けるため、1980年11月、ホメイニー師は、代理をとおし、第1条（3）バーエル地、（4）ダーエル地にかんする実施中止令をだした。これにより、農地分配は事実上、棚上げとなった。以後、ハンデ・ジーム問題は舞台を国会に移し審議されることになり、同法案の再実施は国会の承認と憲法擁護評議会の審査に付されることとなった。

（4）国会と憲法擁護評議会の対立

その後、国会に差し戻された農地分配法案は部分的に改定、修正などがくわえられたものの、同法案をめぐる国会内部、および、国会と憲法擁護評議会との間の対立はおさまるばかりか、イスラムにおける私有財産権、経済活動の自由の範囲といった体制の根幹をゆるがす問題にまで拡大し、両者の溝は深まるばかりであった。

他方、農地改革法案をめぐって、憲法擁護評議会のたびかさなる却下に直面し、行きづまり状態にあったラフサンジャーニー国会議長は、1981年10月、ひとつの打開策として、国会の法的権限をたかめる方策にかんしホメイニー師に裁定を仰ぐこととなった。つまり、イスラム法に反する行為を一時的に認めるかどうかの判断、すなわち、「イスラム第二次規範」（最高指導者の自由裁量に委ねられている分野のひとつ）の一部権限を、国会へ委譲する問題であった[12]。

これに対し、ホメイニー師は、緊急事態下の暫定的措置として公共とイスラ

第6章　イラン革命とイスラム農地改革 ── 1978〜1988年 ──

ムの要求を満たすため、最高指導者のくだす特別決裁権を国会に与えることに同意した。これは国会議員の3分の2以上が議決した法案であれば、憲法擁護評議会の審査に付されることなく時限立法として成立するという内容であった。この裁定は法的障害を除くもので、後の1986年10月法案につながるものである。

当然のことながら、ホメイニー師のかかる裁定にたいし、憲法擁護評議会やゴルパーエガーニー師をはじめとする宗教界保守派の大御所などから、最高指導者のイスラム第二次規範にたいする権能の範囲や、果たして、その権能を国会に委譲することができるのかといった根本的な疑問が呈され、神学論争にまで発展していった。

本稿の対象となっている「バーエルならびにダーエル農地の分配に関する法案」（1986年10月法案）は、その後、国会が決議した法案を憲法擁護評議会が次々と却下していく状況下、国会が1981年10月のホメイニー師の裁定を基に、同評議会ぬきで、議員の3分の2以上の賛成をもって成立させた時限立法であり、非常手段に訴えたものであった。

2）農地改革法案をめぐる対立と問題点

（1）バーエル地とダーエル地の分配法案

1986年10月、イラン国会は懸案のイスラム農地改革法案を可決し、3年間の時限立法として成立した。そして、1987年2月に閣議で農地分配施行規則が承認され、実施の運びとなった。そもそも、農地改革法案の原型が最初にだされたのが1979年9月であったから、7年以上にわたり議論がなされ、紆余曲折の末にやっと、ひとつの結論がでたことになる。

それでは、憲法94条に規定されている通常の法的手続き（国会のすべての可決議案は憲法擁護評議会に送付され、審査される）によらず成立した86年10月法案、正確には「バーエルならびにダーエル農地の分配に関する法案」とは、どのような内容のものであろうか。全文1条と9つの注よりなる短いものであるから、その要点を記しておく[13]。

第1条　本法案の対象となるのは、全国各地のバーエル地ならびにダーエル農地のうち、革命の成就である1979年2月から1980年3月までの約1年の期

311

間、コルディスタン地域にあっては1984年3月までの約5年間に、地主でない農民が暫定的に利用していた農地である。緊急措置令により、これらの農地は以下の条件をそなえた農民に譲渡される。
　（1）土地なし村民、小土地所有農民
　（2）農業以外に十分な収入源のない農民
　（3）本法案の対象となっている農村に居住している者
　法案の対象となる土地の譲渡は、農地分配7人委員会の推薦による。推薦をうけた農民は均等分割払込み（月賦）により、その土地の代価を支払う。支払い込み期間中、暫定的な土地登録証が発行される。最後の分割払込金額が支払われると、農民に正式な土地所有権証書が発行される。その後、政府税、宗教税等が控除された後、旧地主にたいし、対象となった土地の適性な価格の補償金が支払われる。
　　注1．所有権に関し係争中にある地主は、イスラム革命裁判所にたいし、その合法性を提訴することができる。所有権の合法性が認められた場合、地主は適切な補償金をうけとることができる。
　　注2．地主とその農地占拠者の間で次のいずれか、つまり、①賃貸、②長期間の賃貸、③収穫分益、ならびに、その他の宗教法などにより、なんらかの契約がある場合、この土地は本法の対象とならない。
　　注3．第1条の対象となる農地であり、かつ、それが現在、革命諸機関の管轄下にある場合、本条項の規定にしたがって農地分配7人委員会が譲渡手続きの責任を負う。
　　注4．農地占拠者が第1条の条件を満たしていない場合、その土地は占拠者である農民からとりもどされ、元の地主に返還されるか、または、注3の規定にしたがう。
　　注5．農地所有者、または耕作権所有者で、かつ、その合法性がイスラム革命裁判所により承認された者のうち、農業以外に十分な収入源がない場合、本法案の対象とならない。ただし、その所有上限は、当該地法で慣習的に認められる生活維持に必要な土地面積の3倍までとする。合法的に取得された土地が不法に占拠された場合は、元の所有者に返還される。
　　注6．本来、有資格農民に譲渡すべき土地をなんらかの理由により、政府・革命諸機関が接収した場合、農業省はできるかぎりすみやかに、農民の好む等価の土地を本人の必要と農業目的のために与える義務がある。
　　注7．この法律の実施を地主が拒否した場合、農地分配実施本部は、地主に代

第6章　イラン革命とイスラム農地改革 —— 1978〜1988年 ——

わり譲渡関連証書に署名することができる。
注8．緊急措置令としてのこの法律は、3年間の時限法であり、政府の承認をもって施行される。
注9．この法律に関する施行規則は国会で可決後、2か月以内に農地分配実施本部が準備し、閣議で承認される。

（2）農地分配法案をめぐる対立

1986年10月法案の対象となったのは、革命直後の1979年4月から1年間、全国各地で生じた地主側と農民側の係争中の農地であり、これに決着をつけようとしたものである。推定で、全国の約75〜80万haの農地と、そこに働く約12万人の農民（家族を含めると約60万人）、および、5,000人ほどの地主が対象となっており、全国灌漑地面積の約16％、綿花作付地に限れば、8割近くを占めていた[14]。

革命後の農地改革法案をめぐる経緯についてはすでに述べたとおりであるが、これら一連の動きに通底する最大の論点は、イスラム体制下における私的所有権の制限にかかわる問題であった。それでは次に、1986年10月法案のとりあつかいをめぐり、イスラムにおける私有財産権の不可侵性を楯に改革に反対する保守派と、被抑圧者の解放という社会的公平実現のためには、私権の制限やむなしとする改革派の代表的論点の要旨をかかげた後、いくつかの問題点を検討してみる。

a）法案反対派の論点

（1）法案に明記されている農民が暫定的に利用している耕地とは、もともと、個人または法人が合法的に取得した土地ではなかったか。そうであるなら、憲法第49条の対象となる問題であり、ここで、わざわざ緊急措置令をもちだす必要はない[15]。

合法的手段により取得した土地は、イスラム法によって保証されている。本法案は、イラン経済をいっそう混乱に陥れるものである。革命後7年間の現政権の農業政策は、失敗であった。全国に5,100万haの可耕地がありながら、現在、実際に利用しているのは、そのうちの3分の1以下にすぎない。農業問題解決のため、地主は農民に土地と水を貸し与え、双方が協力して開墾に励む

313

べきである[16]。

（２）農地分配は、私有権を擁護するイスラム原則に抵触する。イランが直面する農業問題は、土地所有関係にあるのでなく、いかに農業生産力を高めるかの技術分野（灌漑、機械化、農村工業、農業教育など）における政策にかかっている[17]。

（３）現政府は、憲法擁護評議会が農地改革法案を含む一連の経済諸法案の成立を阻止するから経済運営がうまくいかないといって、その失政の責任を同評議会になすりつけるのは筋違いである。1981年秋のホメイニ師の指示を楯に同評議会をとおさず、国会の多数で法案を成立させようとする動きは誤っている[18]。

b）法案擁護派の論点

（１）法案の対象となる約12万人の農民は、革命後、突如としてあらわれ、地主地の不法占拠行動にでたのではない。彼らの9割以上は革命前からすでに当該地で働いていたのである。各地の革命裁判所、地方検察当局もまた、係争中の農民にたいし、1980年秋の最高司法評議会の通達にしたがい、所有権の法的権能がくだされるまで、賃借契約による暫定耕作を保証してきたのではないか。彼らを他人の財産を侵害する輩と呼ぶのは筋ちがいである[19]。

（２）1982年のイランの土地所有状況を示す統計によると、全体の1％以下の所有者が全農地面積の15％を所有し、34％の者がわずか2％の農地を所有しているというアンバランスな状況にある。かかる不均衡を是正するため、大農地を零細農民に分配することは、きわめて合理的な措置である。政府、国会、それに、最高指導者もまた農民にそれを約束してきたのではないか。農地分配が実施されないなら、農民とその家族60万人を失業に追いこむことになる。そうなれば、被抑圧者層であるホシュネシーンや農民たちは、イスラム革命にたいする猜疑心をますます募らせることになるだろう[20]。

（３）革命後、経済の自立を標榜するイランにとって、農業生産力の向上は国家的緊急課題である。その目標達成のための最大のネックとなっているのが、農民の生産意欲を損なっている農地所有問題である[21]。

（４）地主地で暫定的に耕作に励んでいる農民たちは、その所有権の行方を注意深く見まもっている。彼らたちにとって、それが貴重な労働と資本を投下

第6章　イラン革命とイスラム農地改革 —— 1978～1988年 ——

するための前提条件となっているからである。革命前、ゴルガーン地方における綿花生産は、1ha当たり3.5トン以上であったが、革命後、農地問題が発生すると、2トンに減少してしまった。ここ数年、所有権問題が未解決のままに、品種改良、農薬普及、経営合理化などさまざまな技術的改良を重ねてきたが、その効果は少なく、わずか2.8トンの増加に過ぎない。農地分配の実施は、イランが直面する農業問題の解決に有効な手段であり、再活性化につながるものである[22]。

3）法案をめぐるいくつかの問題

1986年11月、法案が国会で可決され、7年間にわたり懸案となっていた経済重要法案のひとつに、とりあえずの終止符がうたれたが、他方いくつかの問題点も残った。

第1に、法の限定性、曖昧性をあげることができる。すでに、革命後の法案をめぐる経緯でふれてきたように、1986年10月法案は全国のバーエル地ならびにダーエル地のうち、革命直後から約1年間に係争が生じた農地に限られ、その後にかんしては言及されていない。

さらに、法の実施期間が3年間に限定されているため、土地所有という複雑でデリケートな問題に対し、果たしてどれほどの具体的な成果をあげられるか疑問がのこった。また、係争中の所有権にかんし、その合法性の判断をくだすイスラム革命裁判所の役割は大きく、憲法第47条（合法的に取得された私有財産は、法により完全に保護される）を楯に、地主側に有利に展開する可能性も小さくない。農民と地主間になんらかの耕作契約が存在する場合、本法の対象とならないことからも、かなりの制約が付されたものとなる。したがって、本法の実施にあたっては、個々の事例をとおし、ケース・バイ・ケースで問題が処理されることとなる。

第2に、立法過程の手続き上の問題がある。本法案が国会の3分の2以上の承認による暫定措置令により成立したことにたいし、これらを強力に弁護する意見が表明されなかったことは、法案擁護派にとっても弱みとなった。また、反対派は、農地分配問題にかんし、わざわざイスラム第二次規範にもとづく緊急措置令に訴える根拠がうすく、憲法第47条、第49条によって十分対処でき

ると指摘し、その濫用をいましめている。

　さらに、イスラム第二次規範の強制力の範囲、すなわち、第一義的には、最高指導者の責務と考えられている権能を、果たして国会へ委譲できるのかといった、現体制の神学上の基礎である「イスラム法学者による統治」（ヴェラーヤテ・ファギー）論にもとづく最高指導者の統治権限をめぐる神学論争まで発展した問題であるが、結論がくだされないままである。

　第3に、所有権をめぐる問題がある。法案擁護派は、本法案が対象としている農地の多くが海外に逃亡した前政権協力者たちのものであり、それらが合法的に取得したものではないとし、農地分配の実施を主張する。他方、反対派は憲法第49条を基に、地主の非合法性が完全に立証されないかぎり、政府による収用、農民への譲渡が実行されるべきでなく、それが無視されるならイスラムが認める私有財産権を蝕み、将来に禍根をのこすことになると警告している。また、時限立法という一時的な性格にもかかわらず、いったん法的所有権の委譲がおこなわれると、それが永続的性格をおびることになる矛盾を指摘する。さらに、農地分配による土地細分化は、農業生産性の低下につながり、「自立経済」を標榜とするイランにとって、それはマイナス要因となることの懸念をつけくわえている。

　いずれにせよ、本法案はいくつかの基本的問題点をのこしながら、立法化されることになった。擁護派、反対派の双方が認めるように、その影響力はイラン農業がかかえている問題の大きさにくらべると小さく、その解決のひとつの徴候にすぎない。極論すると、本法案の可決は革命後、農地取得をまちのぞんでいる「被抑圧者たち」である土地なし村民や農民たちの気持ちを表面上なだめ、現政権が農民側に立っていることを示すひとつの政治的ポーズともとれないこともない。

おわりに

　以上、革命後のイスラム農地改革法案を手がかりに、現イスラム政権の体質の一端を探ろうと試みてきたわけであるが、一口にイスラム体制といってもけっして一枚岩でなく、その内部には経済問題などを中心に基本的な対立構造を含んでいることがわかった。

第6章　イラン革命とイスラム農地改革 —— 1978〜1988年 ——

　農地改革法案をめぐる一連の動きからわかるように、同法案の擁護派と反対派は、国会多数派ならびに政府と憲法擁護評議会の対立として集約される。経済保守派の牙城となっている憲法擁護評議会は、イスラム原則に照らし、私有財産権の擁護、政府権力の抑制の立場から政府・国会の作成した経済重要法案を次々に却下してきた。現在のイランが直面する現実的な経済社会問題より、抽象的なイスラム規範の問題を重視しているかのように見える。別の表現でいいかえると、「民の声」より、「神の声」を優先するといえる。このことは、1982年3月にファールス州マルヴダシュト地方の農村現場を訪ねた筆者の目からは、違和感を覚えざるをえない。

　他方、両派の対立にたいし、「イスラム法学者による統治」論を根本原理とする現イスラム政権において、大きな権限をもつ最高指導者の立場は内政問題、とりわけ、経済社会問題におよぶと、決定的な解答をさけようとする傾向が見られた[23]。これが内政問題の混乱に拍車をかけているひとつの要因となっていた。両派の対立が表面化、激化の兆しがあらわれると、これをいましめ、体制内部の団結をもとめるパターンがこれまでくりかえし観察されてきた。

　農地改革法案を例にとると、通常の方法であれば、憲法擁護評議会の審査なしに、その立法化はできない（第94条）が、最高指導者による構成員の人選（第91条）をとおして、ある程度、両派の対立解消の道ものこっている。

　こうしてみると、農地問題を含む経済諸法案にたいする最高指導者の曖昧性が浮かびあがってくる。もちろん、最高指導者といえど、宗教界に隠然たる力をもつ他の大アーヤットラーたちの意見を無視することはできなく、また、権力の頂点に立つ者の統治哲学、すなわち、極端に走ることを避け、両勢力の均衡をたもとうとするバランス感覚が働いていることもたしかである。

　最後に、本稿と深く関連する政治上の大きな動きが、1987年暮れから、1988年の初旬にかけてあらわれてきた。それは、イスラム政府の統治権限にかんする最高指導者の指示の問題である。すなわち、国会が社会の必要性から可決した多くの経済重要諸法案（外国貿易国営化法、都市宅地法、労働法、物資配給法など）を、憲法擁護評議会が次々と否決していくなかで、最高指導者がかかる問題に決着をつけようと、政府に大幅な権限を与えたことである（1987年12月）。具体的には、大統領、国会議長ら行政、立法、司法当局幹部7名と、

憲法擁護評議会メンバーのうちイスラム法学者6名の計13名で構成する「特別評議会」の設置である（1988年2月）である。

　この特別評議会の役割は、国民の利益にかんする問題について、これまで宙に浮いていた前述の重要諸法案を審議し、決定することにある。さきの農地改革法案をめぐる対立の際は、本来、最高指導者に属していると考えられる権能であるイスラム第二次規範の判断を国会に委譲したが、今回は、その必要性の審査・判断を特別評議会に委譲し、最高指導者の教令により、それを公に認めさせる形となった。

　特別評議会が、どれほどの実効性をもち、具体的な成果をあげるのか、大きな軌道修正となるのか、それとも一過性のものなのか。これらの動きは、革命後の体制内部から生じた一連の緊張と、その処理をめざそうとする大きな流れのなかに位置づけられる問題である。

　革命は、きわめて非日常的な集団行為である。時とともに革命の日常化は、さけることができない。政治的熱狂から冷め、経済という固い日常に戻っていく過程である。1988年2月、特別評議会の設置は、1人の宗教カリスマ支配から共同統治体制への転換である。翌年の1989年6月3日、ホメイニー師は逝去し、集団指導体制へと移行し、日常の経済問題を取りあつかっていくことになった。

【注】
1）　1978年1月、国王によって国外追放されていたホメイニー師を中傷する記事がでまわり、12イマーム派の聖地コムで神学徒を中心とする反国王、反政府暴動が発生し、多くの犠牲者がでた。その暴動の犠牲者を弔う集会が40日ごとに起き、それが全国各地で反政府デモと暴動へと拡大していった。
2）　農村居住者で、土地と関わりのある主役の農民（デヘガーン）と対比される「土地なし村民」のことを一般的にいう。一口にホシュネシーン層といってもそのなかは多様な職種、多様な階層にわけられる。便宜的に3分類すると、①伝統的な「ムラ抱えホシュネシーン」：鍛冶屋・大工・風呂番・床屋・耕地番などで、もっとも古い形のグループであるが、数は限られる。②「定職的ホシュネシーン」：農業機械の運転などの特殊な技術をもつ者やある程度の資本をもつ商人など少数の比較的富裕なグループ。③「不安定なホシュネシーン」：定職も技能もなく、臨時の農作業や日雇い単純作業で収入を得ているホシュネシーン。

第6章　イラン革命とイスラム農地改革 ―― 1978～1988年 ――

大部分のホシュネシーンがこの分類に入る。
3) イラン人の間で、「イランを支配する1000家族」という言葉がしばしば使われてきた。シーラーズのガヴァーミー家やビールジャンドのアラム家などもその代表格である。

　1982年3月、筆者が南部のマルヴダシュト地方や東部のビールジャンド地方の農村を訪ねた時、彼ら一族の所有する土地・資産などはすでに被抑圧者財団によって接収され、管理下に置かれていた。その後、これらの土地は農民に分配または賃貸され、農地分配7人委員会の設立とともに、その管理・運営はその手にひき継がれた。

　革命直前、旧体制の中枢にいた政治家、軍人幹部、高級官僚ならびに、前述の有力家族の多くは逮捕・投獄されるか、または欧米諸国に逃亡した。被抑圧者財団は放置されたこれらの土地をただちに接収・管理下に置いたわけであるが、その数は全国で約10万haと推定される（Ashraf：1984）。
4) 復興聖戦隊は、1979年6月に農業および農村地域の復興を担当する機関としてホメイニー師の命で設立された最初の革命機関である。1985年には、革命機関から省に昇格する。その後、行政組織の再編があり、村落政治は内務省へ、農村開発は聖戦隊省へと分離された。さらに、1989年以降になると、灌漑施設関係はエネルギー省の水力・電力庁へ、農業は農業省へ、また、土地利用計画や農村開発は住宅財団へと主管が移り、聖戦隊省の管轄は牧畜、漁業、森林、牧草地などの天然資源分野に狭まれていった。新政権は、経済再建の方針として農業の重視を打ち出していた。その先兵がこの聖戦隊である。
5) マルヴダシュト「農地分配実施班」事務所の上部組織に、「農地分配7人委員会」がある。7人委員会は、全国各州ごとにつくられ、農地譲渡の実施を監視する司令塔である。その構成は、①復興聖戦隊代表者1名、②内務省代表者1名、③農業省代表者1名、④司法省代表者1名、⑤宗教界イマームの代理人1名、⑥農地譲渡に係わる村民代表2名の合計7人からなる。ファールス州の場合、構成する7名代表者のうち、⑤の宗教界イマームの代理人が不在のため開催が遅れた。1981年に⑤のイマームの代理人が決まり、同委員会が動きはじめたばかりであった。しかし、その後、イラン・イラク紛争の激化にともない、「敵は今、外にあり、内部での地主と農民の土地争いは、国内での内部分裂の危険がある」とし、イマーム・ホメイニー師によって、農地分配の実施作業の中止令がでた。ファールス地方7人委員会の下には、23ヵ所の農地分配実施班現場事務所がある。その一つがマルヴダシュト農地分配実施班事務所である。
6) 7人委員会によると、ホシュネシーンの定義は、「兵役義務を果たした既婚者で、農村地域に居住しながら定職と土地を持たない者」となっている。
7) イラン北東部にあるゴンバデ・カーヴォスは、トルキャマン・サハラー地方（ス

ンニー派トルキャマン系住民が多く住む）の中心地で、イラン有数の肥沃な農業地帯である。この地方の主要部分は、パフラヴィー家の王領地（正しくは、パフラヴィー財団のワクフ地）であったが、1950年の王領地配分により、約2,000村落とその関連財産が耕作権農民に有償で分配された。

　王領地が配分されたものの、肥沃な最良地はパフラヴィー王室に近い者や地方の有力者などに優先的に与えられた。かれらは農業の機械化を推し進める一方、ザーボルなど1,000km以上離れたイラン南部スィースターン、バルーチェスターン地方から移住したスンニー派系労働者とその家族の安い労働力を使い、綿作を中心とするイラン有数の商業的機械化農業を発展させていった。

　「トルコマンの人口の多数を占める農民は、パフラヴィー時代に、牧草地や財産をホジャブル・ヤズダーニーやナスィーリー、シャープールやモザッヤニー将軍、オヴェイシーといった国王側近の有力者連中に奪われた。軍隊と秘密警察に抑えつけられていた農民は都市へ出ることを余儀なくされ流民と化した」（1979年4月9日付エッテラート紙、加納・駒野　1982）。

　革命後、多くの地主たちは、このように旧政権に近い関係にあったため、その所有地を放棄して国外に逃亡した。このため、農民や移住労働者は自分たちの農地をとりもどそうと殺到し、これを阻止しようとした政権側の革命防衛隊（シーア派）と衝突して多数の死傷者をだした。経済的利害のほか、民族や宗派のちがいもからんでいた。大きな衝突は2度ほど発生したが、1979年3月26日から4月2日までの8日間つづいたものはとくに大きく、一種の内戦状態でゴンバデ・カーヴォス事件と呼ばれている。

8）　農業公社は1968年から10年間で、全国で94ヵ所建設された。その特徴は、国家による大規模な資本投下と法的優遇措置、および農業技術者の派遣などを背景とする国営農場であった。

　国王による農地改革で、いったん農民に分配された土地をふたたび政府が買いもどし、それとひきかえにリフムとよばれる「株」が与えられた。土地は、平均で8～10村落（約3,500ha）に再統合された。ホシュネシーンは、その成員資格がなかったため、株の配当金、公社が新しく建設した公社住宅への入居権などから排除された。

　農業公社は機械化体系による土地経営の合理化を徹底させ、労働力の省力化をはかった。このため、公社の最大の集中地域であった。イラン南部マルヴダシュト地方の9公社の事例（1977年調査）では、従来のおよそ3分の1まで農業労働力を減らすことになった（第2章参照）。

　筆者が1982年3月、同地方にあったラームジェルド農業公社を再訪した時、その居住区の名称は、高名なイスラム聖職者であったアーヤットラー・ターレガーニー師に変更されていた。農業技師は現場事務所を離れ、その農地は農民

第6章　イラン革命とイスラム農地改革 —— 1978〜1988年 ——

間で分割されて以前の状態に戻されてしまった。また、公社住宅が売買自由になったため、耕作地が住宅から遠い農民は旧村に戻り、それにかわり、いままで入居権のなかった土地なし村民が入ってきた。つまり、農業公社は、崩壊したのである。

9) 1980年4月の「農地分配と再生に関する法案」は、その後、提出されるいくつかの法案の原案となるものなので、その要点を記述しておく（山口：1983、原：1984）。

　1．土地分類について
　（1）牧草地およびマヴァート地：過去に耕作権がなく、自然のままの状態にある土地
　（2）ドゥラティー地：イスラム革命法廷が接収した個人あるいは法人の耕作地
　（3）バーエル地：革命前、個人あるいは法人の所有地であり、耕作可能地であるが過去5年以上利用されていない土地
　（4）ダーエル地：恒常的に耕作、利用されている土地（以上、第1条）
　2．土地の接収・分配について
　①（1）マヴァートと（2）のドゥラティー地は政府の所有となり、公共の目的のため必要に応じて、個人または法人に分配される。（3）のバーエル地については、政府が耕作開始の期限を設定し、それまでに耕作を開始しなかった場合、接収し、必要な者に分配する（第2条）。
　②（4）のダーエル地は、所育の上限が設定される。つまり、その所有者が自ら耕作する農民である場合、生計維時に必要な面積の3倍までが、また、農地所有者であるが、自ら作業に携わらない者のうち、農業以外に家族を扶養するだけの十分な収入源が他にない者の場合、2倍までが認められ、残りは分配される。分配された土地に対しては宗教税が控除された後、補償金が支払われる（第4条）。
　3．農地分配について
　①まず、第1段階として、（1）、（2）、（3）の土地の順番で分配され、不十分であった場合、第2段階として、（4）の土地が対象となる。ただし、牧草地は、この法案の対象から除外される（第4条）。
　②農地分配の対象者の優先順位は、1.土地なし村民、2.小土地所有農民、3.農業学校卒業生、4.農業希望者とする（第6条）。
　4．農地分配の実施機関と機能について
　①農業省は、この法の実施機関として、テヘランに農地分配実施本部を設ける。その構成員は各省、各機関から全権委任された以下のような代表者からなる。1.宗教判事の代表者、2.農業省の代表者、3.司法省の代表者、4.復

興聖戦隊の代表者（第7条）。

②農地分配の実施上、直接責任機関となるのは、全国各地に設立される農地分配7人委員会である。他の機関は7人委員会に干渉してはならない。その構成メンバーは以下の7名からなる。1.農業省代表者2名、2.内務省代表者あるいは当該州からの代表者1名、3.復興聖戦隊の代表者1名、4.宗教判事1名、5.宗教判事の承認した農民代表2名である（第5条）。

③農地分配7人委員会の機能は、法に則して農地分配の実施、法の実施により生じた紛争の解決、合法的か否の評価・判断と、ローンの貸付にかんする上限枠の決定や農機具の貸与などである（第5条）。

10) 1980年4月法案の土地分類のうち（3）バーエル地と（4）ダーエル地がこれにあたる。それ以前の法案段階で土地が3分類されており、バーエル地とダーエル地がひとつのC条項（ハンデ・ジーム）に含まれていたため、所有の上限問題に触れる時、「バンデ・ジーム」と呼ばれるようになった。

11) ある調査によると、土地奪取・蜂起の300事例のうち、約7割が特定の政治組織の指揮下でおこなわれ、残り約3割が農民の自発性によるものであったといわれる。革命直後の農民蜂起の大部分は、左派勢力が大きな影響力をもっていたイラン北部ならびに西部で多発している（Ashraf 1984）。革命後の、イラン農民の政治意識と行動にかんする観察記録は、次の報告等に詳しい（Anonymous 1983、1984、Loeffler 1986）。

12) イスラム・シャリーア法は、現世の個人生活に係わる包括的な行為規範の集大成で、合法か非合法かが詳細に記されている。イスラム教徒は関連規定を無視することが許されない。しかし、生か死かというような個人の生命が脅威にさらされる非常事態の場合、シャリーアに示されている規定を一時的に停止し、それに反する行為が許される例外規定も存在する。例えば、通常の状態で犬肉を口にすることは禁止事項であるが、飢餓状態に陥り、生命が危機に直面するような非常状態が発生した場合、それを打開するために、一時的にイスラム法に反する行為が許される。この個人次元の問題は、社会的規模に範囲が及んだ場合にも適用される。（第二次規範（Iran Press Digest誌：1986.9.23）。

13) 「ケイハン紙」（1986.10.30）。

14) 「ケイハン紙」（1986.10.25）、A Statistical Reflection of Iran 1984.（1984：39）。

15) 「政府は、高利貸し、横領、賄賂、強奪、窃盗、賭博、宗教基金の悪用、政府関係の請負事業や取引による不正収用、未開拓地や誰の所有にも属さない土地の売却、売春宿の営業、その他の非合法な手段により得た富を収用し、その正当なる所有者に返還するか、持主不明の場合には、財務当局に引き渡さねばならない」。

16) ミール・ジャアファリー国会議員「イスラム共和国紙」（1986.10.25）。

第6章 イラン革命とイスラム農地改革 —— 1978～1988年 ——

17) アザリー・コミー師（レサーラト紙発行人、専門家会議メンバー、国会議員）「Iran Press Digest」(1986.7.15)。
18) エマーミー・カーシャーニー師（憲法擁護評議会スポークスマン）「イラン国営テレビ」(1986.9.29)。
19) モヴァヘツディー・サヴォジー国会議員「イスラム共和国紙」(1986.10.25)。
20) ファーゼル・ハラシディー師（国会議員）「イスラム共和国紙」(1986.10.25)。
21) ムーサヴィー・アルデビリー師（最高裁長官）テヘラン金曜集会 (1986.10.17)。
22) アッバース・アリザリー農相「イスラム共和国紙」(1986.10.23)。
23) アブラハミアン氏の次の指摘が興味深い（Keddi & Hooglund 1986 : 109)。
「農地改革問題は、ホメイニー師を知るうえで参考になる。1960年代初期、国王の農地改革に対し、多くの保守派のアーヤットラーたちが強く反対するなかで、ホメイニー師は大衆から黒い反動家とレッテルを貼られないように、その立場を鮮明にしなかった。他方、彼は、また、バーザール商人を中心とする中間層の支持を失わないようにと、農地改革支持の立場も明確にしなかった。つまり、ホメイニー師は、「持てる者」と「持たざる者」の両階級に同時に訴えるラディカルで大衆的なイデオロギーを生み出した。どちら側の社会集団（社会階級）の支持も失いたくなかったからである。その基本的な立場は、現在でも変わりはない」。筆者も同感である。

第7章
マルヴダシュト地方の水利と社会

原　隆一・後藤　晃

はじめに

　イランは、国土の8割近くが年間降水量250mm以下である。この乾燥した気候と地形から、これに適応するオアシス灌漑農業や遊牧などが営まれ、それぞれに生産と生活の技術を生み出してきた。歴史的には、オアシスの定着農耕と山地の牧草を求めて移動する遊牧、それに都市手工業とバーザール商業などが相互の結びつきをもって地域を形成してきた。

　地形をイラン全体でみると、沙漠を中心とした乾燥地からなる広大な盆地を峻険な褶曲山地が囲んでおり、この山地の中の半乾燥気候に農業地帯が分布し、また山地と砂漠の境界に位置する乾燥地の中の河川や地下水の水源に恵まれたところにオアシス農業が発達してきた。

　マルヴダシュト地方もこうしたオアシスの一つであり、三方を山や山脈で囲まれ、1,600mほどの高地に幅15～30km、長さ100kmに渡って農業地帯が広がっている。雨が少なく年間降水量が300ミリ前後の日射の厳しい乾燥地で、山に木々は育ちにくく岩や石ころが露出している。この山が風雨にさらされ浸食をうけ、崩れた土砂は長い歳月をかけて堆積して平原を作った。

　この平原を中規模内陸河川である川幅30mほどのコル川が縦断している。盆地のほぼ中央でもうひとつの川、シーヴァンド川が合流し、平原を貫通してバフテガーン湖に注いでいる。この川は、乾季と雨季で流量に差が大きく、冬

マルヴダシュト地方の未利用地。灌漑用水が及ばないため、半砂漠の景観になっている。

が雨季に当たり雪解けの春には氾濫することもある。このため、盆地の平坦部は山際から中央の川に向かって 1,000 分の 3 前後の傾斜で下がっていくが、川に近づくと逆にわずかに高く自然堤防の微高地ができている。

　乾燥地帯の灌漑農業は一般にオアシス農業と呼ばれており、マルヴダシュト地方では主要な穀物として小麦と大麦、夏作物として米、綿花、トウモロコシ、砂糖ダイコン、その他各種の野菜が灌漑農業によって作られてきた。夏は高温・乾燥気候のため、夏作物は灌漑なしでは作ることができず、灌漑の頻度も高いため栽培面積は灌漑水量に大きく規定され、伝統的な水利システムに依存していた時代には年間の作付面積のほぼ 20％ 以内に限定されていた。

　乾燥地帯では人工的な灌漑なしでは農業が成り立たない。このため農業に利用できる水がなければ半砂漠のままであり、放牧以外に利用することができない。しかし、水の利用ができれば農業地帯が開発される。人の手で水利施設が作られ農業地帯が形成されたことから、オアシスは人の営為による創造物といってよい。オアシスが繁栄を続けるには、水利施設が持続的に維持されなければならない。国が繁栄し社会が安定している時にオアシスは拡大したが、戦争や王朝の交代で不安定化すると水利施設の維持は難しくなってオアシスは縮

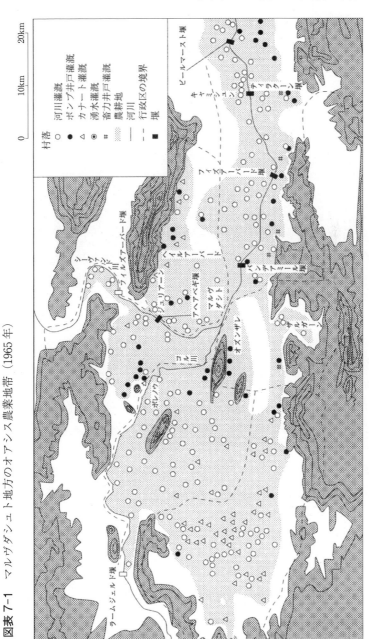

図表7-1 マルヴダシュト地方のオアシス農業地帯（1965年）

(出所) イラン統計局『イラン村落統計総覧』1970年ファールス州の部より作成。

第7章 マルヴダシュト地方の水利と社会

小し、半砂漠に戻ることもある。

　本章では、典型的な大オアシスであるマルヴダシュト地方の伝統的な水利を紹介し、20世紀半ば以降に近代的技術によって作られた新たな水利システムが村社会や地域をどう変えていったのかについて調査をもとに検証していく。

1　マルヴダシュト地方の水利システム

1）河川灌漑

　図7-1は、イラン統計局が1965年に作った村落統計表をもとに、マルヴダシュト地方の村を灌漑手段別にドットしたものである。水源としては、地表水（河川と湧水）と地下水がある。地域によって灌漑手段に特徴があり、盆地の中央を走る河川の流域には河川灌漑の村が多く、周囲の山際の村には地下水や湧水を利用する村が多い。地下水は山際を伏流し、かつてカナートや畜力井戸によって地表に導かれ灌漑用水として利用されてきた。

　しかし、20世紀の半ば以降になると灌漑の手段は大きく変化してきた。山際にポンプ揚水井戸を灌漑手段とする村がいくつかみられる。これは、重油を使う動力ポンプを設置して汲みあげるものである。1965年の時点ではまだ導入が始まって間もない時期であり、村の農民や農場経営者によって設置されるポンプ井戸が急速に増加するのは1980年代に入ってからである。

（1）コル川の堰

　コル川流域の村は、その多くが河川灌漑によって農業をおこなってきた。季節により流量の変化が大きく、雪解け水を集める春に水量が多く農業にとって水が必要となる乾季（夏）には川の水位は大きく下がる。このため、農業用水として利用するには、堰によって水位を上げる必要がある。マルヴダシュト地方には、コル川に7つ、シーヴァンド川に2つの計9つの堰があり、河川の水は堰で嵩上げされ、川の両側から伸びた水路で村々に送られた。

　これらの堰の歴史は古く、コル川がマルヴダシュトの谷平原に入る上流部に位置するラームジェルド堰や中流部のバンダーミール堰は、その基礎がすでに

第7章　マルヴダシュト地方の水利と社会

図表7-2　コル川流域、コルバールの谷の6つの堰

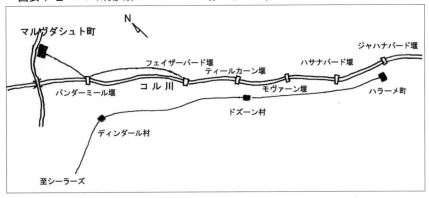

（出所）Enayatollah（1971：207）に加筆・修正。

アケメネス朝の時代（BC550～BC330）に存在していたことが知られている。イランの歴史的な水利施設をまとめた文献には近年まで機能していた5つの堰の履歴が記されているが、これらはいずれも紀元1000年以前に建設されたものであった（Enayatollah：1971）。

　バンダーミール堰の中下流域には、この堰を含めて、地元の農民たちが「コルバールの谷の6堰」と呼ぶ在来の築造技術で建造された6つの堰がある。上流からバンダーミール（アミールの堰）、フェイザーバード堰、ティールカーン堰、ピールマスト堰、ハサナバード堰、それに、ジャハナバード堰である。堰と堰の間隔は、バンダーミール堰とフェイザーバード堰間が24km、その下流はその半分の12kmとなっている（図7-2）。堰の中には機能を高めるため近年になって近代技術で改築されたものもある。

　最上流部にあるラームジェルド堰は西暦960年に作られているが、1111～1112年、1193～1202年、1645～1646年に修築されたという記録があり、19世紀末のナーセロッディーン・シャーの時代に最終的な修築がなされ、堰の名もナーセリー堰（バンデ・ナーセリー）と呼ばれた。この修築までは、木材による仮の堰が農民によって作られていたが、春の増水で流され灌漑が必要な季節に水路が空になることが多く、ラームジェルド堰からの受益地域では農業はきわめて不安定であった。しかし、修築後の19世紀末には38の村があり、小

329

ティーラカーン堰（1972年）
村の古老によると、この堰もかつて橋の機能をもっていたが、1940年代、軍との戦闘で追われた遊牧民が破壊し、その後は渡れなくなった。

ハサナバード堰（1972年）
かなり壊れていたが堰として機能していた。

第7章　マルヴダシュト地方の水利と社会

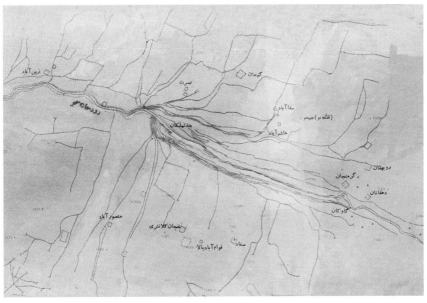

ティーラカーン堰からの分水路（航空写真より作成）

麦、大麦、綿、米が作られていた（Schindler：1891）。

（2）バンダーミール堰 ── 水車・分水・聖所 ──

　これらの堰のうち形が美しく規模も大きいのがバンダーミール堰（アミールの堰）である。ここから引かれた複数の水路から多くの村に農業用水が供給され、近年まで堰として機能していた（Wullf：1966、Beazley：1982、al-Hassnan：1992、Enayatollah：1971、後藤：1976、末尾：1999）。アケメネス朝時代の基礎の上に、960年頃、ブアイフ朝の支配者であったアズドッドウレによって建設されたもので、中世のアラブ歴史家であるムカッダシーはバンダーミール堰を訪れた時の印象を次のように記述している（Wullf：1966）。
　「支配者は堰を建設するのに多くの技師や労働者をここに集めた。堰は石をモルタルで固め、さらに鉛の中に固定した鉄製の留め金で補強されている。堰の上流と下流の川床は数キロにわたって石で舗装されている。灌漑用水路は、川から約16kmにわたって延びている。この用水路はマルヴダシュトの谷（ア

331

コル川中流域バンダーミール堰（1999年春の増水期）
下流域には6ヵ所の在来堰がある

ケメネス朝の遺跡であるペルセポリスやササン朝遺跡であるナクシェロスタムのある肥沃なザーグロス山地の谷平野）にある30か所の農村に灌漑用水を供給している。堰の近くには10ヵ所の水車が造られている。堰の堤頂には馬に乗ったまま2人が並んで通るだけの十分な幅がある」。

　バンダーミール堰は灌漑用の分水堰として村々に灌漑用水を供給し、1973年時点で分水堰から6つの水路が村々に伸びていた。水路は下流でさらに枝分かれし、確認できたものだけで19ヵ村に灌漑用水を送っていた。分水堰の幅は各村の割当て水量に比例し、村はそれぞれに水利権をもっていた。

　また水位落差を利用した水車による製粉で地域住民の生活に深く関係していた。製粉のための水車の数については、ムカッダスィーが訪れた中世には10ヵ所と記されているが、1971年に出版されたエナヤットラー等の報告書（図7-3）によれば、水車（跡）は28ヵ所となっている。1950年代まで半径がおよそ20km内の村々から人々がこの製粉所に小麦をロバに載せて訪れ、製粉と同時に買物などの用事を果たした。このためバンダーミールには商店が50軒

第7章　マルヴダシュト地方の水利と社会

ほどの小バーザールがあり、地域の商業センターとしての役割を果たしていた。バンダーミール堰は橋としても利用され、20世紀初頭まで交通の要衝にあった。イランを縦断する幹線道路の一つがここを通っていたためである。

1999年3月、バンダーミールを訪れた時、マルヴダシュトと、コル川に沿って下流40kmにある町ハラーメを結ぶ道路は整備され、砂利道路からアスファルト道路に変わっていた。バンダーミール集落に入ると、ほそく曲がりくねった狭い泥道になり、その両側には集落、果樹園、耕地などがみられた。春の洪水で水嵩が増し、多くの集落を押し流さんばかりの勢いであった。かつて何度も洪水被害による水没があった。

1996年と翌97年にこの地を訪れた末尾氏は、28ヵ所の水車遺構の名称と所有状況について聞き取りをした。そして、左岸の26ヵ所がすべて個人所有であるのに対し、右岸の2ヵ所の水車遺跡はイマーム・ホセイン廟のワクフであることを確認している（末尾1999：117-118）。

この2ヵ所の水車遺構は「アリーの足跡」（ガダムガーヘ・アリー）と呼ばれていた。日本でいえば「弘法大師の足跡」にあたる。「アリーの足跡」はイランの各地で川や湧水などの水場で多くみられるものである。アリーは預言者ムハンマドの娘婿、イラン・シーア派12イマーム派の初代イマームである。偶像崇拝を禁じるイスラム教の中にあって、

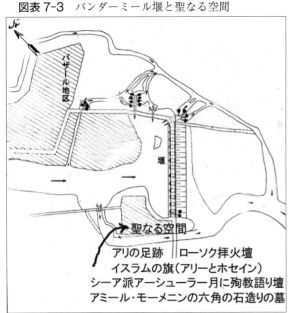

図表7-3　バンダーミール堰と聖なる空間

（出所）Enayatollah（1971：269）、末尾（1999：118）に加筆・修正。

イラン庶民の間でアリー信仰が息づいている。

　右岸の水車遺跡近くの堰の堤頂には「アリーの足跡」の碑があり、またすぐ横にはローソクを灯し浄化する聖なる場所がある。イランの古代宗教ゾロアスター教的にいうならば、アーテシュカデ（拝火所）であり、イスラム・シーア派的にいうならば、サッガーハーネ、すなわちカルベラの荒野で敵軍に飲み水を断たれ、その渇きに苦しみながら殉教していったイマーム・ホセインとその一族の苦しみを癒す聖水の飲み場である。

　これらに続く右岸の広場は聖なる空間になっている。アリー、ホセインと記されたイスラムの緑の旗、モハッラム月（殉教月）のアーシュラー（イマーム・ホセイン殉教日）に町からやってきたムッラー（イスラム聖職者）が村びとに殉教物語を語り、説教する階段状の説教壇がある。この説教壇の裏側にはシャーム・ハーネと呼ばれるローソクを灯す小さな祠が作られている。

　広場の真ん中には、アミール・アルムーメニンの六角形の墓がある。シーア派教徒にとって最も重要な宗教行事であるアーシュラーには、バンダーミール集落の男たちは鎖で自分の胸や頭を打ちながら行進し、イマーム・ホセインとその一族がカルベラの荒野で水の渇きに苦しみながら殉教していったことを追体験する。行進は最後にこの広場に集合し、鎖で身体をいっそう激しく打ちながらこの六角形の墓を回る。

　右岸の水車がワクフ（寄進財）として提供され、それを祀る広場がホセイン聖廟となったと想定される。バンダーミールの右岸は、きわめてイラン的、シーア的な空間である。それに対する左岸の堰に近い広場には、公式イスラムのモスクが

バンダーミール右岸の聖地。イマーム・アリーの足跡、ローソク拝火壇、イスラム旗、アミール・アルモーメニンの六角墓など見られる（1999年春）

第7章　マルヴダシュト地方の水利と社会

立っていた。

　古代ゾロアスター教は、水神、火神、土神、風神の4つの聖なる要素に、それぞれを象徴する神格を与えている。この中で、水と土の神は生産、豊穣を司る女性神となっている。バンダーミール右岸の聖なる空間は、イスラム以前のゾロアスター教時代の根っこの上に展開したものであり、イラン人の信仰基層文化を色濃く残している。

　一般に、コル川流域の水車や水門、カナートの出口、湧泉の水飲み場などの水辺の近くには、「イマーム・アリーの足跡」、イマーム・ホセイン廟などイマーム・ザーデといわれる民間信仰の聖所が多く見られるのである。

(3) 歴史を刻む水路

　マルヴダシュト地方の河川灌漑の歴史は堰だけでなく水路からもうかがうことができる。下の2つの写真は、スィーヴァンド川の2つの堰(フィルザーバード堰とアヘアベギ堰)から分かれた水路に作られた分水堰である。フィルザーバード堰からの分水路でみると、水路をせき止めている長い方形の石には幅が10数cmから50cm余りの溝が刻まれ、5つの水路に分岐していた。これは下流の5つの村(フィールズィー、ジュリアン、ケナーレ、ゲシャッキ、シャムサーバード)の灌漑用水であり、溝の幅は各村の持分に応じていた。またアヘアベギ堰からの水路は、6つの村(デヘビード、アミラバード、ラシミージャン、リジャーバード、ドーラットアーバード、クーシキ)の灌漑用水であり、いくつかの分水堰で分岐して村に供給された。

　2つの分水堰に共通してみられるのは、分水された水路が「小さな山の谷合」を流れている点である。細い水路の両側には山が小高い丘のようにのび、その高さはところによって5mを超えており、航空写真からもはっきり確認できる。これは毎年の水路掃除で除かれた土砂の山で、数百年の歳月で積みあげられ築かれたものである。マルヴダシュト地方のオアシス農業地帯の歴史を水路に刻まれたこの労働の痕跡からも辿ることができるのである。

図表 7-4　5つの水路に分かれている分水堰
　　　　　（1957 年の航空写真）

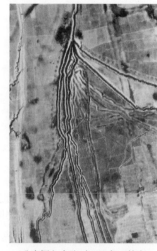

分水堰と水路（1957 年の航空写真）

アヘアベギ堰からの水路（1972 年）
5つの水路に分かれて村々に向かう。水路は毎年の掃除で土砂が除かれ、水路の両側に積まれた。

第 7 章　マルヴダシュト地方の水利と社会

（4）水利権

　堰から水路によって村々に供給される水の量は、村ごとに持分が決まっていた。レザーシャーの時代に土地の登記がおこなわれ所有権が国家によって保障されたが、水利権についても 1929 年に登記が可能となり、カナートや河川からの用水に対してこれを利用する権利が登記された。このうち、河川における水利権は土地登記の際に処理された。このため、コル川の堰から得られる用水については土地の所有者である地主が権利をもった。

　農地改革では村の土地が地主と農民との間で分割されたが、水利権もまた双方の持分比で分割された。1960 年代には、灌漑局がこれを管理し、村の権利は物権として保障されていた。たとえば、ラームジェルド堰については、この堰から分水する水の総持分は 840 であり、農地改革後に村がもつ持分は、そのほぼ 40 分の 1 に相当する 22 であった。

　1972 年に近代的なダムが建設されると従来の水利秩序が変更された。ダムから新たに水路が引かれ、水路網を通って受益村に灌漑用水が供給されるようになった。この結果、従来の水利権は失効し、必要な水を国から購入する制度に変更された。

　水利施設に対する国家の統制は、水利施設整備の目的で 1943 年に始まっているが、1967 年には「水国有化法」によってあらゆる水資源は国有とされた。河川や小川の水、地下水などの自然の水の流れはすべて国が所有するところとなった。マルヴダシュト地方では、村々に供給される灌漑用水がコル川の堰から、ダムから直接引かれた水路網に切り替えられた際に、慣行的な水利権は失われ、国から灌漑用水を購入するという制度に変更された。水利権は失われたが、灌漑水量が増えたことで灌漑農地は増加し水集約度も高まり農業生産は大幅に増大した。

2）地下水利用の灌漑システム

（1）カナート

　カナートはイランで長い歴史がある灌漑水利のシステムである。マルヴダシュト地方の山際を 20 世紀半ばに写した航空写真を仔細に観察すると、たくさんの穴の連なりがみえる。この穴は、山麓から平坦部に向かって続いている。

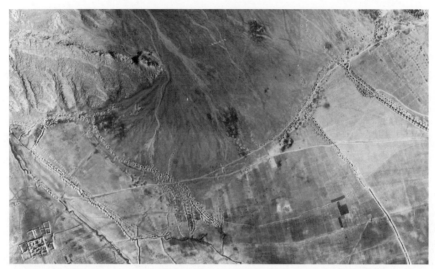

ラフマット山麓からヘイラーバード集落・耕地に伸びるカナート（1957年の航空写真）穴の連なりが多数観察できる。

山麓から伸びるカナートの竪坑の連鎖

第7章 マルヴダシュト地方の水利と社会

この穴の連なりと穴の下に伸びる地下水路がカナートである。かつてイランではカナートが灌漑農地の約4割をカバーし、それだけ重要な灌漑施設であった。ヘイラーバード村も1950年代までカナートを主な灌漑手段としていた村である。馬によって地下水をくみ上げる畜力揚水井戸もあったが、水量的にはカナートが圧倒的であった。

（2）カナートの建設

カナート建設の過程をたどると、まず山裾を探査し、地下水のありそうなところに井戸を掘る。帯水層に十分な地下水が確認されたら、この帯水層の水を地表に導くための地下水路をほぼ水平に掘っていく。水流が速いと壊れやすいので地下水路は1,000の1ないし2,000分の1の緩い傾斜で、重力に逆らうことなく地下水を地表へと導く構造になっている。測量や掘削には高い技術が必要であり、モカンニーと呼ばれる専門の技術者が当った。

掘った土砂を地表に運ぶため数10mごとに竪坑が掘られた。土砂は革袋に詰められて踏み車で竪坑から地表に巻き上げられ、竪坑の穴の周りにドーナツ状に積み上げられた。竪坑はまた地下で作業する人のための換気口でもあり、地下水路の掃除や修理にも使われた。航空写真で観察された穴の連なりはこの竪坑の穴であった。

図表7-5 カナートの構造

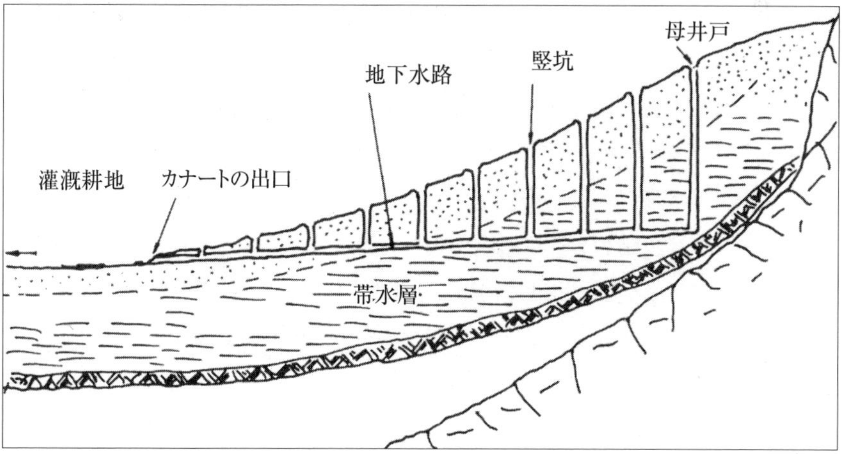

図表 7-6　カナート掘削の様子

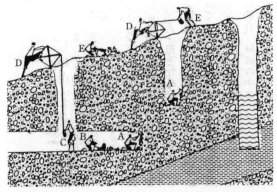

（出所）岡崎正孝『カナート　イランの地下水路』103 ページ

カナートの竪坑と土砂の引上げ作業

カナートの出口
地下水路が地表に出て、しばらく地表を流れ、水位が耕地のレベルに達するところから農地の灌漑がはじまる。

第7章　マルヴダシュト地方の水利と社会

（3）カナートのオアシス農業地帯

　図表7-7は、20世紀半ばのイラン北東部のマシュハド地方のオアシス農業地帯の例である。三方が山で囲まれた盆地地形で、マルヴダシュト地方と規模も地形もよく似ている。川と地下水が水源となっている点も同じである。航空写真をトレースして作られたこの地図では、とくにカナートが強調されている。ここで糸のように線で示されているのがカナートで、小さな黒丸は村である。谷平野は山際から中央部に向かって緩やかな傾斜をなし最低部に川が流れている。

　ここからわかるのは、山麓から中央の低地に向かって数kmから10数kmの長さのカナートが無数に伸び、カナートの線が切れる辺りに村があることである。カナートの地下水路が地表に現われた付近から灌漑農地が開け、オアシス農業地帯が広がっている。

　地下水路の長さは10kmほどのものが多く、概して長い。ヤズド地方には30kmを超えるものも少なくない。人が歩いて8時間もかかる長さである。この水利施設を作ったのはどのような人たちだったのか。岡崎氏の試算によると、1km掘るのに農民20人ないし50人の年収分の費用を要する（岡崎：1988）。

図表7-7　マシュハド地方のオアシス(カナートと河川を水源とするオアシスの事例)

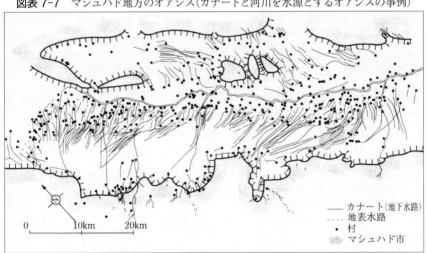

（出所）Beamount,P., The Middle East :Geographical Study, London, p.101.

仮に10kmのカナートだと200人ないし500人分が必要になる。これは農民の能力をはるかに超えており、建設を担ったのは地方の名士、地主、商人それに官僚などの資産家であった。乾燥地では水がないと土地はほとんど無価値である。カナート建設は農業用水の獲得によって無価値の土地から多大な価値を生み出し、彼らはオアシスの開発者として利益を手にした。

しかし、ヘイラーバード村とその周辺の村では、カナートは1960年代半ばまでにほとんどが枯れた。これは全国的な現象であり、枯渇しないまでも水量は大幅に減少した。原因は地下水の低下である。カナートは地下の帯水層まで井戸を掘りこれを地下水路で地上に導くシステムであり、帯水層との接面が広ければより多くの水量を得ることができるが、母井戸の深さが深すぎると地下水が地表のレベルまで達しないために灌漑に利用できない。カナートが枯渇した主な原因は、動力ポンプ井戸の普及によって地下水が過剰に汲みあげられ地下水位が低下したことにあった。

(4) 畜力井戸

地下水を農業に利用するもう一つ伝統的な施設として畜力井戸がある。動力ポンプが普及する以前、井戸灌漑は馬などの畜力に依っていた。これは河川やカナートを灌漑手段として利用できない村やこれらの水利施設では水が届かない山裾の耕地などで利用されてきた。

畜力井戸の利用には、複数の農民、馬、一つの革袋がセットになっていた。60リットルほどの水が入る革袋をロープで結び井戸に落とす。ロープは井戸に設置された滑車を通して馬につながれており、水を満たした革袋を馬の牽引力で引き上げる。この作業を繰り返すことで灌漑用水を獲得する。

畜力井戸を利用する村では、揚水の作業を通して複数の農民が組織された。第2章第2節で紹介した農民の共同耕作の制度（ボネ制）は、畜力井戸を灌漑手段とする村の場合、井戸から水を汲みあげて耕地を灌漑する諸作業に必要とされる農民数でボネ（共同耕作組）が編成された。マルヴダシュト地方のある村の事例では、ボネは6人で編成され、一つの井戸がこの6人の農民で共同利用されていた。灌漑作業は6人が2グループにわかれ、1日の揚水時間を2分し、3人ずつで作業をおこなった。この3人のうちの1人は馬をけん引して革

第7章　マルヴダシュト地方の水利と社会

ヘイラーバード村の畜力井戸（チャー・ガウ）での揚水作業（1960年頃）
60kgの水が入る革袋を馬が引揚げる。牽引力を高めるため道は傾斜がつけられている。

袋を引き上げ、別の1人が汲みあげられた革袋の水を水路に流す。そして最後の1人が畑で灌漑の作業に当たった。

この畜力井戸も1960年代に揚水ポンプが導入されると、揚水力が圧倒的に大きい動力ポンプに代替され消滅していった。

（5）ポンプ揚水

ポンプ揚水井戸の普及は地下水の低下を招いてカナートを枯渇させたが、メリットもまた大きかった。その一つは、燃料としての重油代がかかったものの、地下水路の修理や掃除といったカナートに欠かせない作業から解放されたことである。また地下水位の低下に対しては井戸を掘り下げることで対応することができた。

さらに、カナートでは灌漑が不可能であった山裾に近い耕地の灌漑化を可能とした。カナートでは地下水路を通る水の水位が耕地の高さに達したところから灌漑が可能であり、母井戸からの距離が数kmないし数10kmに及ぶ。しかし、ポンプ揚水の井戸では地下水を汲みあげることで井戸の近くから灌漑が可能となり、灌漑耕地が全体として山際にシフトし、また耕地の拡大が可能になった。ポンプ井戸はこうした利点をもつゆえに普及し、未利用地の耕地化で農民や農場経営者に多くの利益をもたらした。

図表 7-8　ポンプ揚水井戸の断面図

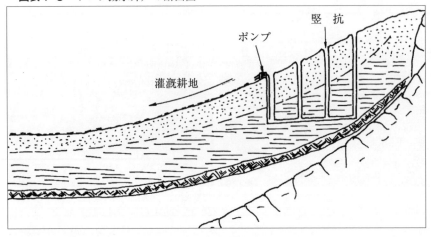

（6）そして現代へ

　後に述べるように、1970年代初め、コル川がマルヴダシュト地方の谷平原に入るところに近代的なダムが建設され、これに伴う新たな水路網の建設によって水利秩序は大きく変化し、国によって水利がコントロールされるようになった。またそれまで灌漑用水が及ばなかったところの灌漑も可能になったことで農地は拡大した。従来カナートや畜力井戸で灌漑した地域でも農民が数多くのポンプ井戸を設置したことで農地が拡大し水集約度が高められた。この結果、オアシスはさらに大きく膨らむことになった。

　しかし、水の汲みあげは地下水の水位を低下させた。農地の拡大は安定して供給できる水量を超える水需要を生み、水のバランスはしだいに崩れ始めた。頻繁におこる干ばつにもバランスの崩れが少なからず影響したと考えられる。オアシスは、人の営為によって作られたものとはいえ、風船のように膨らみすぎるとパンクする危険もはらんでいるといってよい。

第7章　マルヴダシュト地方の水利と社会

動力ポンプによる井戸からの揚水（ヘイラーバード村）

ダムから引かれた幹線水路（ポレノウ村）

2　水利体系の変化と村社会（ヘイラーバード村の事例）

1）大土地所有制下の村

　この40年の村の歴史については第4章で詳しく記したが、ここでは灌漑水利を中心に村社会と農業の変遷をたどる。図表7-9は、1960年代半ばのヘイラーバード村の耕地、灌漑施設、村落の住居の概略を描いたものであり、ここから

図表7-9 ヘイラーバード村の耕地・灌漑施設・住居（1964年）

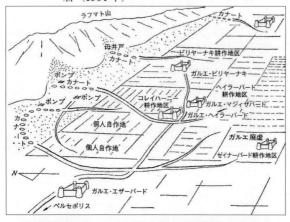

(出典)大野盛雄『ペルシアの農村』東京大学出版会、1971年、313ページ。
(注)個人自作地となっているのは旧地主の直営地。

農地改革前に地主が開発した主要な施設を含む村の全体像をおおよそ知ることができる。

地図からはまず村が4つの耕作区（北からコレイハーニー、ビリヤーナキ、ヘイラーバード、ゼイナーバード）にわかれ、また、農民が居住する地主制時代の集落であるガルエが3つあることがわかる。ヘイラーバード村はもともとカナート灌漑の村であった。当時の主たる灌漑施設は各耕作区を灌漑する地主が開発した4本のカナートであった。山際に母井戸が掘られそこから平地に向かって伸びている小さな点線がカナートの竪坑、それに続く線が地下水路から地表に現れた水路を示している。母井戸は山際に掘られ、数kmの地下水路を経てカナートの出口に至り、水位が耕地よりも高くなったところから灌漑耕地が広がる。地主制の時代には土地とカナートは地主に所有されていたが、カナートの修理や掃除は農民の無償の労働によっていた。

カナートの水量は1960年代に入ると減少傾向を示した。これは全国的な現象であり、ヘイラーバード村でもゼイナーバード耕作区を灌漑してきたカナート（カナート・ゼイナーバード）が枯渇し耕地が放棄されて集落であるガルエは廃墟になった。また図表7-9をみると、山際に2つのポンプ揚水の井戸がみられる。これらはカナートに代替する目的で設置され、コレイハーニー、ヘイラーバードの耕作区をそれぞれ灌漑していた。

2）農地改革とその後の変化

第7章　マルヴダシュト地方の水利と社会

　第2章第1節でみたように、ヘイラーバード村は農地改革によって地主により所有されていた土地すべてが農民に譲渡され、地主の農村支配の3点セットであった耕地、灌漑施設、住居がすべて農民に移った。しかし、農民に譲渡された土地と水は個々の農民に分割譲渡されたのではなく、農民の共同所有の形での譲渡であった。耕作区を単位に土地は帰属する農民の共同所有地となり、灌漑施設も共有された。また地主経営農場における耕作制度であった共同耕作制と割替耕地制は農地改革後の村に継承され、開放耕地制もそのままの形で続いた。地主から解放されたものの共同体規制は存続し、農民個人の意志決定が制約されていたことで、生産性拡大のインセンティブは弱く、生産意欲は農地改革後も高くはなかった。こうした地主制期の遺制が最終的に廃止され農民個人が主体性をもって農業経営ができるようになるのはイラン革命以降のことである。

　図表7-10は、1955年と75年のヘイラーバード村の水利施設と灌漑耕地の変化をみたものだが、灌漑手段はカナートからポンプ揚水井戸に変わり、これに伴う灌漑耕地にも変化がみられた。先にみたようにマルヴダシュト地方におけるポンプ井戸の普及は1950年代半ば頃から始まり地主主導で進められた。

図表7-10　ヘイラーバード村の水利施設と灌漑耕地（左1955年頃、右1975年）

347

1960年代半ばになると灌漑手段はカナートからポンプ井戸へ完全に移行する。このため地下水の低下でカナートの水量が減少し、ヘイラーバード村の場合、地主時代に作られ水量豊富であったカナート・ゼイナーバードは1967年に枯渇し、同じ時期にカナート・ビリヤーナキも枯渇した。

　農民は農地改革で地主の所有するカナートを譲渡されたが、枯渇したことで農民共同で新たに井戸を掘り動力ポンプを設置した。カナートに代るポンプ井戸は3つの耕作区（ヘイラーバード、ビリヤーナキ、コレイハーニー）に一つずつ設置され、各耕作区に帰属する農民によって共有され共同で利用された。またポンプ井戸からくみ上げ灌漑用水を直接水路を流すことができたため、図表7-10の右図にみるように山際に近い耕地の灌漑が可能になった。

3）イラン革命後の水利用と農村の変化

（1）土地の共同所有制の廃止と個人ポンプ井戸の拡大

　1979年のイラン革命以後、国家体制は西欧近代化路線を推し進めてきた王政からイスラム政権へ移行し、ヘイラーバード村もこの変化の波にのみ込まれていく。村における大きな変化の一つは土地の共同所有制が廃止され、耕地が農民の間で分割されたことである。分割地を所有する独立した自営農の登場は、農業生産に対する全体の規制がなくなったことを意味し、農民の生産意欲と投資意欲が高まりをみせた。

　乾燥地の灌漑農業では農業の生産性は単位面積当たりの灌漑水量によって規定された。このため独立の自営農となった農民はそれぞれの耕地でポンプ井戸への投資を活発化させ、灌漑水量を大幅に増やした。図表7-11は、2005年におけるヘイラーバード村の水利施設と灌漑耕地を示したものである。図表7-10と比べると動力ポンプ井戸の数が大幅に増加しているのがわかる。それまでの共同利用を止め、農民は各自の農地にそれぞれ1つないし2つの井戸を掘ったのである。

　こうしたポンプ井戸掘削のラッシュにはもう一つの理由があった。それは増産をスローガンとする政府の政策である。革命後まもなくイラクとの間に8年に渡る戦争が始まり、戦時体制下で主要農産物の増産政策が進められたことである。増産をはかるため様々な保護政策がとられ、ポンプ井戸の掘削に対して

は全く規制がされなかった。このため井戸の掘削ブームが起こり、マルヴダシュト地方でも20m程の浅い井戸や100mを越える深い井戸が数多く掘られた。

また、人口の急増に伴って基本食料と蛋白源となる鶏肉の増産政策がとられ、この地方の農村部では養鶏小屋建設ブームがおこった。個人の土地が固定されたことで耕地に養鶏小屋が作られ、農民は市場動向と政府の要求に応えて自らの利潤を最大限にすることを指向した。

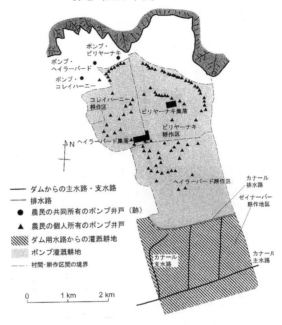

図表7-11 ヘイラーバード村の水利施設と灌漑耕地（2005年頃）

（出所）(原：2005)

1985年、ヘイラーバード村を訪ねた時の印象では、個人用のポンプ井戸の掘削と養鶏小屋の建設ブームが同時におこり、ポンプ井戸と養鶏場が「雨後のタケノコ」のように作られていた。ヘイラーバード耕作区では34ヵ所にポンプ井戸が掘られ、また10ヵ所以上の養鶏小屋が建設されていた。政府からの補助金が少なくなるとこの養鶏ブームはまもなく下火となり、代って近代的な酪農経営が脚光を浴びた。村の農業は国の政策と市場の動向にめまぐるしく反応する農業へと変貌していった。

（2）大型ダム下の農業用水路の開通と灌漑農地の開発

一方、1972年にダムが完成して以降マルヴダシュトの平原の水利開発が進められてきた。幹線水路、支水路、排水路などからなる近代的大規模灌漑プロ

ジェクトであり、革命前の王政期に始まっている。

この水利開発が進んだことで1987年にはダムからの水がヘイラーバード村のゼイナーバード耕地にまで届くようになった。ゼイナーバード耕地はカナートが枯渇して以降、灌漑用水が届かず農業に利用されないまま未利用地状態にあった。このほとんど無価値であった1,000haにも及ぶ土地の灌漑耕地化が可能になったのである。この土地に対してはヘイラーバード耕作区の28人の農民とかつてのゼイナーバード耕作区で働いていた地主の雇農5人の計33人が権利をもっていた。農民1人当たり約30haに相当する。ダムからの水はポンプ井戸の水よりも良質で農業条件として優れていたこともあり地価が上昇、売買による所有権の移動が進み、灌漑局の技師やマルヴダシュトの商人による先を見越しての買いあさりも起こった。

おわりに

イスラム政権は農業を重視し、自立経営を促進するために補助金やローンなどによる手厚い農民支援をおこなった。人口急増による蛋白源を確保するため鶏肉の雛、飼料などに対する補助金やコムギなどの基本食料に対する高価な買いとりである。鶏肉支援が下火になると近代的酪農経営へと支援を変え、農民は政策の動きに加えて変化する市場の動向にも左右された。アルファルファやトウモロコシなどの飼料作物、ヒマワリ、菜種などの食用油用作物、商品性の高いトマトや近郊野菜などの生産が増え、農民は国の政策と市場の動きに敏感に反応した。ポンプ井戸掘削のブームはこうした状況を背景としていたが、一方で国は農産物の生産性をあげることを優先し、地下水利用の制限をゆるめ、水の乱掘を許したのである。

2005年夏、マルヴダシュト地方の農村には道路や電気などインフラが整い、村の住民は携帯電話をもち多くの家が乗用車をもっていた。この豊かさは政府の保護政策とともに灌漑水利の開発も大きく関係していた。1960年代後半から進められたダムと水路網の建設またポンプ揚水の普及といった近代技術による水利開発である。

この開発の成果は奇しくも開発を始めた革命前の政府ではなく革命後の政権によって花開いた。そして保護政策によって農業は儲かる産業となり農民は

潤った。しかし豊かさはさらなる水利開発に向かい、地下水は過剰に汲みあげられていった。水利開発はカナートが動力ポンプ井戸に代替された1960年代にすでに始まっていたが、革命後の食糧増産政策によって拍車がかかった。農業制度の改革による自営農の成長も大きく関係した。無制限ともいえる井戸の掘削、深井戸による灌漑化が進み、ダムから灌漑用水路による灌漑地の拡大も進んだ。

　しかし、乾燥地における水のバランスは微妙であり、水利開発によって長期的には大きく崩れることがある。今日のイランは、季候変動による長期の干ばつが続き井戸の枯渇も深刻化している。だがこの原因を気候変動にのみに求めることはできない。水収支を無視した過剰な開発という人為的な要因もきわめて大きいといってよい。

あとがき

　オアシスの大農業地帯であるマルヴダシュト地方にはじめて足を踏み入れてすでに43年が経過した。この間、この本の執筆者はそれぞれに村に住み込み、また近くの都市シーラーズに長期に滞在しながらこのオアシス社会に深くコミットしてきた。専門領域は異なるもののイランの同じ地域を研究の対象としたことで知識を共有し、科研費を得て調査を実施するなど共同研究を進める中で次第に「チーム」として地域に関わるようになった。本書は個別にまた共同で研究を重ねた「チーム」の成果である。

　マルヴダシュト地方に関わることになった最初の契機は、東京大学東洋文化研究所の大野盛雄先生を団長に1972年から73年にかけて実施された「西アジア農村の人文地理学的調査」の第2次の地域調査である。オアシスの1つの村で7人が5か月間寝起きを共にした。当時まだ20代半ばの学生であった後藤と南里も調査に加わり、地べたを這うようにして観察し聞き込みに日々を過ごした。

　1970年代末、原と南里はマルヴダシュトから50キロ離れた都市シーラーズの大学に留学、この時起こったイラン革命を体験し政治的かつ社会的な激しい変動をマルヴダシュト地方で追い続けた。また2000年にはケイワン・アブドリが19世紀から20世紀半ばにかけての地方権力と村落社会に関心をもち、大地主のファミリーの調査を通して共同研究に参加した。

　こうしたコミットの密度によって40数年間のマルヴダシュトとの関係はひどく濃縮され、すべてがつい最近の出来事のような錯覚を覚えることがある。しかし客観的には40年は長い年月であることに変わりなく、この間のマルヴダシュト地方の変化は、日本に例えると明治維新からの100年に相当するほどに大きなものであった。

　最初に訪れた時の村は前近代から続く地主支配から解放されてほどなく、農民は家畜小屋のような家から徐々に抜け出そうとしていた。共同体的な規制も強く自給自足的側面をも多分に残していた。しかし経済が成長し近代化が進ん

で農業社会をめぐる環境が大きく変化したことで、マルヴダシュト地方は大農業地帯に発展した。農家はレンガ造りの堅固な家に変わり部屋には絨毯が敷きつめられテレビや冷蔵庫などの家電が整えられた。人の足であり運搬手段であったロバは消え、中流以上の農家は例外なく自動車をもつようになった。ぼろを着て裸足で走り回っていた子どもたちの中から医者や教員が育ち、村を出て企業家や弁護士として成功するものも現れた。農業地帯のなかに荒々しく誕生した町は人口14万人の大都市に変貌し、大学や大病院も作られている。変化はきわめてダイナミックである。

　この激しい変化によって、40年前のマルヴダシュト地方の社会をリアルに想像することは今日すでに非常に難しくなっている。近年村を訪れたとき、すでに40代半ばの村の出身者が、かれらの記憶の外にある昔の集落のジオラマ作りを試みながら資料の不足を嘆いていた。世代が替わり記憶の多くが失われていた。しかし、当時の集落や村の生活の様子は我々のもとに写真として記録されており、地域の住民にとっては我々の記録は有形・無形の宝になっていることを実感した。1970年代はすでに歴史となっている。我々はその時、研究者として現場に居合わせた。現場で立会い調べこの目で確認し記録してきた。このことの価値は大きいに違いない。

　調査の成果はこれまでさまざまな場で報告してきた。本書の作成はまずこれらを再整理することから始まった。そして新たに書きおろす形で編集を進めた。その際、大オアシスであるマルヴダシュトの全体像をなるべく等身大で描くことを試みた。また研究書としての価値を自覚しながらもドキュメンタリーとしての記録も意識的に生かそうとした。

　マルヴダシュト地方にコミットした契機は直接・間接に大野盛雄先生との出会いにあった。所属が異なる院生に声を掛けていただき、調査の現場で鍛えられ、その後の研究活動においてもご指導をうけた。この本はすでに故人となられた先生にまずは捧げなければならない。

　そして忘れてならないのが村の人たちである。客人として招き入れ面倒であったであろう我々の調査におつき合いいただいた。彼らの協力がなければ本書の刊行は不可能であった。心に残る村の多くの友人に心より感謝いたします。

あとがき

　研究を進めていく過程で多くの機関や個人のご協力を得た。文部科学省の科学研究費の助成を受け、神奈川大学および大東文化大学からは様々な研究協力と助成を受けた。本書の刊行に当たっては、神奈川大学アジア研究センターから出版助成を受けることができた。ここでお礼を申し上げます。

　最後に、お茶の水書房社長の橋本盛作氏および小堺章夫氏には、本書の作成に際して至らぬ点をご指摘いただき様々なアドバイスを頂いた。ここにあつく感謝の意を表します。

　　　2015年1月7日

後藤 晃

参考文献

第 1 章

'Abrahamian, E., *Iran between two Revolutions*, New York: Princeton University Press, 1982.
Ajamī, I. Asarāt-e Egtesādī va Ejtemā'i-ye Sadd-e Daryūsh (「ダリウシュ・ダムの経済的・社会的影響」) Daneshgāh Pahlavī, 1954 (1975 年)。
Amid, M., *Agriculture, Poverty and Reform in Iran*, London, 1990.
Antoun, R. & Harik, I. ed., *Rural Politics and Social Change in the Middle East*, London, 1972.
Banani, A., *The Modernization of Iran 1921-41*, Stanford University Press, 1961.
Bharier, J., *Economic Development in Iran 1900-1970*, Oxford, 1971.
English, P., *City and Village in Iran: Settlement and Economy in the Kirman Bain*, The Univ. of Wisconsin Press, 1966.
Fragner, R., "Social and Internal Economic Affairs", in *The Cambridge History of Iran*, Vol.6, London, 1980.
Fasā'ī, Hasan, *Fārs-nāme-ye Nāserī*, Tehrān: Entesharāt-e Amīr Kabīr, 1988.
Hooglund, E., "Rural Socioeconomic Organization in Transition", in Keddie, N. ed. *Modern Iran*, New York, 1981.
Issawi, C., *The Economic History of Iran 1800-1914*, Chicago, 1971.
Khosrāvī, Khosrou. *Bozorg Mālekī dar Īrān az Doure Qājārīye tā-be Emrūz*, Tehrān, 1961.
Lambton, A., *Landlord and Peasant in Persia*, Oxford, 1953.
Lambton, A., "Rural Development and Land Reform in Iran", in Issawi, C. ed., *The Economic History of Iran 1800-1914*, Chicago, 1971.
Lambton, A., *Qajar Persia*, London, 1987.
Mōmenī, B., Mas'ale Arzī va Jang-e Tabaqātī dar Īrān(イランにおける土地問題と階級闘争), Tehrān: Entesharāt-e Peīvand, 1979.
Morier, J. *A Journey through Persia, Armenia, and Asia Minors to Constantinople*,

between the Years 1810 and 1816, London, 1818.
Safinezhād, Javād. *Asnād-e Bonehā (Jeld-e Avval)*, Dānesh-kade 'Olūm-e Ejtemā' ī va Ta' āvon, 1977.
大野盛雄『ペルシアの農村』東京大学出版会、1971 年。
岡崎正孝「イラン地主の 2 つの型」滝川・斉藤編『アジアの土地制度と農村社会構造』アジア経済研究所、1966 年。
岡崎正孝「ガージャール朝下におけるケシ栽培と 1870-71 年大飢饉」『西南アジア研究』vol.31,1989 年。
後藤晃『中東の農業社会と国家』御茶の水書房、2002 年。

第 2 章

Ajami, I., "From Peasant to Farmer" *Middle East Studies*", No.37, 2005.
Amuzegar, I., *Iranian Economic Profile,* Washington D.C., 1977.
Aresvik, O., *The Agricultural Development of Iran*, New York, 1976.
Ashraf, A., "Dehqānān, Zamīn va Enqelāb"(農民、土地と革命), in *Mas'ale Arzī va Dehqānī*(農民と土地に関する諸課題), Tehrān, 1986.
Bakhash, S., *The Reign of the Ayatollahs: Iran and the Islamic Revolution,* London, I.B. Tauris, 1985.
Denman, D., *The King's Vista,* London, 1973.
Doroudian, R., "Modernization of Rural Economy in Iran", in J. W. Jacqz, *Iran: Past, Present and Future,* Aspen Institute, 1976.
Etellā'āt 紙、1979 年 10 月 21 日、1980 年 1 月 6 日、1981 年 3 月 13 日。
Hooglund, F., *Land and Revolution in Iran 1960-80*, University of Texas Press, 1982.
Lambton, A., *Landlord and Peasant in Persia*, Oxford, 1953, 岡崎正孝訳『ペルシアの地主と農民』岩波書店、1976 年。
Lambton, A., *Persian Land Reform 1962-66*, Oxford, 1969.
Marinescu, G., *End of Assignment Report to the Ministry of Agriculture and Rural Development*, FAO Report, 1978.
Najmabadi, A., *Land Reform and Social Change in Iran,* Salt Lake City, 1987.
Okazaki, S., *The Development of Large-scale Farming in Iran*, The Institute of Asian Economic Affairs, Tokyo, 1968.
Plan and Budget Organization, *Iran's 5th Development Plan 1973-78*.

Safinezhād, Javād., *Bune*, Tehrān,1972.

アーレ・アフマッド（山田稔訳）『地の呪い』アジア経済研究所、1981 年。

オーウィン『オープンフィールド』御茶の水書房、1980 年。

協同組合省「協同組合省活動報告書」（ペルシア語）1976 年。

後藤晃『中東の農業社会と国家』御茶の水書房、2002 年。

M. ブロック『フランス農業史の基本的性格』創文社、1959 年。

バディ「現代イランの農業関係」（『ユーラシア』季刊 7、1972 年）。

第 3 章

Abrahamian, E., *Iran between two Revolutions*, New York: Princeton University Press, 1982.

Beck, L., *The Qashqa'i of Iran*, New Heaven: Yale University Press, 1986.

Cronin, S., "Modernity, Change and Dictatorship in Iran: The New Order and its Opponents, 1927-29", *Middle Eastern Studies*, Voi.39, No.2, 2003.

Gilbar, G., "Persian Agriculture: In the Late Qajar Period, 1860-1906: Some Economic and Social Aspects", *Asian & African Studies*, 1978.

Hooglund, E., J. *Land and Revolution in Iran 1960-1980*, Austin: University of Texas Press, 1986.

Majd, M.G., *Resistance to the Shah; Landowners and Ulama in Iran*, Gainesville: University Press of Florida, 2000.

Ladjevardi, H., *Iranian Oral History Project; Mohammad Naser Ghashghaie*, Harvard University: Center for Middle Eastern Studies, 1983.

Oberling, P., *The QASHQA'I Nomads of Fars*, Muton: The Huge, 1974.

Olson, R. T., "Persian Gulf Trade and the Agricultural Economy of Southern Iran in the Nineteenth Century", in Michael E. Bonine & Nikki R. Keddie(ed.). *Continuity and Change in Modern Iran*. New York: State University of New York, 1981.

Royce, W.R. "The Shirazi Provincial Elite: Status Maintenance and Change", in Michael E. Bonine & Nikki R. Keddie(ed.). *Continuity and Change in Modern Iran*. New York: State University of New York, 1981.

ペルシア語

Abīvardī, Mozaffar Qahramānī. *Az Bāvard yā Abīvard-e Khorāsān tā Abīvard yā Abolvard Fārs*. Shīrāz: Enteshārāt-e Khaiyām, 1355Kh./1976.

'Ālavī, Mohammad 'Alī. *Kāmfīrūz Dīrūz va Emrūz:Tārīkhche-ye Rūstāhā-ye Kāmfīrūz*. Shīrāz: Golhā-ye Behesht, 1384Kh./2005.

Āle Dāvūd, 'Alī. *Do Safar-nāme az Jonūb*, Tehrān: Enteshārāt-e Amīr Kabīr, 1377Kh./1998.

'Āqelī, Bāqer. *Khāndānhāye Hokūmatgar dar Īrān*, Tehrān: Nashr-e 'Elm, 1381. Kh/2002.

Asad-pūr, Hamīd &'Āref Eshāqī. "Mo'īnol-Tojjār Būshehrī va Dast-andāzī be Ar āzī-e Shūlestān". *Fasl-nāme-ye Ganjīne-ye Asnād*, Sāl-e Bīst-o Chahārrom, Daftar-e Avval, Safahāt-e 38-79, 1393Kh./2004.

'Ein-ol-Soltān (Qahramān Mīrzā Sālūr). *Rūz-nāme Khāterāt*, Tehrān: Enteshārāt-e Asātīr, 1374Kh./1995.

Fasā'ī, Hasan. *Fārs-nāme-ye Nāserī*, Tehrān: Enteshārāt-e Amīr Kabīr, 1367Kh./1988.

Forsat Shīazī, Mohammad Nasīr. *Āsār-e 'Ajam*, Tehrān: Enteshārāt-e Amīr Kabīr, 1377Kh./1998.

Māzandarānī, Asadollāh Fāzel. *Tārīkh-e Zohūr-ol-haq*. Tehrān: Mo'assese Matbū'āt-e, Amrī1321Kh./1942.

Mehdī-niyā, J'afar. *Zendegī-ye Siyāsī-ye Qavām-ol-Saltane*, Tehrān: Omīd-e Fardā, 1375Kh./1996.

Mīr Momtāz, Hosein. "Yāddāshthā-ye Momtāz", *Fasl-nāme-ye Motāle'āt-e Tārīkhī*, Shomāre 5, Safahāt-e 275-315, 1384Kh./2005.

Mortezāvī, Marziye. "Bāzkhānī Farmānī az Mozaffar-oddīn-Shāh", *Payām-e Bahārestān*, Doure Dovvom, Sāl Dovvom, Shomāre 7, Safahāt-e 835-838, 1389Kh./2000.

Mostoufī, 'Abdollāh. *Shrh-e Zendegānī-ye Man: Tārīkh-e Ejtemā'ī va EdārīĪrān 1*, Tehrān: Enteshārāt-e Zovvār, 1325kh./1946.

Nasīrī Taīyebī, Mansūr. *Eyālat-e Fārs va Qodrathā-ye Khārejī*, Tehrān: Markaz-e Asnād va Khadamāt-e Pazhūheshī-e Vezārat-e Omūr-e Khāreje, 1384Kh./2005.

Nāzemol-Eslām Kermānī, Mohammad. *Tārīkh-e Bīdārī-ye Īrānīān*, Tehrān: Enteshārāt-e Amīr Kabīr, 1384Kh./2005.

Rāyin, Esmāīl. *Enshe'āb dar Bahā'īat*. Tehrān: Mo'assese Tahqīqī Rāyin,

参考文献

1357Kh./1978.
Roknzāde, Mohammad Hoseīn. *Dāneshmandān va Sokhansarāyān-e Fārs IV*, Tehrān: Ketābforūshī Eslāmīe, 1340Kh./1961.
Sa'idī Sīrjānī, Ālī Akbar(Vīrāyesh). *Vaqāye' Ettefāqiye*, Tehrān: Nashr-e Āsīm, 1383Kh./2004.
Shajī'ē, Zahrā. *Namāyandegān-e Majles-e Shūrā-ye Mellī*, Tehrān: Enteshārāt-e Sokhan, 1373Kh./1994.
Shahbāzī, 'Abdollāh. *Zamīn va Anbāsht-e Servat: Takvīn-e Olīgārshī Jadīd dar Īrān*, Nashr-e Īnternetī:http://shahbazi.org/Oligarchy/index.htm, 1387Kh./2008.
Siāhpūr, Keshvad. "Mājerā-ye Qatl-e Malek 'Abedī va Pey-Āmadhā-ye Ān Dar Fārs", *Fasl-nāme-ye Motāle'āt-e Tārīkhī*, Shomāre 18, Safahāt-e 215-267, 1386Kh./2007.

資料

NLAI(Sāzeman-e Asnād va Ketābkhāne Mellī Īrān). File no. 230/2131: Lozūm-e Tayin-e Qeimat-e Mostaqelāt, Bāq, Qanāt va Arāzī Ebrāhīm Qavām.
NLAI(Sāzeman-e Asnād va Ketābkhāne Mellī Īrān). File no.240/13947: Mo'aveze Amlāk-e Qavām-ol-molk dar Fārs bā Khālesejāt.
NLAI(Sāzeman-e Asnād va Ketābkhāne Mellī Īrān). File no. 240/18599: Taqāzā-ye Takhfīf-e Māliyātī MīrzāEbrāhīm Qavām.
NLAI(Sāzeman-e Asnād va Ketābkhāne Mellī Īrān). File no. 240/23072: Gozāresh-e Forūsh-e Khālesejāt-e Keshvar.
Who's Who in Persia (Volume IV): Persian Baluchistan, Kerman, Bandar Abbas, Fars, Yezd and Laristan. General Staff, India. First Edition 1923, SIMLA: Superintendent, Government Central Press.
Who's Who in Persia (Volume IV): Additions and Corrections. General Staff, India. June 1924, DEHLI: Government Central Press.

第4章

Amānollāhī, E., *Qoum-e Lor, Pazhūheshī dar-bāreye Peivastegī-e Qoumī Parākandegī-e Joghrāfiyā' ī-e Lorhā dar Īrān*, 1370(1991),(『ロルの人びと――イラン・ロルの民族的絆と地理的な分散の研究』).
Barth, F., *Nomads of South Persia*, Universitetsforlaget, Oslo, 1964 .

Fasā'ī, Hasan, *Fārs-nāme-ye Nāserī*,(『ナーセレッディンシャー時代のファールスの地誌』), Tehrān: Enteshārāt-e Amīr Kabīr, 1988.

大野盛雄「農村研究の課題と態度」、大野盛雄編『アジアの農村』東京大学出版会、1969年。

大野盛雄『ペルシャの農村』東京大学出版会、1971年。

大野盛雄『イラン農民25年のドラマ』日本放送協会、1990年。

Salzman, Philip Carl, *Pastoralists: equality, hierarchy and the state*, Boulder, Colo.: Westview Press, 2004.

鈴木均 『現代イランの農村都市』勁草書房、2011年。

第5章

Bharier J., *Economic Development in Iran*, Oxford, 1971.

Curzen, G., *Persia and Persian Question*, London, 1892.

イラン統計局『農業センサス1960年』。

大野盛雄『ペルシアの農村』東京大学出版会、1971年。

岡崎正孝「イランの農村――テヘラン近郊ターレブアーバード村における事例研究」『アジア経済』Vol.5,No.2,1964年。

上岡弘二他『ギーラーンの定期市』東京外国語大学アジア・アフリカ言語文化研究所、1988年。

H. ヴルフ『ペルシアの伝統技術』2001年(*The Traditional Crafts of Persia*, Massachusetts Institute of Technology,1966)。

後藤晃『中東の農業社会と国家』御茶の水書房、2002年。

田中紀彦「イランにおけるむらと町を結ぶ交通の農村的形態」『東京大学東洋文化研究所紀要第70冊』1977年。

第6章

Anonymous. "Current political attitudes in an Iranian village", *Iranian Studies*, 16 (1/2), Winter/Spring, 1983.

Anonymous. "Political attitudes in an Iranian village: a follow up", *Iranian Studies*, 17(1/2), Autumn, 1984.

Ashraf, A., "Peasant, Land and the Revolution", *Iran Press Digestx*, 1984, July 24-Oct

10, 1984.

Hooglund, E., "Rural Iran and the Clerics", MERIP Reports, March-April, 1982a.

Hooglund, E., *Land and Revolution in Iran 1960-1980*, University of Texas Press, 1982b.

Kazemi, F. & Abrahamian, E., "The Non-revolutionary Peasantry of Modern Iran", *Iranian Studies*, Vol.XI, 1978.

Keddie, N. and Hooglund ed. *The Iranian Revolution and the Republic*, Syracuse University Press, 1986.

Lāyehe-ye Qānūnī-e Vā-gozārī va Ehyā'-e Arzī-e Jomhūrī-e Eslāmī-e Īrān, 1980. 「イラン・イスラム共和国における農地分配と再生に関する法案」.

Loeffler, R., "Economic Changes in a Rural Area since 1979", Keddie, N. and E. Hooglund eds. *The Iranian Revolution and the Republic*, Syracuse University Press, 1986.

McLachlan, S. "Food supply and Agricultural Self-sufficiency in Contemporary Iran", Bulletin of the school of Oriental and African Studies, Vol. xlixx Part1, 1986.

Muhajeri, M., Islamic *Revolution Future Path of the Nations*, The External Liaison Section of the Central Office of Jihad-e Sazandegi, Tehran, 1982.

Nikazmerad, M., "A Chronological Survey of the Revolution," *Iranian Studies*, Vol. XII, No.1-4, 1980.

大野盛雄「イラン農村の研究序説 ―― ヘイラーバードの17年」『東洋文化研究所紀要』87冊、1981年。

大野盛雄編『イラン革命考察のために』アジア経済研究所、1983年。

加納弘勝・駒野欽一『イラン 1940～1980 ――現地資料が語る40年――』中東調査会、1982年。

原 隆一「イラン・イスラム革命と農村」三木亘ほか編『イスラム世界の人びと――総論』東洋経済新報社、1984年。

原 隆一「イラン・イスラム農地改革法案をめぐって」『中東研究』1988年6月号、7月・8月号。

原 隆一「ホシュネシィーン――イラン農村における土地なし層の構造と動態を中心に――」『オリエント』33巻第2号、1991年。

山口勉「革命イランの農地改革」『中東通報』288号、1983年。

イラン協会(訳)「イラン・イスラーム共和国憲法」1987年。

第 7 章

Beamount, P., *The Middle East: Geographical Study*, London, 1976.

Beazley, E. & Michael H., *Living with the Desert-Working Building of the Iranian Plateau*, Aris & Philips Ltd., England, 1982.

Qoreishī G. et.al, *Āb va Fann-e Āb-yārī dar Īrān-e Bāstān*(『イラン古代の水と灌漑技術』), Vezārat-e Āb va Barq(水力電気省), 1971.

Schindler, H., "Notes on the Kur River in Fars", in *Proceedings of the Royal Geographical Society*, vol.18 No.5, May 1891.

大野盛雄『ペルシアの農村』東京大学出版会、1971 年。

岡崎正孝『カナート・イランの地下水路』論創社、1988 年。

後藤晃「イラン乾燥地農業と水——マルブダシト地方における灌漑農業の形態——」『東洋文化研究所紀要 70』東京大学東洋文化研究所、1976 年。

後藤晃『中東の農業社会と国家』御茶の水書房、2002 年。

末尾至行『中近東の水車・風車』関西大学出版会、1999 年。

原 隆一『イランの水と社会』古今書院、1997 年。

原 隆一「イラン沙漠地方の生活技術——カナート水の流れに沿って」『風土・技術・文化——アジア諸民族の具体相を求めて——』未来社、1998 年。

堀井健三・篠田隆・多田博一（編）『アジアの灌漑制度水利用の効率化に向けて』新評論、1996 年。

ヴルフ・ハンス・E（原隆一・禿仁志・山内和也・深見和子訳）『ペルシアの伝統技術——風土・歴史・職人——』平凡社、2001 年（W. ullf, H.E. *The Traditional Craft of Persia*, MIT, London, 1966.）。

執筆者紹介

後藤　晃
　1973 年　東京大学大学院農学系研究科博士課程 中途退学
　現在　神奈川大学経済学部教授
　主要著書
　　『中東における中央権力と地方性』編著、アジア経済研究所、1997 年
　　『中東の農業社会と国家』御茶の水書房、2002 年
　　『人口、移民、都市と食』駱駝舎、2014 年

原　隆一
　1972 年　慶応義塾大学大学院社会学研究科修士課程修了
　現在　大東文化大学国際関係学部教授
　主要著書
　　『イランの水と社会』古今書院、1997 年
　　『風土・技術・文化──アジア諸民族の具体層を求めて』編著、未来社、1998 年
　　『ペルシアの伝統技術──風土・歴史・職人──』（ハンス・E．ヴルフ著・共訳）平凡社、2001 年

南里 浩子
　1974 年　東京都立大学社会科学研究科修士（文化人類学）
　現在　東京国際大学非常勤講師
　主要論文
　　「イラン南部・遊牧民定着村の歩み」『東洋研究』2014 年
　　他

ケイワン アブドリ（Keivan Abdoly）
　2006 年　東京大学経済学研究科博士課程 単位取得後退学
　現在　神奈川大学非常勤講師
　主要論文
　　「アフマディーネジャードはイラン経済に何をもたらしたのか？──「公正社会」実現を求めての試行錯誤とそのコスト──」、『中東研究』（Vol.1）517 号、2013 年
　　「タイロープをどう渡るべきか──ロウハーニー政権に課せられた困難な経済の舵取り──」、『中東研究』（Vol.1）520 号、2014 年
　　「イランにおける映画産業の発展史──1940 年代から現在まで──」、貫井万理・杉山隆一編、『革命後イランにおける映画と社会』、2014 年

執筆担当　（　）は共同執筆

　　後藤 晃　　　　　第1章
　　　　　　　　　　第2章 1、2、（3）、（4）
　　　　　　　　　　第5章
　　　　　　　　　　（第7章）
　　原 隆一　　　　　第2章（3）
　　　　　　　　　　第6章
　　　　　　　　　　（第7章）
　　南里浩子　　　　　第4章
　　ケイワン アブドリ　第2章（4）
　　　　　　　　　　第3章

オアシス社会50年の軌跡
──イランの農村、遊牧　そして都市──

2015年3月25日　第1版第1刷発行

編　　者　後藤　　晃
発 行 者　橋本　盛作
〒113-0033 東京都文京区本郷5-30-20
発　行　所　株式会社御茶の水書房
電話　03-5684-0751
印刷／製本：東港出版印刷

Printed in Japan

ISBN978-4-275-02008-6　C3036

中東の農業社会と国家 ——イラン近現代史の中の村	後藤 晃 著	菊判・三五〇頁 価格 四〇〇〇円
イスラーム世界の解読	神奈川大学評論叢書 六巻	A5判・二四〇頁 価格 二五〇〇円
機械制工業経済の誕生と世界化 ——南北問題の経済学	冨岡倍男・後藤晃他 執筆	A5判・三八〇頁 価格 四二〇〇円
ユートピアへの想像力と運動 ——歴史とユートピア思想の研究	冨岡倍男 著	A5判・四三〇頁 価格 五〇〇〇円
アラブ・イスラエル和平交渉 ——歴史とユートピア思想の研究	小林一美 編	A5判・二八〇頁 価格 二八〇〇円
中東戦争と米国 ——米国・エジプト関係史の文脈	アイゼンバーグ/キャプラン 著 鹿島正裕 訳	A5変・二八〇頁 価格 二八〇〇円
オマーンの国史の誕生 ——オマーン人と英植民地官僚によるオマーン史表象	鹿島正裕 著	A5判・三二〇頁 価格 三六〇〇円
植民地近代性の国際比較 ——アジア・アフリカ・ラテンアメリカの歴史経験	松尾昌樹 著	A5判・二一六頁 価格 四八〇〇円
記憶の地層を掘る	永野善子 編著	A5判・三一六頁 価格 四六〇〇円
	今井昭夫・岩崎稔 編著	A5判・二七二頁 価格 二六〇〇円
文化的脱植民地化 ——国際政治のコロニアルな構造をめぐって	マフディ・エルマンジュラ 著 仲正昌樹 訳	A5変・二〇〇頁 価格 二四〇〇円

御茶の水書房
（価格は消費税抜き）